高等职业教育机械类专业系列教材

模 具 制 造 工 艺

主　编　袁小江
副主编　舒　冰
参　编　单　云　王晓红　殷戌麟　蔡　昀
主　审　吉卫喜

机 械 工 业 出 版 社

本书全面、系统地阐述了模具制造工艺的基本原理、特点和典型模具零件的制造工艺。主要内容包括模具制造工艺基础、模具零件普通机械加工、模具零件特种加工、模具零件数控加工、模具装配工艺与调试等。本书在保证各种加工工艺方法的完整性和系统性的同时，突出体现了模具零件工艺过程卡的应用和编制，以实用性和针对性为原则，注重知识与能力和技能之间的关系。每个项目都以具体的工作任务为载体，将知识贯穿于项目的实施过程中，同时增加了拓展项目，扩大了知识的应用面，具有较强的实用性。

本书为高等职业技术教育模具设计与制造专业教材，也可供相关专业技术人员参考。

本书配套有电子课件、拓展练习参考答案及项目题库。凡选用本书作为教材的教师可登录机械工业出版社教育服务网 www.cmpedu.com，注册后免费下载。咨询电话：010-88379375。

图书在版编目（CIP）数据

模具制造工艺/袁小江主编. —北京：机械工业出版社，2011（2022.1 重印）

高等职业教育机械类专业系列教材

ISBN 978-7-111-34007-2

Ⅰ.①模… Ⅱ.①袁… Ⅲ.①模具-制造-生产工艺-高等职业教育-教材 Ⅳ.①TG760.6

中国版本图书馆 CIP 数据核字（2011）第 059149 号

机械工业出版社（北京市百万庄大街 22 号　邮政编码 100037）
策划编辑：于奇慧　责任编辑：于奇慧　版式设计：霍永明
责任校对：陈延翔　封面设计：陈　沛　责任印制：单爱军
北京虎彩文化传播有限公司印刷
2022 年 1 月第 1 版第 7 次印刷
184mm×260mm·15.5 印张·381 千字
标准书号：ISBN 978-7-111-34007-2
定价：45.00 元

电话服务　　　　　　　　　网络服务
客服电话：010-88361066　　机　工　官　网：www.cmpbook.com
　　　　　010-88379833　　机　工　官　博：weibo.com/cmp1952
　　　　　010-68326294　　金　书　网：www.golden-book.com
封底无防伪标均为盗版　机工教育服务网：www.cmpedu.com

前　　言

目前，模具的制造装备水平发展迅速，模具制造工艺也发生了较大的变革，新技术、新装备的应用日趋广泛。为了更好地满足高等职业教育教学改革与发展的需要，克服原有教材内容和形式比较陈旧、实用性不强等特点，笔者借鉴了国内外职业教育研究的成果，整理、总结了教学资料，创新了教学方法、手段和培养模式，编写了本书。本书讲义经过了多轮的实际使用和验证。

模具制造工艺的知识是从事模具设计与制造工作的技术人员必备的知识，为适应高等职业教育人才的培养，本书在保证科学性、理论性和系统性的同时，重点突出了实用性、针对性和综合性，侧重于基础理论的应用和实践动手能力、实际应用能力的培养，通过企业真实项目的一体化教学实验，培养学生的学习兴趣，再将兴趣提升为技能。

本书共分 5 个项目。第一个项目主要介绍模具制造工艺的基础知识，包括模具的精度要求和成形件的加工表面质量、模具加工工艺过程概述、工序尺寸与加工余量的确定、设备及工艺装备的选择；第二至第四个项目分别介绍了模具零件普通机械加工、模具零件特种加工、模具零件数控加工等内容，以企业真实、典型的模具零件为载体，由简单到复杂，由浅入深地讲解了现代模具制造的主要工艺过程；第五个项目主要讲解模具装配工艺及调试，以企业生产使用的模具图样等资料为教学资源，讲解了典型冲裁模具、多工位级进模具、注射模具的装配工艺过程，并介绍了冲压模具、注射模具两大模具的试模与调试过程等。

本书项目一、项目二中的任务二、项目三中的任务二、项目四、项目五中的任务一由无锡科技职业学院袁小江编写；项目二中的任务一由无锡技师学院殷戍麟编写；项目三中的任务一由无锡职业技术学院单云编写；项目三中的任务三由无锡商业职业技术学院王晓红编写；项目三中的任务四由无锡技师学院蔡昀编写；项目五中的任务二由无锡科技职业学院舒冰编写。本书由袁小江担任主编并统稿。本书由江南大学吉卫喜教授主审。

本书在编写过程中得到了无锡模具工业协会潘尧枞秘书长，无锡商业职业技术学院李正峰教授，以及马旭峰、吴辉、沈荣椿等企业专家的指点和支持，同时也得到了无锡科技职业学院各级领导的关怀和支持，在此表示衷心的感谢。

由于编者水平有限，错误和不妥之处在所难免，敬请读者批评指正。

编　者

目　录

绪　　论

一、模具制造技术的发展

1. 模具在现代工业生产中的地位

模具是制造业的重要基础工艺装备，工业产品大批量生产和新产品开发都离不开模具。用模具生产制件具有的高精度、高复杂程度、高一致性、高生产率和低耗能、低耗材（四高二低）的特点，使模具行业在制造业中的地位越来越重要。模具品种繁多，大致分为10大类，包括冲压、塑料、橡胶、铸造、锻压等，用于制造业中大部分产品的生产，模具的服务范围已涉及国民经济的许多方面。随着产品更新换代越来越快，新产品不断涌现；新技术也日新月异，模具的使用范围已越来越广，对模具的要求也越来越高了。

据国际生产技术协会预测，21世纪机械制造行业的零件，其粗加工的85%和精加工的60%将由模具直接成形。在产品生产的各个阶段，无论是大量生产、批量生产，还是产品试制阶段，也都越来越多地依赖于模具。据统计，在2000年商品模具已占模具总量的1/3左右，在工业发达国家，商品模具已占模具总量的80%以上。现代工业产品的发展和生产效益的提高，在很大程度上取决于模具的发展和技术经济水平。目前，模具制造技术已成为衡量一个国家、一个地区、一家企业制造水平的重要标志之一。

2. 我国模具技术的现状

目前，我国约有模具生产厂家25000余家，全年模具产值达1000多亿元人民币，进口模具约20多亿美元（进口精密模具较多）。近年来，模具行业结构调整步伐加快，主要表现为大型、精密、复杂、长寿命模具和模具标准件发展速度高于行业的总体发展速度；塑料模和压铸模比例增大；面向市场的专业模具厂家的数量增加较快，能力不断提升。随着经济体制改革的不断深入，"三资"及民营企业的发展很快。我国经济的高速发展对模具行业提出了越来越高的要求，也为其发展提供了巨大的动力。近10年来，我国模具行业一直以每年15%左右的增长速度快速发展。

我国模具行业的发展在地域分布上存在不平衡性，东南沿海地区的发展快于中西部地区，南方的发展快于北方。模具生产最集中的地区在珠江三角洲和长江三角洲地区，其模具产值约占全国产值的2/3以上。

近年来，我国模具技术的进步主要表现在以下几个方面：

1）研究开发了几十种模具新钢种及硬质合金、钢结硬质合金等新材料，并采用了热处理等新工艺。模具新材料的应用，以及热处理技术和表面处理技术的开发和应用，使模具寿命得到延长。

2）发展了一些多工位级进模和硬质合金模等新产品，并根据国内生产需要研制了一批精密塑料注射模。

3）一些科研院所和高等院校在模具技术的基础理论、模具设计与结构、模具制造加工技术、模具材料及模具加工设备等方面都取得了可喜的实用性成果；并培养了一批高级模具技术人才，使现代模具制造技术中的高科技含量逐渐增加。

4）模具标准化工作是模具技术发展的重要标志。到目前为止，已经制定了冲压模、塑料模、压铸模和模具基础技术等50多项国家标准，涉及近300个标准号，基本满足了国内模具生产技术发展的需要。

产品的商品化程度是以标准化为前提的，随着标准的颁布实施，模具的商品化程度也大大提高，从"八五"期间的20%提高到目前的30%以上。商品化推动了专业化生产，降低了制造成本，缩短了制造周期，提高了标准件的内外部质量，也促进了新材料的应用。

5）一些先进、精密和高自动化程度的模具加工设备，如数控仿形铣床、加工中心、精密坐标磨床、连续轨迹数控坐标磨床、高精度低损耗数控电火花成形加工机床、慢走丝精密电火花线切割机床、精密电解加工机床、三坐标测量仪、挤压研磨机等模具加工和检测用的精密高效设备，由过去依靠进口到逐步自行设计制造，使模具加工工艺登上了一个新台阶，同时为先进加工工艺的推广奠定了物质基础。特别是模具成形表面的特种加工工艺的研究和发展，使模具加工的精度和表面粗糙度都有很大的改善。

6）模具CAD/CAM得到较广泛的应用，模具计算机仿真技术也应用于模具设计制造中。各院校、研究机构正在开展模具智能制造、并行工程、虚拟制造、敏捷制造和快速制造等先进制造技术的研究。

7）我国模具的品种、精度和产业规模有了很大的发展。

3. 存在的问题和主要差距

虽然我国模具总量目前已达到相当规模，模具水平也有很大提高，但设计制造水平总体上落后于德、美、日、法、意等工业发达国家许多。当前存在的问题和差距主要表现在以下几方面：

1）总量供不应求。国内模具自配率只有70%左右。其中低档模具供过于求，中、高档模具自配率只有50%左右。

2）企业的组织结构、产品结构、技术结构和进出口结构均不合理。我国模具生产厂中多数是自产自配的工模具车间（分厂），自产自配比例高达60%左右，而国外模具超过70%属商品模。我国的专业模具厂大多是"大而全"、"小而全"的组织形式，而国外大多是"小而专"、"小而精"。国内大型、精密、复杂、长寿命的模具占总量比例不足30%，而国外则在50%以上。2009年我国进口模具为19.64亿美元，出口模具为18.43亿美元，逆差约为1.2亿美元。其中冲压模具进出口单价之比为16.8:1，塑料模具为2.5:1，为世界模具净进口量最大的国家。

3）模具产品水平大大低于国际水平，生产周期却高于国际水平。产品水平低主要表现在模具的精度、型腔表面粗糙度、寿命及结构等方面。目前，我国进口模具主要以精密模具为主，而出口模具主要以中、低档模具为主。

4）开发能力较差，经济效益欠佳。我国模具企业技术人员比例低，水平较低，且不重视产品开发，在市场中经常处于被动地位。我国每个模具企业职工平均年创造产值约合1万美元，国外模具工业发达国家大多是15～20万美元，有的高达25～30万美元。与之相对的是我国相当一部分模具企业还沿用过去作坊式管理，真正实现现代化企业管理的企业较少。

4. 模具制造技术发展趋势

目前，我国经济仍处于高速发展阶段，国际经济全球化发展趋势日趋明显，这为我国模具行业高速发展提供了良好的条件和机遇。一方面，国内模具市场将继续高速发展；另一方面，模具制造逐渐向我国转移，跨国集团到我国进行模具采购的趋向也十分明显。放眼未来，我国不但会成为模具制造大国，而且将逐步向模具制造强国的行列迈进。

我国模具行业今后的发展趋势：

1）模具由粗加工向高速加工发展。

2）模具加工向精密、自动化方向发展。例如超精冲压模具制造技术、精密塑料和压铸模具制造技术等。

3）模具 CAD/CAM/CAE 技术将有更快的发展。

4）先进制造技术的应用得以发展。例如热流道技术、气辅技术、虚拟技术、纳米技术、高速扫描技术、逆向工程、并行工程等技术在模具研究、开发、加工过程中的应用。

二、模具制造的基本要求与特点

1. 模具制造的基本要求

在工业产品的生产中，应用模具的目的在于保证产品质量，提高生产率和降低成本等。为此，除了正确进行模具设计，采用合理的模具结构之外，还必须以先进的模具制造技术作保证。制造模具时，不论采用哪一种方法，都应满足如下几个基本要求。

（1）制造精度高　为了生产合格的产品和发挥模具的效能，所设计、制造的模具必须具有较高的精度。模具的精度主要取决于制品的精度和模具的结构。为了保证制品的精度，模具工作部分的公差等级通常要比制品的公差等级高 2~4 级；模具结构对上、下模之间的配合有较高的要求，为此组成模具的零部件都必须有足够高的制造精度，否则将不可能生产出合格的制品，甚至会使模具损坏。

（2）使用寿命长　模具是比较昂贵的工艺装备，目前模具制造费约占产品成本的10% ~ 30%，其使用寿命长短将直接影响产品的成本高低。在大批量生产的情况下，模具的使用寿命更加重要。

（3）制造周期短　模具制造周期的长短主要取决于设计上的模具标准化程度、制造技术和生产管理水平的高低。为了满足产品市场的需要，提高产品的竞争能力，必须在保证质量的前提下尽量缩短模具制造周期。

（4）模具成本低　模具成本与模具结构的复杂程度、模具材料、制造精度等要求及加工方法有关。必须根据制品要求合理设计和制订其加工工艺，降低成本。

需要指出的是，上述四项指标是相互关联、相互影响的。片面追求模具精度和使用寿命必然会导致制造成本增加。当然，只顾降低成本和缩短制造周期而忽视模具精度和使用寿命的做法也是不可取的。在设计与制造模具时，应根据实际情况作出全面考虑，即应在保证制品质量的前提下，选择与制品生产批量相适应的模具结构和制造方法，使模具的制造周期缩短、成本降低。

2. 模具制造的特点

严格来说，模具的制造也属于机械制造的研究范畴，但一个机械制造能力较强的企业，未必能承担模具制造任务，更难保证制造出高质量的模具。模具制造的难度较大，与一般机械制造相比，有许多特殊性。

（1）模具的制造特点

1）制造质量要求高。模具制造不仅要求加工精度高，而且还要求加工表面质量要好。一般来说，模具工作部分的制造误差都应控制在 ±0.01mm 以内，有的甚至要求在微米级范围内；模具加工后的表面不仅不允许有任何缺陷，而且工作部分的表面粗糙度 Ra 值都要求小于 $0.8\mu m$。

2）形状复杂。模具的工作部分一般都是二维或三维的复杂曲面，而不是一般机械加工的简单几何体。

3）材料硬度高。模具实际上相当于一种机械加工工具，其硬度要求较高，一般都是用淬火工具钢或硬质合金等材料制成，若用传统的机械加工方法制造，往往十分困难，所以模具加工方法有别于一般机械加工。

4）单件生产。通常生产某一个制品，一般都只需要一两副模具，所以模具制造一般都是单件生产。每制造一副模具，都必须从设计开始，大约需要一个多月甚至几个月的时间才能完成，设计、制造周期都比较长。

（2）模具制造的工艺特点

1）模具加工时尽量采用通用机床、通用刀量具和仪器，尽可能地减少专用工具的数量。

2）模具设计和制造时，较多地采用"实配法"、"同镗法"等，使得模具零件的互换性降低，这是保证加工精度、减小加工难度的有效措施。今后随着加工技术手段的提高，互换性程度将会提高。

3）安排制造工序时，工序相对集中，以保证模具的加工质量和效率，简化管理，减少工序周转时间。

三、模具的技术经济指标

对于一个零件的机械加工工艺过程，往往可以拟订出几个不同的方案，这些方案都能满足该零件的技术要求。但是它们的经济性是不同的，因此要进行经济分析比较，选择一个在给定的生产条件下最为经济的方案。对模具进行经济分析的主要指标有：模具的精度和表面质量（前已述及）、模具的生产周期、模具的生产成本和模具的寿命。它们相互制约，又相互依存。在模具生产过程中，应根据设计要求和客观情况，综合考虑各项指标。

1. 模具的生产周期

模具的生产周期是指从接受模具订货任务开始到模具试模鉴定后交付合格模具所用的时间。当前，模具使用单位要求模具的生产周期越来越短，以满足市场竞争的需要。因此，模具生产周期的长短是衡量一个模具企业生产能力和技术水平的重要标志之一，也关系到一个模具企业在激烈的市场竞争中有无立足之地。同时，模具的生产周期也是衡量一个国家模具技术管理水平的标志。

2. 模具的生产成本

模具的生产成本是指企业为生产和销售模具所支付费用的总和。模具的生产成本包括：材料费、外购件费、制造费、技术开发费（又称设计费）、管理费、其他费用等。从性质上可分为生产成本、非生产成本和生产外成本。这里讲的模具生产成本是指与模具生产过程有直接关系的生产成本。

3. 模具寿命

模具寿命是指在保证产品零件质量的前提下，模具所能加工的制件的总数量，包括工作面的多次修磨和易损件更换后的寿命。即

模具寿命＝工作面的一次寿命×修磨次数×易损件的更换次数

一般在模具设计阶段就应明确该模具所适用的生产批量类型，或者模具生产制件的总数

量，即模具的设计寿命。不同类型的模具正常损坏的形式也不一样，但总的来说，工作表面损坏的形式有摩擦损坏、塑性变形、开裂、疲劳损坏、啃伤等。

影响模具寿命的主要因素有以下几个方面：

（1）模具的结构　合理的模具结构有助于提高模具的承载能力，减轻模具承受的热－机械负荷水平。例如，模具中可靠的导向机构，对于避免凸模和凹模间的互相啃伤是至关重要的。又如，承受高强度负荷的冷镦和冷挤压模具，对应力集中十分敏感，当承力件截面尺寸变化较大时，最容易由于应力集中而开裂。因此，对截面尺寸变化处理是否合理，对模具寿命的影响较大。

（2）模具材料　应根据产品零件生产批量的大小，选择合适的模具材料。生产批量越大，对模具的寿命要求也越高，此时应选择承载能力强、抗疲劳破坏能力好的高性能模具材料。另外，应注意模具材料的冶金质量可能造成的工艺缺陷及其对工作时的承载能力的影响，采取必要的措施来弥补冶金质量的不足，以提高模具寿命。

（3）模具的加工质量　模具零件在机械加工、电火花加工，以及锻造、预处理、淬火、表面处理过程中的缺陷都会对模具的耐磨性、抗咬合能力、抗断裂能力产生显著的影响。例如，模具表面残存的刀痕、电火花加工的显微裂纹、热处理时的表层增碳和脱碳等缺陷都会对模具的承载能力和寿命产生影响。

（4）模具的工作状态　模具工作时，使用设备的精度与刚度、润滑条件、被加工材料的预处理状态、模具的预热和冷却条件等都会对模具的寿命产生影响。例如，薄料的精密冲裁对压力机的精度、刚度尤为敏感，必须选择高精度、高刚度的压力机，才能获得良好的效果。

（5）产品零件状况　被加工零件材料的表面质量状态、材料硬度、伸长率等力学性能，被加工零件的尺寸精度等都与模具的寿命有直接的关系。如镍的质量分数为80%的特殊合金成形时，极易和模具工作表面发生强烈的咬合现象，使工作表面咬合拉毛，直接影响模具的正常工作。

模具的技术经济指标间是互相影响和互相制约的，而且影响因素也是多方面的。在实际生产过程中，要根据产品零件和客观需要综合平衡，抓住主要矛盾，求得最佳的经济效益，满足生产的需要。

四、本课程的性质、任务和要求

"模具制造工艺"是模具设计与制造专业的核心专业课程之一。在学习本课程之前，学生已修完了工程制图、机械制造基础、模具材料及热处理、冲压工艺及模具设计、塑料成形工艺及模具设计等有关课程，对模具设计已有了初步的了解。由于模具设计与制造工艺之间有着密切的关系，作为一个模具设计人员，如果不熟悉模具制造工艺知识，不管其设计的模具功能多全，精度定得多高，我们仍然不能说这是一副好的模具，因为所设计的模具未必是合理的，有可能工艺性和经济性很差，甚至无法加工。作为模具设计人员，在掌握设计知识后还必须熟悉模具制造方面的工艺知识，以模具制造工艺的实际操作性反作用于模具设计，从而优化模具的结构设计，只有这样才能避免理论脱离实际，也只有这样，才能成为一名优秀的设计师。本课程的任务是使学生掌握模具制造工艺的基本专业知识和常用的工艺方法，编制典型模具零件的加工工艺卡；掌握基础模具的装配工艺，编制模具装配工艺卡；了解和掌握先进模具制造技术；具有分析模具零件与结构工艺性的能力，提高模具设计的综合水平；具有较强的从事模具制造工艺操作、模具钳工装配和模具结构设计的能力。

　　现代工业生产的发展和材料成形新技术的应用，对模具制造工艺的要求越来越高。模具制造已不只是传统的一般机械加工，而是在其基础上广泛采用现代加工技术和现代管理模式。通过本课程的学习，要求学生掌握各种现代模具加工方法的基本原理、特点及加工工艺，掌握各种制造方法对模具结构的要求，以提高学生分析模具零件与结构工艺性的能力。

　　由于模具制造工艺与技术发展迅速，同时本课程具有很强的实践性和综合性，涉及的知识面较广，因此在学习本课程时，除了重视其中必要的工艺原理与特点等理论学习外，还应密切关注模具制造的新发展，特别注意实践环节，尽可能参观相关的展会及模具制造企业。教师则应尽可能采用一体化教学的形式，以真实的模具零件加工、模具装配过程组织教学环节，认真进行现场教学和企业生产实践，以增加感性认识，培养学生的学习兴趣，再将兴趣提升为技能，培养学生的实际应用能力。

项目一 模具制造工艺基础

【任务目标】

1. 了解模具制造的特点及要求。
2. 理解模具制造工艺的基本规程。
3. 能划分简单模具零件的加工工序。
4. 能分析简单模具零件的制造工艺及其尺寸链计算。

理 论 知 识

一、模具的精度要求和成形件的加工表面质量

1. 模具的精度要求

（1）模具成形件的尺寸精度 模具成形件主要指凸模或型芯，凹模或型腔，它们都由二维、三维等型面组成。对于一般精度的模具，其成形件的尺寸公差见表1-1。

表1-1 模具成形件的尺寸公差

模具类别	尺寸公差/mm	模具类别	尺寸公差/mm
冲压模	大型 0.010 小型 0.008	注射模	0.020
拉深模	0.010	玻璃模	0.015
精锻模	0.036	粉末冶金模	0.010
压铸模	0.010	陶瓷模	0.050

（2）冲模的制造精度

1）冲件的尺寸精度。冲件的尺寸精度是进行模具设计、成形件制造、标准零件和部件配购、模具装配与试模的主要依据，见表1-2～表1-5。

表1-2 冲件外形与内孔的尺寸公差　　　　　　（单位：mm）

精度等级	零件尺寸	材 料 厚 度			
		<1	1～2	>2～4	>4～6
经济级	<10	0.12/0.08	0.18/0.10	0.24/0.12	0.30/0.15
	10～15	0.16/0.10	0.22/0.12	0.28/0.15	0.35/0.20
	>50～150	0.22/0.12	0.30/0.16	0.40/0.20	0.50/0.20
	>150～300	0.30	0.50	0.70	1.00
精密级	<10	0.03/0.025	0.04/0.03	0.06/0.04	0.10/0.06
	10～15	0.04/0.04	0.06/0.05	0.08/0.06	0.12/0.10
	>50～150	0.06/0.05	0.08/0.06	0.10/0.08	0.15/0.12
	>150～300	0.10	0.12	0.15	0.20

注：表中第一个数值为外形公差值，第二个为内孔公差值；只有一个数值时，表示两者相同。

表 1-3 孔距公差 （单位：mm）

精度等级	孔距尺寸	材料厚度			
		<1	1~2	>2~4	>4~6
经济级	<50	±0.10	±0.12	±0.16	±0.20
	50~150	±0.15	±0.20	±0.25	±0.30
	>150~300	±0.20	±0.30	±0.35	±0.40
精密级	<50	±0.01	±0.02	±0.03	±0.04
	50~150	±0.02	±0.03	±0.04	±0.05
	>150~300	±0.04	±0.05	±0.06	±0.08

表 1-4 冲裁件允许的毛刺高度 （单位：μm）

冲裁件材料厚度 /mm	材料抗拉强度 σ_b/MPa											
	<250			250~400			400~630			>630 和硅钢		
	I	II	III	I	II	III	I	II	III	I	II	III
≤0.35	100	70	50	70	50	40	50	40	30	30	20	20
0.4~0.6	150	110	80	100	70	50	70	50	40	40	30	20
0.65~0.95	230	170	120	170	130	90	100	70	50	50	40	30
1~1.5	340	250	170	240	180	120	150	110	70	80	60	40
1.6~2.4	500	370	250	350	260	180	220	160	110	120	90	60
2.5~3.8	720	540	360	500	370	250	400	300	200	180	130	90
4~6	1200	900	600	730	540	360	450	330	220	260	190	130
6.5~10	1900	1420	950	1000	750	500	650	480	320	350	260	170

注：I、II、III 为冲裁模的精度等级。

表 1-5 弯曲件、拉深件的公差等级

材料厚度 /mm	经济级			精密级		
	A	B	C	A	B	C
≤1	IT13	IT15	IT16	IT11	IT13	IT13
>1~4	IT14	IT16	IT17	IT132	IT13~14	IT13~14

注：表中 A、B、C 表示基本尺寸的部位与三种不同类别的公差等级。A 部位尺寸公差与模具尺寸公差有关；B 部位尺寸公差与模具公差、拉深件和弯曲材料的厚度极限偏差有关；C 部位尺寸公差与模具公差、材料的厚度极限偏差及展开尺寸的尺寸误差有关。

2）冲裁间隙及其均匀性。冲模的凸模与凹模之间的间隙值及其均匀性也是确定模具制造精度等级的重要依据。同时，冲模导向副中的导套与导柱的配合精度及其对上、下模座板的垂直度，以及上、下模座板平面之间的平行度及位置精度，都与凸、凹模之间的间隙值及其均匀性有关，即冲裁间隙值 Δ 越小，间隙的均匀性要求越高。这说明，凸、凹模的定向运动精度与间隙 Δ 及其均匀性有关；而凸、凹模的定向运动精度，还与导向副中的导套与导柱之间的滑动配合的极限偏差 δ 有关，综合以上情况，其关系式为

$$\delta = K(\Delta \pm \Delta')$$

式中　Δ'——间隙值允许变动量；

　　　Δ——单边冲裁间隙值。参见指导性文件 HB/Z 167—1990《板料冲裁间隙》；常用经

验公式为 $\Delta = (0.6 \sim 1.5)t$，其中 t 为板厚；

K——导柱外径与导柱、导套配合长的比值。

3）冲模标准零、部件的精度

① 凸、凹模的精度要求。根据 GB/T 14662—2006《冲模技术条件》，凸模装配的垂直度偏差要在凸、凹模间隙值的允许范围之内。推荐的垂直度公差等级见表1-6。

表1-6　凸模垂直度公差等级

间隙值/mm	垂直度公差等级	
	单凸模	多凸模
薄料、无间隙（≤0.02）	IT5	IT6
>0.02 ~ 0.06	IT6	IT7
>0.06	IT7	IT8

② 冲模模架的精度。根据 JB/T 8050—2008《冲模模架　技术条件》和 JB/T 8071—2008《冲模模架精度检查》标准规定，滑动导向模架的精度分为Ⅰ级和Ⅱ级，滚动导向模架的精度分为0Ⅰ和0Ⅱ级。

对于冲模模架，上、下模座为铸铁材料的称为铸铁模架；其材料为钢时，则称为钢板模架。它们的精度等级划分相同。

对于上、下模座导柱与导套安装孔的轴线对基准面的垂直度，规定0Ⅰ级和Ⅰ级的模座的公差为0.005mm/100mm，0Ⅱ级和Ⅱ级的模座的公差为0.010mm/100mm。

冲模模架的位置精度和导向副的配合精度见表1-7 ~ 表1-9。

表1-7　模架上、下平面的平行度公差　　　　　　（单位：mm）

基本尺寸	模架精度分级	
	0Ⅰ级、Ⅰ级	0Ⅱ级、Ⅱ级
>40 ~ 63	0.008	0.012
>63 ~ 100	0.010	0.015
>100 ~ 160	0.012	0.020
>160 ~ 250	0.015	0.025
>250 ~ 400	0.020	0.030
>400 ~ 630	0.025	0.040
>630 ~ 1000	0.030	0.050
>1000 ~ 1600	0.040	0.060

表1-8　钢板模架上、下模板两基面垂直度公差　　　　　　（单位：mm）

基本尺寸	垂直度公差
>63 ~ 100	0.030
>100 ~ 160	0.040
>160 ~ 250	0.050
>250 ~ 400	0.060
>400 ~ 630	0.080
>630 ~ 1000	0.100

表 1-9　导柱轴线对下模座下平面的垂直度公差　　（单位：mm）

被测尺寸	模架精度分级	
	0Ⅰ级、Ⅰ级	0Ⅱ级、Ⅱ级
	垂直度公差	
>40 ~ 63	0.008	0.012
>63 ~ 100	0.010	0.015
>100 ~ 160	0.012	0.020
>160 ~ 250	0.025	0.040

4）冲件批量与模具精度。冲件批量也是确定模具公差等级的重要依据，同时还影响到模具的结构。如为保证模具的寿命和性能与冲件批量生产相适应，从而采用完全互换性的拼块结构的凸、凹模，这些拼合件的公差比一般模具的公差要高一个数量级，见表 1-10。

表 1-10　精密冲模的寿命与精度　　（单位：mm）

模具	级进冲模				精密冲模		
	寿命/万次	材料	拼合件精度	步距精度	寿命/万次	材料	凸、凹模精度
电机定、转子硅钢片冲模	10000	硬质合金	0.0005 ~ 0.002	0.002 ~ 0.005	60 ~ 300	Cr12Mo1V1(D2)	0.008 ~ 0.012
E形片冲模	20000		0.005 ~ 0.010	0.005			

（3）塑料注射模的制造精度

1）塑件精度的影响。塑件的尺寸精度和塑件的材料性能（如塑料收缩率等）是确定塑料注射模型芯和型腔型面尺寸与公差的主要依据。塑料注射模型芯和型腔的尺寸公差一般为塑件尺寸公差的 1/4。

2）塑料注射模的精度等级。根据标准 GB/T 12556—2006，相关的精度要求如下：

① 组合后的模架在水平自重条件下，定模座板与动模座板的安装平面的平行度应符合 GB/T 1184—1996 中 7 级的规定。

② 组合后的模架在水平自重条件下，其分型面的贴合间隙为：

a）模板长 400mm 以下 ≤0.03mm；

b）模板长 400 ~ 630mm ≤0.04mm；

c）模板长 630 ~ 1000mm ≤0.06mm；

d）模板长 1000 ~ 2000mm ≤0.08mm。

③ 模架中导柱、导套的轴线对模板的垂直度应符合 GB/T 1184—1996 中 5 级的规定。

塑料注射模成形部位的尺寸公差见表 1-11 和表 1-12。

表 1-11　成形部位转接圆弧未注公差尺寸极限偏差　　（单位：mm）

基本尺寸		≤6	>6 ~ 18	>18 ~ 30	>30 ~ 120	>120
凸圆弧	极限偏差	0 −0.15	0 −0.20	0 −0.30	0 −0.45	0 −0.60
凹圆弧		+0.15 0	+0.20 0	+0.30 0	+0.45 0	+0.60 0

表 1-12 成形部位未注角度和锥度公差

锥度母线或角度短边长/mm	≤6	>6~18	>18~50	>50~120	>120
极限偏差	±1°	±30′	±20′	±10′	±5′

2. 模具成形件的加工表面质量

凸、凹模的型面质量将直接影响模具的工作性能、使用寿命和可靠性。型面质量是指加工完成后的型面表面层状态,包括表面粗糙度、表面层金相组织、力学性能和残余应力等,应达到设计要求。

(1) 表面粗糙度 模具零件表面粗糙度等级与模具的类别和零件的使用性能要求有关,如塑料注射模凸、凹模型面的表面粗糙度 Ra 要求为 0.32~0.16μm;玻璃模的成形面表面粗糙度 Ra 要求为 1.6μm,配合面表面粗糙度 Ra 为 3.2μm,非配合面则表面粗糙度 Ra 为 6.3μm;橡胶模零件的配合面表面粗糙度 Ra 的最大允许值为 1.6μm,其上、下表面粗糙度 Ra 为 3.2μm,非配合面表面粗糙度 Ra 最大允许值为 12.5μm。一般,塑料注射模、玻璃模、压铸模和冲模的凸、凹模型面的表面粗糙度要求较高,见表 1-13,表面粗糙度在模具零件加工表面上的使用范围见表 1-14。

表 1-13 模具零件精加工表面粗糙度

模具类别	零件表面粗糙度 Ra/μm
冲裁模	<0.8
拉深模	<0.4
锻模	<0.8~1.6
压铸模	<0.4
塑料注射模	<0.4
玻璃模	<0.4
橡胶模	<2
粉末冶金模	<0.4
陶瓷模	<3

表 1-14 模具零件加工表面的粗糙度及使用范围

表面粗糙度 Ra/μm	使用范围
0.1	抛光的旋转体表面
0.2	抛光的成形面和平面
0.4	1)弯曲,拉深,成形凸、凹模工作表面 2)圆柱表面和平面刃口 3)滑动精确导向件表面
0.8	1)成形凸、凹模刃口 2)凸、凹模镶块刃口 3)静、过渡配合表面——用于热处理零件 4)支承、定位和紧固表面——用于热处理零件 5)磨削表面的基准平面 6)要求准确的工艺基准面

（续）

表面粗糙度 $Ra/\mu m$	使 用 范 围
1.6	1）内孔表面——非热处理零件上配合用 2）底板平面
6.3	不与制件及模具零件接触的表面
12.5	粗糙的、不重要的表面

（2）影响成形件型面质量的因素　为满足用户和模具设计要求，改善、提高与控制成形件工作表面的质量十分重要。影响成形件工作表面质量的因素很多，诸如材料与热处理工艺，机械加工工艺，电加工工艺，精饰加工与表面强化工艺中的工艺方法、工艺参数及装备的精度与刚度等。这些影响凸、凹模型面表面质量的因素，在编制加工工艺规程时，都须进行全面分析、设计，以改善、提高型面质量。

二、模具加工工艺规程概述

1. 模具加工工艺规程

模具加工工艺规程是规定模具零部件机械加工工艺过程和操作方法等的工艺文件。模具生产工艺水平的高低及解决各种工艺问题的方法和手段都要通过机械加工工艺规程来体现，在很大程度上决定了能否高效、低成本地加工出合格产品。模具机械加工工艺规程的制订与生产实际有着密切的联系，它要求工艺规程制订者具有一定的生产实践知识和专业基础知识。

在实际生产中，由于零件的结构形状、几何精度、技术条件和生产数量等要求不同，一个零件往往要经过一定的加工过程才能将其由图样变成成品零件。因此，模具制造工艺人员必须从工厂现有的生产条件和零件的生产数量出发，根据零件的具体要求，在保证加工质量、提高生产效率和降低生产成本的前提下，对零件上的各加工表面选择适宜的加工方法，合理地安排加工顺序，科学地拟订加工工艺过程，才能获得合格的零件。

模具加工工艺规程是在具体生产条件下，以最合理、最经济的原则编制而成的，经审批后用来指导生产的法规性文件。模具加工工艺规程包括零件加工工艺流程、加工工序内容、切削用量、采用的设备及工艺装备、工时定额等。

（1）制订模具加工工艺规程的原则和依据

1）制订工艺规程的原则。制订工艺规程时，必须遵循以下原则：

① 必须充分利用本企业现有的生产条件。

② 必须可靠地加工出符合图样要求的零件，保证产品质量。

③ 保证良好的劳动条件，提高劳动生产率。

④ 在保证产品质量的前提下，尽可能降低消耗、降低成本。

⑤ 应尽可能采用国内外先进工艺技术。

由于工艺规程是直接指导生产和操作的技术文件，因此工艺规程还应做到清晰、正确、完整和统一，所用术语、符号、编码、计量单位等都必须符合相关标准。

2）制订工艺规程的主要依据。制订工艺规程时，必须依据如下原始资料：

① 产品的装配图和零件的工作图。

② 产品的生产纲领。

③ 本企业现有的生产条件，包括毛坯的生产条件或协作关系、工艺装备和专用设备及

其制造能力、工人的技术水平以及各种工艺资料和标准等。

④ 产品验收的质量标准。

⑤ 国内外同类产品的新技术、新工艺及其发展前景等相关信息。

（2）制订模具加工工艺规程的步骤

1）熟悉和分析制订工艺规程的主要依据，确定零件的生产纲领和生产类型。

2）分析零件图和产品装配图，进行零件结构工艺性分析。

3）确定毛坯的种类和尺寸，包括选择毛坯类型及其制造方法。

4）选择定位基准。

5）拟订工艺路线。

6）确定各工序需用的设备、工艺装备、切削用量及时间定额。

7）确定工序余量、工序尺寸及其公差，提出技术要求。

8）填写工艺文件。

（3）工艺文件及其应用 将工艺规程的内容，填入一定格式的卡片，即生产准备和施工依据的技术文件，称为工艺文件。模具是单件小批生产，工艺文件一般只需填写工艺过程综合卡片，以供生产管理和生产调动使用。工艺过程综合卡片的格式见表1-15，它是以工序为单位说明零件加工过程的一种工艺文件。其内容包括按零件工艺过程顺序列出的工序名称、工序内容、各工序的加工车间和工段、使用的设备及工艺装备等。工序内容一栏中应说明本工序的加工要求，如所加工的工序尺寸及公差、表面粗糙度、形状及位置公差等。

表1-15 机械加工工艺过程综合卡片

机械加工工艺过程综合卡片		产品型号		零(部)件图号		共 页	
		产品名称		零(部)件名称		第 页	
材料牌号	毛坯种类		毛坯外形尺寸		每坯件数	每台件数	备注
工序号	工序名称	工序内容		车间	工段	设备	工艺装备	工时	
								准终	单件
				编制(日期)	审核(日期)	会签(日期)			
标记	处数	更改文件号	签字	日期					

对于模具中关键或复杂的零件，则需分开填写工艺过程卡片（亦称工艺路线卡，简称工艺卡）和内容较为详细的工序卡片（简称工序卡）。

工艺过程卡片的格式与工艺过程综合卡片基本相同，所不同的是，工序内容一栏中仅需指明该工序要加工的表面，而不需强调加工要求。每一工序的加工要求、工步和切削用量等则应填写在相应的工序卡上。工序卡片的格式见表1-16。工序卡片上一般绘有工序图，工序图上应指出本道工序的被加工表面，注有被加工表面的工序尺寸、表面粗糙度和其他技术要求，并注有定位基准符号和夹紧符号；另外，还需写明各工步的加工顺序、要求及切削用量等内容。

表 1-16 机械加工工序卡片

机械加工工序卡片	产品型号		零(部)件图号			共 页
	产品名称		零(部)件名称			第 页
	车间		工序名称		材料牌号	
	毛坯种类	毛坯外形尺寸	每坯件数		每台件数	
	设备名称	设备型号	设备编号		同时加工件数	
	夹具编号		夹具名称		切削液	
					工序工时	
					准终	单件

工序内容	工艺装备	主轴转速 /(r/min)	切削速度 /(mm/r)	进给量 /(mm/r)	工件行 程次数	工时定额/min	
						机动	辅助

		编制(日期)	审核(日期)	会签(日期)	
更改文件号	签字	日期			

根据模具零件加工工艺的特点,模具零件的加工工艺过程卡片在机械零件加工工艺过程卡片的基础上进行了一些调整和简化见表 1-17。

表 1-17 模具零件加工工艺过程卡片

加工工艺过程卡		零件名称		材料	
		零件图号		数量	
序号	工序名称	工序(工步)内容		工时	检验

编制: 　　　　审核: 　　　　日期:

零件加工工艺卡的编制没有统一的标准，因为不同国家、不同地区、不同企业的技术实力、人员素质、设备情况等条件不同，所以零件的加工工艺只有根据具体情况而编制。工艺过程卡中的工时一栏需要根据具体单位的具体情况进行填写，要考虑众多因素，而没有统一标准的计算公式，所以本书工艺过程卡中的工时一栏都没有填写。工艺过程卡中的检验一栏是实际使用中每道工序检验时检验员签字的区域。

2. 模具的生产过程与工艺过程

（1）模具的生产过程 生产过程是指将原材料或半成品转变为成品的所有劳动过程。这里所指的成品可以是一副模具、一个部件，也可以是某种零件。一般模具产品的生产过程主要包括：

1）生产和技术准备过程。这个过程主要是完成模具产品投入生产前的各项生产和技术准备工作。如模具产品的试验研究和设计、工艺设计和专用工艺装备的设计与制造、各种生产资料的准备，以及生产组织等方面的准备工作。

2）毛坯的制造过程，如铸造、锻造等过程。

3）零件的各种加工过程，如模具的机械加工、数控加工、热处理及其他表面处理等。

4）产品的装配过程，包括部装、总装、检验、试模与调试、维护等。

5）原材料、半成品和成品的运输和保存。

由上可知，模具产品的生产过程是相当复杂的，整个流程称为工艺流程。

（2）模具的工艺过程及其组成

1）工艺过程。工艺过程是指改变生产对象的形状、尺寸、相对位置和性质等，使其成为半成品或成品的过程。工艺过程是生产过程的一部分，可分为毛坯制造、零件加工、热处理和装配等工艺过程。

模具加工工艺过程是指用各种加工方法直接改变毛坯的形状、尺寸和表面质量，使之成为零件或部件的那部分生产过程，包括零件加工工艺过程和装配工艺过程。

2）工艺过程的组成。模具加工工艺过程是由一系列按顺序排列着的工序组成的，工序又可依次细分为安装、工位、工步和走刀。

① 工序。工序是指一个或一组工人，在一个工作地点对同一个或同时对几个工件进行加工所连续完成的那部分工艺过程。工序是工艺过程的基本单元。

由定义可知，判别是否为同一工序的主要依据是：工作地点是否变动和加工是否连续。判断一个工件在一个工作地点的加工是否连续时，以一批工件上某孔的钻、铰加工为例说明，如果每一个工件在同一台机床上钻孔后就接着铰孔，则该孔的钻、铰加工是连续的，应算作一道工序；若将这批工件都钻完孔后再逐个重新装夹进行铰孔，则对一个工件的钻、铰加工就不连续了，钻、铰加工应该划分成两道工序。

生产规模不同，加工条件不同，其工艺过程及工序的划分也不同。图1-1所示的零件为压入式模柄，根据加

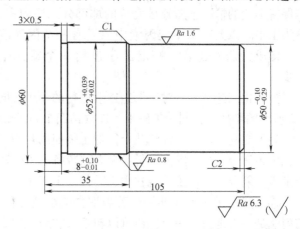

图1-1 压入式模柄

工是否连续和变换机床的情况，模柄零件的加工工艺过程可划分为两道工序，见表 1-18。

表 1-18　模柄零件的加工工艺过程

工　序	工 序 内 容	设　备
1	车外圆 ϕ50mm、ϕ52mm，留磨削余量(0.3~0.4mm) 车端面、倒角、车退刀槽、钻中心孔 调头车外圆 ϕ60mm；车端面，保证长度尺寸 105mm；钻中心孔	车床
2	磨外圆 ϕ50mm、ϕ52mm 达图样要求	外圆磨床
3	检验	

② 安装。工件加工前，使其在机床或夹具中相对刀具占据正确位置并给予固定的过程，称为装夹。在工件的加工过程中，需要多次装夹工件，每一次装夹所完成的那部分工艺过程称为安装。一道工序中，工件可能被安装一次或多次。例如表 1-18 中的工序 1，车削模柄的第一端面、钻中心孔时要进行一次装夹；完成后调头车削另一个端面，钻中心孔时又需要重新装夹工件。在该工序中，工件需要两次装夹，即有两次安装。

③ 工位。为了完成一定的工序内容，一次安装工件后，工件与夹具或设备的可动部分一起相对刀具或设备的固定部分所占据的每一个位置称为工位。为了减少由于多次安装带来的误差和时间损失，加工中常采用回转工作台、回转夹具或移动夹具，使工件在一次安装中，先后处于几个不同的位置进行加工，称为多工位加工。图 1-2 所示为利用回转工作台，在一次安装中依次完成装卸工件、钻孔、扩孔、铰孔 4 个工位的连续加工。采用多工位加工方法，既可以减少安装次数，提高加工精度，并减轻工人的劳动强度，又可以使各工位的加工与工件的装卸同时进行，提高劳动生产率。

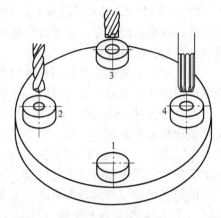

图 1-2　多工位加工
工位 1—装卸工件　工位 2—钻孔
工位 3—扩孔　工位 4—铰孔

④ 工步。为了便于分析和描述工序的内容，工序还可进一步划分为若干工步。当加工表面不变、切削刀具不变、切削用量中的进给量和切削速度基本保持不变的情况下所连续完成的那部分工序内容，称为工步。以上三个不变因素中只要有一个因素改变，即成为新的工步。一道工序包括一个或几个工步。

为简化工艺文件，对于那些连续进行的几个相同的工步，通常可看作一个工步。加工图 1-3 所示的零件，在同一工序中，连续钻四个 ϕ15mm 的孔，就可看作一个工步。

为了提高生产率，常将几个待加工表面用几把刀具同时加工，这种将刀具合并起来的工步，称为复合工步。图 1-4 所示为立轴转塔车床回转刀架一次转位完成的工位内容应属于一个工步。复合工步在工艺规程中也写作一个工步。

⑤ 走刀。在一个工步中，若需切去的金属层很厚，则可分为几次切削，而每进行一次切削就是一次走刀。一个工步可以包括一次或几次走刀。工艺规程中常不包含走刀，但在对加工量影响大的场合，应规定走刀（余量）。

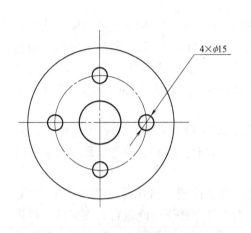

图1-3　具有四个相同孔的工件

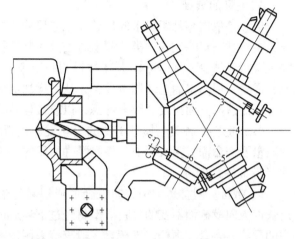

图1-4　立轴转塔车床回转刀架上的复合工步

（3）生产纲领和生产类型

1）生产纲领。生产纲领是指企业在计划期内应当生产的产品产量和进度计划。计划期通常为一个固定的时间段（例如半年、一年）。对于零件而言，产品的产量除了制造所需要的数量之外，还要包括一定的备品和废品，因此零件的生产纲领应按下式计算

$$N = Qn(1 + a\%)(1 + b\%)$$

式中　N——零件的产量（件/年）；

　　　Q——产品的产量（台/年）；

　　　n——每台产品中该零件的数量（件/台）；

　　　$a\%$——零件的备品率；

　　　$b\%$——零件的废品率。

2）生产类型。生产类型是指企业生产专业化程度的分类。人们按照产品的生产纲领、投入生产的批量，可将生产类型分为单件生产、批量生产和成批生产三种类型。

① 单件生产。单件生产的基本特点是产品品种繁多，每种产品仅生产一件或数件，各个工作地的加工对象经常改变，而且很少重复生产。如新产品试制、各种类型的模具以及其他大型模具等都属于单件生产。

② 批量生产。批量生产的基本特点是产品品种单一而固定，同一产品产量很大，大多数工作地点经常按一定节奏重复进行某一零件的某一工序的加工，生产具有严格的节奏性。如汽车、自行车、轴承制造，常常是以批量生产方式进行的。模具制造业中很少出现批量生产。

③ 成批生产。成批生产的特点是产品的品种不是很多，但每种产品均有一定的数量，工作地点的加工对象周期性地更换。例如模具中常用的：模板、模座、导柱、导套等零件及标准模架、导向件、通用冲头等标准件多属于成批生产。

同一产品（或零件）每批投入生产的数量称为批量。根据批量的大小，成批生产又可分为大批量生产、中批量生产和小批量生产。不同的生产类型，所考虑的工艺装备、对工人的技术要求、工时定额、零件的互换性等都不相同。小批量生产的工艺特征接近单件生产，大批量生产的工艺特征接近大量生产。模具零件的生产属于单件小批量生产。

3. 毛坯的选择

毛坯是根据零件所要求的形状、工艺尺寸等制成的供进一步加工用的生产对象。选择毛坯，主要是确定毛坯的种类、制造方法及其制造精度。毛坯的形状、尺寸越接近成品，切削加工余量就越少，从而可以提高材料的利用率和生产效率，然而这样往往会使毛坯制造困难，需要采用昂贵的毛坯制造设备，从而增加毛坯的制造成本。选择毛坯时，应从机械加工和毛坯制造两方面出发，综合考虑，以求最佳效果。

（1）毛坯的种类　模具零件的毛坯设计是否合理，对于模具零件加工的工艺性和模具的质量及寿命都有很大影响。模具零件所用的毛坯种类主要有：型材、铸件、锻件和半成品件（标准件）四种。

1）型材。型材是指钢、非铁金属或塑料等通过轧制、拉拔、挤压等方式生产出来的，沿长度方向横截面不变的材料。型材经过下料后可作为毛坯直接送车间进行表面加工。模具中的导柱、导套、顶杆、推杆等一般直接采用棒料作毛坯；垫板、卸料板、固定板、模板等采用钢板切割的毛坯。

2）铸件。铸件适合制作形状复杂的模具零件毛坯，尤其是采用其他方法难以成形的复杂件毛坯。在模具零件中常见的铸件有冲压模的上模座和下模座，大型塑料模的模架等，材料一般为灰铸铁 HT200 和 HT250；精密冲裁模的上模座和下模座，材料一般为铸钢ZG270—500；大型覆盖件拉深模的凸模、凹模和压边圈零件，材料为合金铸铁。铸件的内部组织容易产生缩孔、裂纹、砂眼等缺陷，不能承受重载荷。

3）锻件。锻件适合制作要求强度较高，形状复杂的模具零件的毛坯。锻件由于塑性变形的结果，内部晶粒较细，没有铸造毛坯的内部缺陷，其力学性能优于同样材料的铸件。例如冲裁模的凸模、凹模等零件一般以高碳高铬工具钢为材料，就常采用锻件毛坯。因为在材料内部不均匀地分布着大量共晶网状碳化物，这种碳化物既硬又脆，会降低材料的力学性能和热处理工艺性能，从而降低了模具零件的使用寿命；只有通过锻造的方法，打碎共晶网状碳化物，并使碳化物分布均匀，晶粒组织细化，才能改善材料的力学性能，提高模具零件的使用寿命。

4）半成品件（标准件）。半成品件（标准件）是指根据国家标准和部颁标准制造的冷冲模上、下模座，各种导柱、导套，通用固定板、垫板，各式模柄、导正销、导料板，通用冲头、型芯、顶杆、滑块，塑料注射模标准模架等标准化零件。这些标准件，可以从专门生产厂家采购，进行成形表面和相关部位的加工后就可以使用，对于降低模具成本和缩短模具制造周期都是大有好处的。目前国内模具行业的标准化程度发展较快，这也给模具制造工艺带来了较大的变革，模具的质量在提高，制造周期在缩短。

（2）毛坯选择的原则　影响毛坯选择的因素很多，主要应从以下几个方面考虑。

1）零件材料对加工工艺性能和力学性能的要求。一般零件材料一经选定，毛坯的种类和工艺方法也就基本上确定了。例如，当材料为铸铁、青铜、铸铝时，因为其具有良好的铸造性能，应选择铸件毛坯；对于尺寸较小、形状不复杂的钢质零件，力学性能要求也不太高时，可以直接采用型材作为毛坯；而重要的钢制零件，为了保证其有足够的力学性能，应该选择锻件毛坯。

2）零件的形状结构和尺寸。零件的形状结构和尺寸对选择毛坯有重要影响。例如对于阶梯轴，如果各台阶直径相差不大时，可以采用棒料作为毛坯，而各台阶直径相差很大时，则采用锻件作毛坯。套类零件可以采用轧制或铸造等方法成形。模座零件一般以铸铁件为毛坯，承受较大载荷的箱体可以用铸钢件作为毛坯。

3）生产类型。小批量生产的零件一般采用精度和生产率较低的毛坯制造方法，例如铸件采用手工砂型，锻件采用自由锻。大批量生产的零件应采用高精度和高效率的毛坯制造方法，例如铸件采用机器造型，锻件采用模锻等。

4）生产条件。选择毛坯的种类和制造方法应考虑毛坯制造车间的设备情况、工艺水平和工人技术水平，同时还应考虑采用先进工艺制造毛坯的可行性和经济性。

4. 定位基准及其选择

定位基准的选择对于保证零件的尺寸精度和位置精度以及合理安排加工顺序都有很大影响；当使用夹具安装工件时，定位基准的选择还会影响夹具结构的复杂程度。因此，定位基准的选择是制订工艺规程时必须认真考虑的一个重要工艺问题。

（1）基准的概念及其分类　零件总是由若干表面组成的，各表面之间有一定的尺寸和相互位置要求。模具零件表面间的相对位置包括两方面要求：表面间的距离尺寸精度和相对位置精度（如同轴度、平行度、垂直度和圆跳动等）。研究零件表面间的相对位置关系是离不开基准的。基准是指确定零件上某些点、线、面位置时所依据的那些点、线、面，或者说是用来确定生产对象上几何要素间的几何关系所依据的那些点、线、面。

按其作用的不同，基准可分为设计基准和工艺基准两大类。

1）设计基准。设计基准是指零件设计图上用来确定其他点、线、面位置关系所采用的基准。如图 1-5 所示零件，其轴线 O—O 是外圆和内孔的设计基准。端面 A 是端面 B、C 的设计基准，内孔 $\phi20H7$ 的轴线是 $\phi40h6$ 外圆柱面径向圆跳动的设计基准。这些基准是从零件使用性能和工作条件要求出发，适当考虑零件结构工艺性而选定的。

2）工艺基准。工艺基准是指在加工或装配过程中所使用的基准。工艺基准按用途不同，又可分为工序基准、定位基准、测量基准和装配基准四种。

① 工序基准。在工序图上用来确定本工序被加工表面加工后的尺寸、形状、位置的基准称为工序基准。如图 1-6a 所示，设计图中键槽底面位置尺寸 S 的设计基准是轴线 O，由于工艺上的需要，在铣键槽工序中，键槽底面的位置尺寸按工序图 1-6b 标注，轴套外圆柱

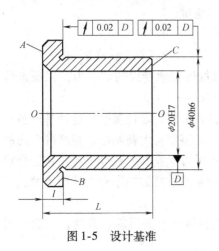

图 1-5　设计基准

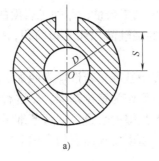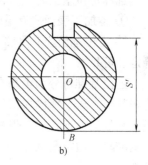

图 1-6　工序基准

a）轴套零件图　b）轴套铣键槽工序图

面的最低母线 B 即为工序基准。

②定位基准。即在工件的加工过程中，用作定位的基准。它是工件上与夹具定位元件直接接触的点、线、面。

③测量基准。零件检验时，用以测量已加工表面的尺寸和位置的基准。如图 1-7 所示，齿轮内孔轴线是检验各项尺寸形状和位置精度的基准。

④装配基准。装配时用来确定零件或部件在产品中的相对位置所采用的基准称为装配基准。如图 1-7 所示的零件，底面 D 是装配基准。

（2）基准问题的分析　分析基准时，必须注意以下几点：

1）基准是制订工艺的依据，必然是客观存在的。当基准是轮廓要素（如平面、圆柱面等）时，容易直接接触到，比较直观。但当基准是中心要素（如圆心、球心、对称轴线等）时，则无法触及，但它们却也是客观存在的。

2）当作为基准的要素无法触及时，

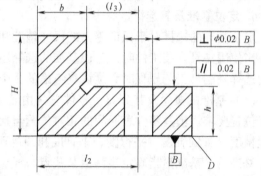

图 1-7　测量基准与装配基准

通常由某些具体的表面来体现，这些表面称为基面。如轴的定位可以外圆柱面为定位基面，这类定位基准的选择则转化为恰当地选择定位基面的问题。

3）作为基准，可以是没有面积的点、线以及面积极小的面。但是工件上代表这种基准的基面总是有一定接触面积的。

不仅表示尺寸关系的基准问题如上所述，表示位置精度的基准也是如此。

（3）定位基准的选择　设计基准已由零件图给定，而定位基准可以有多种不同的方案。一般在第一道工序中只能选用毛坯表面来定位，在以后的工序中可以采用已经加工过的表面来定位。有时可能遇到这样的情况：工件上没有能作为定位基准用的恰当表面，此时就必须在工件上专门设置或加工出定位的基面，称为辅助基准。辅助基准在零件工作中一般并无用途，完全是为了工艺的需要。加工完毕后，如有必要可以去掉。

选择定位基准时应符合以下两点要求：

①各加工表面应有足够的加工余量，非加工表面的尺寸、位置符合设计要求。

②定位基面应有足够大的接触面积和分布面积，以保证能承受大的切削力，保证定位稳定、可靠。

定位基准可分为粗基准和精基准。若选择未经加工的表面作为定位基准，这种基准被称为粗基准。若选择已加工的表面作为定位基准，则这种定位基准称为精基准。粗基准考虑的重点是如何保证各加工表面有足够的余量，而精基准考虑的重点是如何减少误差。在选择定位基准时，通常是从保证加工精度要求出发的，因而定位基准选择的顺序应为从精基准到粗基准。

1）精基准的选择。选择精基准应考虑如何保证加工精度和装夹可靠、方便，一般应遵循以下原则：

①基准重合原则。尽可能选择加工表面的设计基准作为定位基准，避免因为基准不重

合而造成的定位误差，这一原则称为基准重合原则。
如图1-8所示的零件，设计尺寸为 l_1、l_2，如果以 B
面定位加工 C 面，这时定位基准与设计基准重合，可
以直接保证设计尺寸 l_1。如果以 A 面定位加工 C 面，
则定位基准与设计基准不重合，这时只能保证尺寸 l，
而设计尺寸 l_1 是通过 l_2 和 l 间接保证的，l_1 的精度取
决于 l_2 和 l 的精度。尺寸 l 的误差即为定位基准 A 与
设计基准 B 不重合而产生的误差，它将影响尺寸 l_1 的
加工精度。模具零件的制造过程中应尽可能使设计基
准与工艺基准重合。

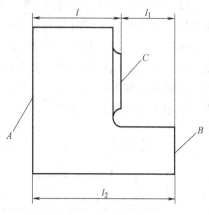

图1-8　基准重合

　　② 基准统一原则。即应尽可能采用同一个定位
基准加工工件上的各个表面。采用基准统一原则，可
以简化工艺规程的制订，减少夹具数量，节约夹具设计和制造费用；同时，由于减少了基准
的转换，更有利于保证各表面间的相互位置精度。例如，轴类零件大多数工序都可以采用两
端中心孔定位（即以轴线为定位基准），以保证各主要加工表面的尺寸精度和位置精度。

　　③ 互为基准原则。即对工件上两个相互位置精度要求比较高的表面进行加工时，可以
利用两个表面互相作为基准，反复进行加工，以保证位置精度要求。例如，为保证套类零件
内外圆柱面较高的同轴度要求，可先以孔为定位基准加工外圆，再以外圆为定位基准加工内
孔，这样反复多次，就可使两者的
同轴度达到要求。

　　④ 自为基准原则。即某些加
工表面的加工余量小而均匀时，可
选择加工表面本身作为定位基准。
如图1-9所示，在导轨磨床上磨削
床身导轨面时，就是以导轨面本身
为基准，用百分表来找正定位的，
这样就可以从导轨面上去除一层小
且均匀的加工余量。又如，采用浮

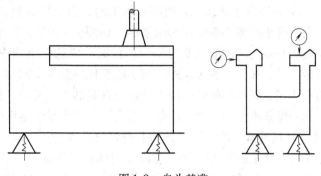

图1-9　自为基准

动铰刀铰孔、圆拉刀拉孔以及用无心磨床磨削外圆表面等，都是以加工表面本身作为定位基
准的。

　　⑤ 准确可靠原则。即所选基准应保证工件定位准确、安装可靠；且夹具设计简单、操
作方便。

　　2) 粗基准的选择。粗基准选择的好坏，对以后各加工表面的加工余量的分配，以及工
件上加工表面和不加工表面的相对位置均有很大的影响。粗基准选择的要求是为后续工序提
供必要的定位基面。具体选择时应考虑以下原则：

　　① 为了保证重要加工表面加工余量均匀，应选择重要加工表面作为粗基准。如图1-10
所示机床导轨面的加工，要在导轨面上去除一层均匀的余量，先以导轨面为基准刨削床腿，
然后再以刨削过的床腿为基准刨削导轨面。由于先以导轨面为基准刨削床腿，床腿面与导轨
面平行，因此就可以从导轨面上去除一层均匀的余量。

② 为了保证非加工表面与加工表面之间的相对位置精度要求，应选择非加工表面作为粗基准；如果零件上同时具有多个非加工面时，应选择与加工表面位置精度要求最高的非加工表面作为粗基准。如图 1-11 所示，加工套筒时，要求加工的内孔与非加工的外圆有同轴度要求，那么就以非加工的外圆为粗基准，由于三爪自定心卡盘的定心作用，其加工时的回转中心就是毛坯外圆的轴线，加工后的内孔就与非加工的外圆同轴，从而保证了加工表面与非加工表面之间的位置精度。

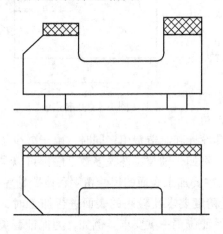

图 1-10　保证重要表面加工余量均匀

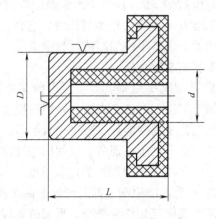

图 1-11　加工表面与非加工表面

③ 在零件上有多个表面需要加工时，为保证各表面均具有足够的加工余量，应选择加工余量最小的那个表面作为粗基准。如图 1-12 所示阶梯轴的加工，由于锻造误差，使毛坯大端和小端的同轴度误差为 3mm，此时，应选择小端作为粗基准先车大端，则大端的加工余量足够，加工后的大端外圆与小端毛坯外圆基本同轴，再以经过加工的大端外圆作为精基准车小端，则小端外圆的加工余量也就足够了。较小的圆柱面的加工余量小，如果以大圆柱面作为粗基准加工，那么小圆柱面会因加工余量不足而变成废品。

④ 粗基准在同一尺寸方向上通常只允许使用一次，因为粗基准一般都很粗糙，重复使用同一粗基准所加工的两组表面之间的位置度误差会很大。如图 1-13 所示阶梯轴的加工，毛坯面的定位精度较低，如重复使用毛坯面 B 定位分别加工表面 A 和 C，必然会使面 A、C 之间产生较大的同轴度误差。

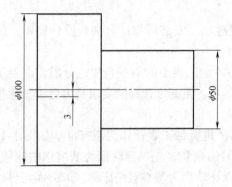

图 1-12　阶梯轴的加工

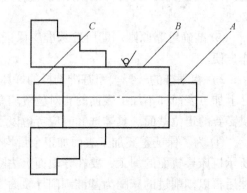

图 1-13　粗基准的使用

⑤ 选作粗基准的表面应平整光洁，有一定的面积，无飞边、浇口、冒口，以保证定位稳定、夹紧可靠。

无论是粗基准还是精基准的选择，上述原则都不可能同时满足，有时甚至互相矛盾，因此选择基准时，必须具体情况具体分析，权衡利弊，以保证零件的主要设计要求。

5. 表面加工方法的选择

表面加工方法的选择，就是为零件上每一个有质量要求的表面选择一套合理的加工方法。在选择加工方法时，一般先根据表面精度和表面粗糙度要求选择最终加工方法，然后再选定该工序前面的一系列准备工序的加工方法，并列出前后顺序，依次加工达到设计图样上规定的精度要求。选择加工方法既要保证零件表面的质量，又要争取高生产效率，同时还应考虑以下因素：

1）首先应根据每个加工表面的技术要求，确定加工方法和分几次加工。

2）应选择相应的能获得经济精度的加工方法。经济精度是指在正常的加工条件下（采用符合质量标准的设备、工艺装备和标准技术等级工人、不延长加工时间）所能保证的加工精度。任何一种加工方法，加工的精度越高其加工成本也越高。反之，加工精度越低其加工成本也越低。但是，这种关系只在一定的范围内成立。即一种加工方法的加工精度达到一定的程度后，即使再增加加工成本，加工精度也不易提高。反之，当加工精度降低到一定程度后，即使加工精度再低，加工成本也不随之下降。经济精度就是处在上述两种情况之间的加工精度。选择的加工方法应处于经济精度的加工范围内。

3）应考虑工件材料的性质。例如，淬火钢的精加工应采用磨床加工，但对于非铁金属的精加工，为避免磨削时堵塞砂轮，则应采用金刚镗或高速精细车削等。

4）要考虑工件的结构和尺寸。例如，对于公差等级为IT7的孔，采用镗、铰、拉和磨削等都可达到要求。但箱体上的孔一般不宜采用拉或磨削，对于大孔，宜选择镗削，对于小孔，则宜选择铰削。

5）要根据生产类型选择加工方法。大批量生产时，应采用生产率高、质量稳定的专用设备和专用工艺装备加工。单件小批生产时，则宜采用通用的设备、工艺装备及一般的加工方法。

6）应考虑本企业的现有设备情况和技术条件，以及充分利用新工艺、新技术的可能性。应充分利用企业的现有设备和工艺手段，节约资源，发挥群众的创造性，挖掘企业潜力；同时应重视新技术、新工艺，设法提高企业的工艺水平。

7）其他特殊要求。例如工件表面的纹路要求、表面力学性能要求等。

表1-19、表1-20和表1-21分别列出了外圆表面、内孔和平面的加工方案，可供选择加工方法时参考。

6. 加工阶段的划分

对于加工质量要求较高的零件，工艺过程应分阶段进行。模具加工工艺过程一般可分为以下几个阶段：

（1）粗加工阶段　主要任务是高效地切除各加工表面的大部分余量，使毛坯在形状和尺寸上接近成品。因此，在此阶段中应尽量采取能提高生产率的加工措施。

（2）半精加工阶段　主要任务是消除粗加工留下的误差，达到一定的精度并留有精加工余量，为主要表面的精加工做准备，并完成一些次要表面（如钻孔、铣槽等）的加工。

表 1-19　外圆表面加工方案

序号	加 工 方 案	经济精度	经济表面粗糙度 Ra 值/μm	适 用 范 围
1	粗车	IT11 ~ IT13	12.5 ~ 50	适用于淬火钢以外的各种金属
2	粗车—半精车	IT8 ~ IT10	3.2 ~ 6.3	
3	粗车—半精车—精车	IT7 ~ IT8	0.8 ~ 1.6	
4	粗车—半精车—精车—滚压(或抛光)	IT7 ~ IT8	0.025 ~ 0.2	
5	粗车—半精车—磨削	IT7 ~ IT8	0.4 ~ 0.8	主要用于淬火钢,也可用于未淬火钢,但不宜加工非铁金属
6	粗车—半精车—粗磨—精磨	IT6 ~ IT7	0.1 ~ 0.4	
7	粗车—半精车—粗磨—精磨—超精加工(或轮式超精磨)	IT5	0.012 ~ 0.1	
8	粗车—半精车—精车—金刚车	IT6 ~ IT7	0.025 ~ 0.4	主要用于要求较高的非铁金属加工
9	粗车—半精车—粗磨—精磨—超精磨或镜面磨	IT5 以上	0.006 ~ 0.025	主要用于极高精度的外圆表面加工

表 1-20　内孔加工方案

序号	加 工 方 案	经济精度	经济表面粗糙度 Ra 值/μm	适 用 范 围
1	钻	IT11 ~ IT13	12.5	加工未淬火钢及铸铁的实心毛坯,也可用于加工非铁金属(但表面粗糙度稍大,孔径为 φ15 ~ φ20mm)
2	钻—铰	IT8 ~ IT10	1.6 ~ 3.2	
3	钻—粗铰—精铰	IT7 ~ IT8	0.8 ~ 1.6	
4	钻—扩	IT10 ~ IT11	6.3 ~ 12.5	加工未淬火钢及铸铁的实心毛坯,也可用于加工非铁金属,但孔径大于 φ15 ~ φ20mm
5	钻—扩—铰	IT8 ~ IT9	1.6 ~ 3.2	
6	钻—扩—粗铰—精铰	IT7	0.8 ~ 1.6	
7	钻—扩—机铰—手铰	IT6 ~ IT7	0.2 ~ 0.4	
8	钻—扩—拉	IT7 ~ IT9	0.1 ~ 1.6	大批量生产(精度由拉刀的精度而定)
9	粗镗(或扩孔)	IT11 ~ IT13	6.3 ~ 12.5	除淬火钢以外的各种材料,毛坯有铸出孔或锻出孔
10	粗镗(粗扩)—半精镗(精扩)	IT8 ~ IT10	1.6 ~ 3.2	
11	粗镗(粗扩)—半精镗(精扩)—精镗(铰)	IT7 ~ IT8	0.8 ~ 1.6	
12	粗镗(粗扩)—半精镗(精扩)—精镗—浮动镗刀精镗	IT6 ~ IT7	0.4 ~ 0.8	
13	粗镗(粗扩)—半精镗—磨孔	IT7 ~ IT8	0.2 ~ 0.8	主要用于淬火钢,也可用于未淬火钢,但不宜用于非铁金属
14	粗镗(粗扩)—半精镗—粗磨—精磨	IT6 ~ IT7	0.1 ~ 0.2	

（续）

序号	加　工　方　案	经济精度	经济表面粗糙度 Ra 值/μm	适　用　范　围
15	粗镗—半精镗—精镗—金刚镗	IT6～IT7	0.05～0.4	主要用于精度要求较高的非铁金属加工
16	钻—（扩）—粗铰—精铰—珩磨；钻—（扩）—拉—珩磨；粗镗—半精镗—精镗—珩磨	IT6～IT7	0.025～0.2	用于精度要求很高的孔

表 1-21　平面加工方案

序号	加　工　方　案	经济精度	经济表面粗糙度 Ra 值/μm	适　用　范　围
1	粗车—半精车	IT8～IT10	3.2～6.3	端面
2	粗车—半精车—精车	IT7～IT8	0.8～1.6	
3	粗车—半精车—磨削	IT6～IT8	0.2～0.8	
4	粗刨（或粗铣）—精刨（或精铣）	IT8～IT10	1.6～6.3	一般不淬硬平面（端铣表面粗糙度较小）
5	粗刨（或粗铣）—精刨（或精铣）—刮研	IT6～IT7	0.1～0.8	精度要求较高的不淬硬平面；批量较大时宜采用宽刃精刨方案
6	以宽刃精刨代替上述方案中的刮研	IT7	0.2～0.8	
7	粗刨（或粗铣）—精刨（或精铣）—磨削	IT7	0.2～0.8	精度要求高的淬硬平面或不淬硬平面
8	粗刨（或粗铣）—精刨（或精铣）—粗磨—精磨	IT6～IT7	0.025～0.4	
9	粗铣—拉	IT7～IT9	0.2～0.8	大量生产，较小的平面（精度视拉刀精度而定）
10	粗铣—精铣—磨削—研磨	IT5 以上	0.006～0.1	高精度平面

（3）精加工阶段　主要任务是去除半精加工所留的少量余量，保证各主要表面达到图样规定的质量要求。

（4）光整加工阶段　对于零件上精度和表面粗糙度要求特别高的表面，如 IT6 及 IT7 以上的精度，表面粗糙度 Ra 为 0.4μm 的零件可采用光整加工。但光整加工一般不纠正几何形状和相互位置误差。

工艺过程划分加工阶段的主要原因有以下几方面：

1）保证零件加工质量。粗加工时切除的金属层较厚，会产生较大的切削力和切削热，所需的夹紧力也较大，因而工件会产生较大的弹性变形和热变形；另外，粗加工后由于内应力重新分布，也会使工件产生较大的变形。划分阶段后，粗加工造成的误差将通过半精加工和精加工予以纠正，并可逐步提高零件的加工精度和减少表面粗糙度数值，保证零件的加工质量。

2) 有利于合理使用设备。粗加工时可使用功率大、刚度好而精度较低的高效率机床，以提高生产率。而精加工则可使用高精度机床，以保证加工精度要求。这样既充分发挥了机床各自的性能特点，又延长了高精度机床的使用寿命。

3) 便于及时发现毛坯缺陷。由于粗加工切除了各表面的大部分余量，毛坯的缺陷，如气孔、砂眼、余量不足等，可及早被发现，并可及时修补或报废，从而避免继续加工而造成的浪费。

4) 避免损伤已加工表面。将精加工安排在最后，可以保护精加工表面在加工过程中少受损伤或不受损伤。

5) 便于安排必要的热处理工序。模具零件的机械加工工艺过程分阶段进行，便于在各加工阶段之间穿插安排必要的热处理工序，既可以充分发挥热处理的效果，也有利于切削加工和保证加工精度，使热处理与切削加工工序安排更合理。例如，对一些精密零件，粗加工后安排去除内应力的时效处理，可以减少工件的内应力，从而减少内应力引起的变形对加工精度的影响。在半精加工后安排淬火处理，不仅能满足零件的性能要求，也可使零件的粗加工和半精加工更容易，而且零件因淬火产生的变形又可以通过精加工予以消除。对于精密度要求更高的零件，在各加工阶段之间可穿插进行多次时效处理，以消除内应力，最后再进行光整加工。

应当指出，加工阶段的划分不是绝对的。例如，对于加工质量不高、刚性较好、毛坯精度较高、加工余量小的工件，也可不划分或少划分加工阶段；对于一些刚性好的重型零件，由于装夹、运输费时，也常在一次装夹中完成粗、精加工，为了弥补不划分加工阶段引起的缺陷，可在粗加工之后松开工件，让工件的变形得到恢复，稍留间隔后用较小的夹紧力重新夹紧工件再进行精加工。

工艺路线划分加工阶段是对零件加工的整个工艺过程而言，不是以某一表面的加工或某一工序的加工而论。例如，有些定位基面，在半精加工阶段甚至粗加工阶段就需要精确加工，而某些钻小孔的粗加工，又常常安排在重要表面的半精加工阶段。

7. 加工顺序的安排

复杂零件的加工要经过切削加工、热处理和辅助工序，在拟订工艺路线时必须将三者统筹考虑，合理安排顺序。

(1) 切削加工工序的安排原则　切削加工工序安排的总原则是：前期工序必须为后续工序创造条件，作好基准准备。具体原则如下。

1) 基准先行。零件加工一开始，总是先加工精基准，然后再用精基准定位加工其他表面。例如，对于箱体零件，一般是以主要孔为粗基准加工平面，再以平面为精基准加工孔系；对于轴类零件，一般是以外圆为粗基准加工中心孔，再以中心孔为精基准加工外圆、端面等其他表面。如果有不止一个精基准，则应该按照基准转换的顺序和逐步提高加工精度的原则来安排基面和主要表面的加工。

2) 先主后次。零件的主要表面一般都是加工精度或表面质量要求比较高的表面，它们的加工质量的好坏对整个零件的质量影响很大，其加工工序往往也比较多，因此应先安排主要表面的加工，再将其他表面的加工适当安排在它们中间穿插进行。通常将装配基面、工作表面等视为主要表面，而将键槽、紧固用的光孔和螺孔等视为次要表面。

3) 先粗后精。一个零件通常由多个表面组成，各表面的加工一般都需要分阶段进行。

在安排加工顺序时，应先集中安排各表面的粗加工，中间根据需要依次安排半精加工，最后安排精加工和光整加工。对于精度要求较高的工件，为了减小因粗加工引起的变形对精加工的影响，通常粗、精加工不应连续进行，而应分阶段、间隔适当时间进行。对于那些与主要表面相对位置关系密切的表面，其加工则通常安排在主要表面的精加工之后进行。

4）先面后孔。对于模座、凸凹模固定板、型腔固定板、推件板等一般模具零件，平面所占轮廓尺寸较大，用平面定位比较稳定可靠。因此，其工艺过程总是首先选择平面作为定位精基准面，先加工平面再加工孔。

（2）热处理的安排　热处理工艺是模具零件生产过程的重要工艺环节。模具零件采用的热处理工艺一般有退火、正火、调质、时效、淬火、回火、渗碳和渗氮等。热处理工序在工艺路线中的安排，主要取决于零件的材料和热处理的目的。根据热处理的目的，可将热处理工艺大致分为两大类，即预先热处理和最终热处理。

1）预先热处理。预先热处理包括退火、正火、时效和调质等。这类热处理的目的是消除毛坯制造过程中产生的内应力，改善金属材料的切削加工性能，为最终热处理作组织准备；一般安排在粗加工前、后。如模具零件中的固定板、支承板等零件，常用材料为45钢，为获得良好的加工性能，常采用的预先热处理工艺为调质，28~32HRC；模具零件中使用的一些锻件毛坯，加工之前常常进行退火和时效处理，以消除内应力。

2）最终热处理。最终热处理包括各种淬火、回火、渗碳和渗氮处理等。这类热处理的目的是提高金属材料的力学性能，如提高零件的硬度和耐磨性等。最终热处理一般应安排在粗加工、半精加工之后，精加工的前、后。变形较大的热处理，如渗碳淬火、调质等，应安排在精加工前进行，以便在精加工时纠正热处理的变形；变形较小的热处理，如渗氮等，则可安排在精加工之后进行。如冲压模具中的刃口零件，常用材料为Cr12MoV，常采用的热处理工艺为淬火加高温回火，58~62HRC；注射模具、压铸模具的型腔、型芯为获得较好的耐磨性和表面粗糙度，常采用的热处理工艺为表面渗碳（或渗氮），渗碳（或渗氮）层厚度为0.8~1.2mm。其中淬火与回火热处理工艺也是模具零件热处理工艺中的关键环节。

（3）辅助工序的安排　辅助工序包括工件的检验、去毛刺、清洗、去磁和防锈等。辅助工序也是机械加工的必要工序，安排不当或遗漏，会给后续工序和装配带来困难，影响产品质量甚至机器的使用性能。例如，未去毛刺的零件装配到产品中会影响装配精度或危及工人安全，机器运行一段时间后，毛刺变成碎屑后混入润滑油中，将影响机器的使用寿命；用磁力夹紧过的零件如果不安排去磁，则可能将微细切屑带入产品中，也必然会严重影响机器的使用寿命，甚至还可能造成不必要的事故。因此，必须十分重视辅助工序的安排。

检验是最主要的辅助工序，它对保证产品质量有重要的作用。检验工序应安排在：

1）粗加工全部结束后，精加工之前。

2）零件从一个车间转向另一个车间的前后，特别是进入热处理工序的前后。

3）重要工序之前或加工工时较长的工序前后。

4）特种性能检验（如磁力探伤、密封性检验等）之前。

5）全部加工工序结束之后。

钳工去毛刺一般安排在易产生毛刺的工序之后、检验及热处理工序之前。清洗和涂防锈油工序安排在零件加工之后、装箱和进入成品库前进行。

8. 工序集中与工序分散

拟订工艺路线时,选定了各表面的加工工序和划分加工阶段之后,就可以将同一阶段中的各加工表面组合成若干工序。确定工序数目或工序内容的多少有两种不同的原则,它和设备类型的选择密切相关。

(1) 工序集中与工序分散的概念　工序集中就是将工件的加工集中在少数几道工序内完成,每道工序的加工内容较多。工序集中又可分为两类:采用技术措施集中的机械集中,如采用多刀、多刃、多轴或数控机床加工等;采用人为组织措施集中的组织集中,如普通车床的顺序加工。

工序分散则是将工件的加工分散在较多的工序内完成,每道工序的加工内容很少,有时甚至每道工序只有一个工步。

(2) 工序集中与工序分散的特点

1) 工序集中的特点

① 采用高效率的专用设备和工艺装备,生产效率高。

② 减少了装夹次数,易于保证各表面间的相互位置精度,还能缩短辅助时间。

③ 工序数目少,机床数量、操作工人数量和生产面积都可减少,节省人力、物力,还可简化生产计划和组织工作。

④ 工序集中通常需要采用专用设备和工艺装备,投资大,设备和工艺装备的调整、维修较为困难,生产准备工作量大,转换新产品较麻烦。

2) 工序分散的特点

① 设备和工艺装备简单、调整方便、工人便于掌握,容易适应产品的变换。

② 可以采用最合理的切削用量,减少基本时间。

③ 对操作工人的技术水平要求较低。

④ 设备和工艺装备数量多、操作工人多、生产占地面积大。

(3) 工序集中与工序分散的选择　工序集中与工序分散各有利弊,选择时,应根据企业的生产规模、产品的生产类型、现有的生产条件、零件的结构特点和技术要求、各工序的生产节拍等进行综合分析后选定。

一般说来,单件小批量生产采用组织集中,以便简化生产组织工作;大批大量生产时可采用较复杂的机械集中。对于结构简单的产品,可采用工序分散的原则;批量生产时应尽可能采用高效机床,使工序适当集中。对于重型零件,为了减少装卸、运输的工作量,工序应适当集中;而对于刚性较差且精度高的精密工件,则工序应适当分散。随着科学技术的进步,先进制造技术的发展,目前的发展趋势是倾向于工序集中。

三、模具制造精度与零件工艺分析

模具的制造精度主要体现为模具工作零件的精度和相关零部件的配合精度。模具零件的加工质量是保证产品质量的基础。零件的机械加工质量包括零件的机械加工精度和加工表面质量两大方面,本部分主要讨论模具零件的机械加工精度问题。零件的工艺分析主要从零件精度要求高的尺寸及表面粗糙度入手。零件的工艺分析过程正好与零件的加工工艺过程相反,通过反推加工工艺过程,即从零件图样的要求到毛坯,最终分析并划分出零件的各加工工序等工艺内容,得到完整的零件加工工艺过程卡。

图 1-14 所示为典型的冲裁模具刃口零件,凹模镶套。其技术要求为:零件材料为

Cr12MoV；其余表面粗糙度 Ra 值为 6.3μm；热处理工艺为淬火，58 ~ 62HRC；*尺寸 $\phi10$mm 与冲头刃口尺寸的配作间隙为 0.2~0.25mm。

1. 机械加工精度和加工误差

在机械加工过程中，由于各种因素的影响，刀具和工件间的正确位置会发生偏移，因而加工出来的零件不可能与理想的要求完全符合，两者的符合程度可用机械加工精度和加工误差来表示。

（1）机械加工精度 是指零件加工后的实际几何参数（尺寸、形状和位置）与理想几何参数的符合程度。

（2）加工误差 是指零件加工后的实

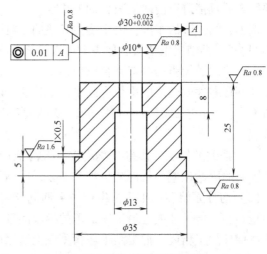

图 1-14　凹模镶套零件

际几何参数（尺寸、形状和位置）与理想几何参数的偏离程度。加工精度越高，则加工误差越小；反之越大。

加工精度的高低是以国家有关公差标准来表示的，保证和提高加工精度实际上就是限制和降低加工误差。如图 1-14 所示，尺寸 $\phi30^{+0.023}_{+0.002}$mm 即是轴的 k7 级，零件制造的上极限偏差为 +0.023mm，下极限偏差为 +0.002mm。

从保证产品的使用性能分析，没有必要把每个零件都加工得绝对准确，可以允许有一定的加工误差，即只要加工误差不超过图样规定的偏差，即为合格品。尺寸 $\phi30^{+0.023}_{+0.002}$mm 与固定该凹模镶套零件的孔有配合要求，属于要求较高的尺寸，其公差范围 0.002~0.023mm 即是加工误差允许的范围，超出该公差范围的零件即为不合格零件。未注公差要求的尺寸按照 IT14 公差等级加工。

2. 机械加工精度包含的内容

机械加工精度包含三方面的内容：尺寸精度、形状精度和位置精度。这三者之间是相互联系的。当尺寸精度要求高时，相应的位置精度和形状精度要求也高；形状公差应限制在位置公差内，位置公差应限制在尺寸公差内。当形状精度要求高时，相应的位置精度和尺寸精度不一定要求高。如图 1-14 中的尺寸 $\phi30^{+0.023}_{+0.002}$mm 与尺寸 $\phi10^*$mm 是尺寸精度要求较高的尺寸，同时以 $\phi30^{+0.023}_{+0.002}$mm 外圆轴线作为基准 A，尺寸 $\phi10^*$mm 与基准 A 保证 0.01mm 的同轴度，该零件既有较高的尺寸精度要求，又有较高的形状、位置精度要求。

一般来说，零件的加工精度要求越高，加工成本就越高，生产效率就越低。

3. 影响加工精度的因素

机械加工时，机床、夹具、刀具、工件构成了一个完整的机械加工工艺系统。零件的尺寸、几何形状和表面间的相互位置，归根到底取决于工件和刀具在切削过程中的相互位置。由于工艺系统存在各种误差，它们以不同的方式和程度反映为加工误差。由此可见，工艺系统误差是"因"，是根源；加工误差是"果"，是表现，故工艺系统误差被称为原始误差。

4. 提高和保证加工精度的途径

（1）直接减少误差法 直接减少误差法在生产中应用较广，是在查明产生加工误差的主要因素后直接进行消除或减少的方法。

例如：细长轴的车削，由于受力和热的影响，工件易产生弯曲变形，现采用"大进给反向切削法"，再辅之以弹簧后顶尖，可进一步消除热伸长的危害。又如：薄环形零件在磨削中，由于采用了树脂结合剂粘合以加强工件刚度的办法，使工件在自由状态下得到固定，解决了薄环形零件两端面的平行度问题。如图 1-14 所示凹模镶套零件，为减少误差，可对尺寸 $\phi30^{+0.023}_{+0.002}$ mm 与 $\phi10^*$ mm 采用同磨法来保证其同轴度的要求，通过采用良好的工艺来直接减少误差。

（2）误差补偿法　误差补偿法就是人为地造出一种新的原始误差，以抵消原来工艺系统中固有的原始误差，从而减少加工误差，提高加工精度。

（3）均分原始误差法　在生产中会遇到这种情况：本工序的加工精度是稳定的，工序能力也足够，但毛坯或上道工序加工的半成品精度太低，引起定位误差或复映误差过大，因而不能保证加工精度。但提高毛坯精度或上道工序的加工精度，往往是不经济的。这时，可把毛坯（或上道工序的工件）按尺寸误差大小分为 n 组，每组毛坯的误差就缩小为原来的 $1/n$，然后按各组的平均尺寸分别调整刀具与工件的相对位置或调整定位元件，就可大大缩小整批工件的尺寸分散范围。

（4）误差转移法　误差转移法实质上是将工艺系统的几何误差、受力变形和热变形等，转移到不影响加工精度的方向去。例如，利用镗模进行镗孔，主轴与镗杆采用浮动连接，这样镗孔时的孔径不受机床误差的影响，镗孔精度由夹具镗模来保证。

5. 模具零件的工艺分析

（1）模具零件结构的工艺性分析　模具零件结构的工艺性是指所设计的模具零件在满足使用性能要求的前提下制造的可行性和经济性。当某个零件的结构形状在现有的工艺条件下，既能方便地制造，又有较低的制造成本，这种零件结构的工艺性就好。

从形体上进行分析，模具零件的结构都是由一些基本表面和特殊表面组成的。基本表面包括内、外圆柱面，圆锥面和平面等；特殊表面包括螺旋面、渐开线齿形面和其他一些成形表面。分析零件结构的工艺性，首先要分析该零件由哪些表面所组成，因为零件的表面形状是选择加工方法的基本因素。例如，对于外圆柱面，一般采用车削和磨削进行加工；对于内孔，则一般采用钻、扩、铰、镗、磨削等进行加工。

除了表面形状外，还要分析表面的尺寸大小。例如，直径很小的孔的精加工宜采用铰削，不宜采用磨削。

此外，还要注意零件各构成表面的不同组合，表面的不同组合形成了零件结构上的特点。例如，以内、外圆柱表面为主，既可组成盘类零件、环类零件，也可组成套筒类零件。对于套筒类零件，也有一般的轴套和形状复杂的薄壁套筒之分。零件结构的工艺性涉及面很广，必须全面综合地加以分析。如图 1-14 所示凹模镶套零件，其使用面主要是内、外圆柱表面与两端面的平面，该零件具有典型的轴类零件的结构特点，主要采用车削和磨削进行加工。

（2）零件图的研究　模具零件图是制订工艺规程最主要的原始资料。在制订工艺时，必须首先对零件加以认真分析。为了更深刻地理解零件结构上的特征和主要技术要求，通常还要研究模具的总装图、部件装配图及验收标准，从中了解零件的功用和相关零件间的配合，以及主要技术要求制订的依据，以便从加工制造的角度来分析零件的工艺性是否良好，为合理制订工艺规程作好必要的准备。

零件图的研究包括以下三项内容：

1）检查零件图的完整性和正确性。主要检查零件视图是否表达直观、清晰、准确、充分；尺寸、公差、技术要求是否合理、齐全。如有错误或遗漏，应提出修改意见。如图 1-14 所示零件图，零件结构表达清晰，尺寸、公差、技术要求齐全，符合国家制图标准的要求。

2）分析零件材料选择是否恰当。零件材料的选择应立足于国内，尽量采用我国资源丰富的材料，尽量避免采用贵重金属；同时，所选材料必须具有良好的加工性能。图 1-14 所示零件选用的材料为 Cr12MoV，该材料属于国产优质冷作模具钢，常用于冲裁模具的刃口等零件，因此凹模镶套零件材料选择合适。

3）分析零件的技术要求。零件的技术要求包括零件加工表面的尺寸精度、形状精度、位置精度、表面粗糙度、表面微观质量以及热处理等要求，分析零件的这些技术要求在保证使用性能的前提下是否经济合理，在本企业现有生产条件下是否能够实现。图 1-14 所示凹模镶套零件的技术要求为：其余表面粗糙度 Ra 值为 6.3μm；热处理为淬火，58~62HRC；符合零件的功能及加工经济要求。

在模具零件的工艺分析过程中，如有不能满足加工工艺要求的地方，应及时与设计人员进行沟通，提出相应的改进意见。

（3）零件工艺分析应重点研究的几个问题　对于较复杂的零件，在进行工艺分析时还必须重点研究以下三个方面的问题：

1）主、次表面的区分和主要表面的保证。零件的主要表面是指零件与其他零件相配合的表面，或是直接参与机器工作过程的表面。主要表面以外的其他表面称为次要表面。根据主要表面的质量要求，便可确定所应采用的加工方法以及采用哪些最后加工的方法来保证实现这些要求。图 1-14 所示的凹模镶套零件中，尺寸 $\phi 30^{+0.023}_{+0.002}$mm 的外圆柱面、尺寸 $\phi 10^{*}$mm 的内孔面及相距 25mm 的两端面是主要加工面，其他为次要表面。

2）重要技术条件分析。零件的技术条件一般是指零件的表面形状精度和位置精度要求，静平衡、动平衡要求，热处理、表面处理，探伤要求和气密性试验等。重要技术条件是影响工艺过程制订的重要因素，通常会影响到基准的选择和加工顺序，还会影响工序的集中与分散。在图 1-14 所示的凹模镶套零件的技术要求中，热处理为淬火，58~62HRC；尺寸 $\phi 10$mm 与冲头刃口尺寸的配作间隙为 0.2~0.25mm，需要重点分析零件热处理前后的工序安排及余量设置，确定配作尺寸的加工方法及工序顺序。

3）零件图上表面位置尺寸的标注。零件上各表面之间的位置精度是通过一系列工序加工后获得的，这些工序的顺序与工序尺寸及相互位置关系的标注方式直接相关，这些尺寸的标注必须做到尽量使定位基准、测量基准与设计基准重合，以减少基准不重合带来的误差。图 1-14 所示的凹模镶套零件的主要尺寸标注都是以零件的轴线为基准的，这使得零件加工时的定位基准容易与设计基准统一。

四、工序尺寸与加工余量的确定

工序尺寸即联系被加工表面与工序基准的尺寸，是本道工序应直接得到的尺寸。正确确定工序尺寸及其公差是制订零件工艺规程的重要工作之一。除最终工序外，工序尺寸一般都包括其后续工序的加工余量，而且与工序基准的选择也有着密切的关系。

1. 加工余量的基本概念

（1）加工余量与工序余量　加工余量是指为达到规定的尺寸从某一表面上切除的金属层

厚度。而工序余量是指被加工表面在一道工序中切除的金属层厚度。如图 1-15 所示，若用 Z_i 表示工序余量，它是相邻两工序的工序尺寸之差。若以 A_i 表示本工序的工序尺寸，A_{i-1} 为前道工序的工序尺寸，则

　　1）对于轴类外尺寸，工序余量为：$Z_i = A_{i-1} - A_i$

　　2）对于孔类内尺寸，工序余量为：$Z_i = A_i - A_{i-1}$

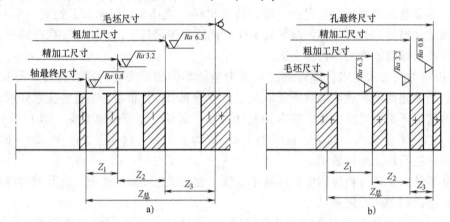

图 1-15　孔与轴的加工余量

a）轴的加工余量　b）孔的加工余量

　　（2）加工总余量　由毛坯加工成成品的过程中，在某加工表面上切除的金属层的总厚度，即该表面的毛坯尺寸与某设计尺寸之差，称为该表面的加工总余量 Z_0。它是该表面各工序加工余量的总和，即

$$Z_0 = Z_1 + Z_2 + \cdots + Z_n$$

式中　$Z_1, Z_2, \cdots, Z_n$——各道工序的工序余量。

　　加工余量有单面和双面之分。如果是在直径方向上或者是对称分布的加工余量，则称为双面余量，如图 1-16a、b 所示的外圆和孔；如果是单边平面加工的余量，则称为单面余量，如图 1-16c 所示。

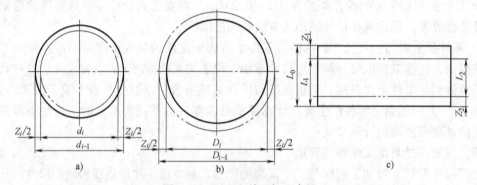

图 1-16　双面和单面加工余量

a）双面余量（一）　b）双面余量（二）　c）单面余量

2. 余量公差

由于工序尺寸有公差，故实际切除的余量大小不等。因此，工序余量也是一个变动量。

如图 1-17 表示工件加工时的工序尺寸及其偏差和工序余量间的关系。若以 A_i 表示本工序的工序尺寸，A_{i-1} 为前道工序的工序尺寸；T_i 为本工序的尺寸公差，T_{i-1} 为前道工序的尺寸公差；则本工序中

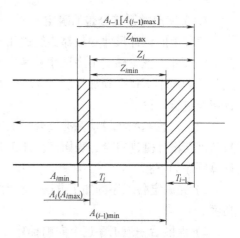

工件的工序余量　$Z_i = A_{i-1} - A_i$；

最大工序余量　$Z_{imax} = A_{(i-1)max} - A_{imin} = Z_i + T_i$；

最小工序余量　$Z_{imin} = A_{(i-1)min} - A_{imax} = Z_i - T_{i-1}$；

工序余量公差　$T_{zi} = Z_{imax} - Z_{imin} = T_i + T_{i-1}$。

图 1-17　余量及余量公差

3. 加工余量的确定

加工余量的大小及其均匀性对模具零件的加工质量、生产率和生产成本均有较大影响。加工余量过大，不仅增加机械加工的劳动量、降低生产率，而且增加了材料、刀具和电力的消耗，从而提高了模具零件的加工成本；加工余量过小，则既不能消除前道工序的各种表面缺陷和误差，又不能补偿本道工序加工时工件的安装误差，造成废品。因此，应该合理地确定加工余量。

确定加工余量的基本原则是：在保证加工质量的前提下，加工余量越小越好。确定加工余量的方法有以下三种：

（1）查表修正法　根据有关手册提供的加工余量数据，再结合本厂的生产实际情况加以修正后确定加工余量。这是各工厂广泛采用的方法。

（2）经验估计法　根据工艺人员本身积累的经验确定加工余量。一般为了防止余量过小而产生废品，所估计的余量总是偏大。常用于单件、小批量生产。

（3）分析计算法　根据理论公式和一定的试验资料，对影响加工余量的各因素进行分析、计算来确定加工余量。这种方法较合理，但需要全面可靠的试验资料，计算也较复杂。一般只在材料十分贵重或少数大批、大量生产的工厂中采用。

在模具零件的加工中，常采用查表修正法确定工序的基本余量。表 1-22 列出了中、小尺寸模具零件加工的工序余量，可供参考使用。

表 1-22　中、小尺寸模具零件加工的工序余量

上道工序	本道工序	本道工序表面粗糙度 $Ra/\mu m$	本道工序单面余量/mm
锻	车、刨、铣	3.2 ~ 12.5	锻圆柱形为 2 ~ 4 锻六方为 3 ~ 6
车、刨、铣	粗磨	0.8 ~ 1.6	0.3 ~ 0.5
	精磨	0.4 ~ 0.8	0.1 ~ 0.2
刨、铣、粗磨	外形线切割	0.4 ~ 1.6	较多
精铣、插、仿铣	钳工锉修打光	1.6 ~ 3.2	0.05 ~ 0.15
铣、插	电火花	0.8 ~ 1.6	0.3 ~ 0.5
精铣、钳修、精车、精镗、磨、电火花、线切割	研抛	0.4 ~ 1.6	0.005 ~ 0.01

4. 工序尺寸及其公差的确定

工件上的设计尺寸一般都要经过几道工序的加工才能得到，某工序加工应达到的尺寸称为工序尺寸。正确确定工序尺寸及其公差是制订零件工艺规程的重要工作之一。工序尺寸及其公差的大小不仅受到加工余量大小的影响，而且与工序基准的选择有密切关系。下面分两种情况进行讨论。

（1）工艺基准与设计基准重合时工序尺寸及其公差的确定　当工序基准、定位基准或测量基准与设计基准重合，表面多次加工时，工序尺寸及其公差的计算相对来说比较简单。其计算顺序如下：

1）先确定各工序的加工方法，然后确定该加工方法所要求的加工余量及其所能达到的精度。

2）由最后一道工序逐个向前推算，即由零件图上的设计尺寸开始，其公差就是设计尺寸的公差，一直推算到毛坯图上的尺寸。

3）除最后一道工序以外，其他各加工工序按各自所采用加工方法的加工经济精度确定工序尺寸公差（终加工工序的公差按设计要求确定）。

4）填写工序尺寸并按"入体原则"标注工序尺寸公差。即当工序尺寸为轴类等外尺寸时，其偏差取单向负偏差，基本尺寸等于最大极限尺寸；当工序尺寸为孔类等内尺寸时，其偏差取单向正偏差，基本尺寸等于最小极限尺寸。毛坯尺寸的偏差取正负值。

轴和盘套类零件的外圆和内孔的加工，工序基准和设计基准一般都符合基准重合原则，工序尺寸及其公差的确定大多采用这种方法。

例如，一个外圆柱面的设计尺寸为 $\phi40_{-0.016}^{0}$ mm，表面粗糙度 Ra 值为 0.4 μm，其加工的工艺路线为：粗车—半精车—磨外圆。用查表法确定毛坯尺寸、各工序尺寸及其公差。

首先从有关资料或手册查取各工序的基本余量及各工序的工序尺寸公差，并列入表1-23中。公差带方向按入体原则确定。最后一道工序的加工精度应达到外圆柱面的设计要求，其工序尺寸就是设计尺寸 $\phi40_{-0.016}^{0}$ mm。表 1-23 列出了按相应的加工方法查出的各工序余量及加工经济精度。

表 1-23　$\phi40_{-0.016}^{0}$ mm 外圆柱面各工序的工序余量及加工经济精度　　（单位：mm）

工序	工序余量	加工经济精度	工序尺寸公差	极限偏差	工序尺寸
磨外圆	0.5	IT6	0.016	$0 \atop -0.016$	$\phi40_{-0.016}^{0}$
半精车	1.5	IT9	0.062	$0 \atop -0.062$	$\phi40.5_{-0.062}^{0}$
粗车	3	IT12	0.25	$0 \atop -0.25$	$\phi42_{-0.25}^{0}$
毛坯	5	—	—	—	45

验算磨削余量：

$$最大余量\ Z_{i\max} = A_{(i-1)\max} - A_{i\min} = Z_i + T_i$$
$$= (40.5 - 39.984)\text{mm} = (0.5 + 0.016)\text{mm} = 0.516\text{mm}$$
$$最小余量\ Z_{i\min} = A_{(i-1)\min} - A_{i\max} = Z_i - T_{i-1}$$
$$= (40.438 - 40)\text{mm} = (0.5 - 0.062)\text{mm} = 0.438\text{mm}$$

验算结果表明，磨削余量合适。

（2）工艺基准与设计基准不重合时工序尺寸及其公差的确定 加工过程中，工件的尺寸是不断变化的，由毛坯尺寸到工序尺寸，最后达到满足零件性能要求的设计尺寸。一方面，由于加工的需要，在工序图以及工艺卡上要标注一些专供加工用的工艺尺寸，工艺尺寸往往不是直接采用零件图上的尺寸，而是需要另行计算；另一方面，当零件加工时，有时需要多次转换基准，因而引起工序基准、定位基准或测量基准与设计基准不重合，这时，需要利用工艺尺寸链原理进行工序尺寸及其公差的计算。

1）工艺尺寸链的基本概念及其特性。

① 工艺尺寸链的概念。如图 1-18a 所示零件，平面 1、2 为已加工面，现要加工平面 3。平面 3 的位置尺寸 A_2 的设计基准为平面 2，当选择平面 1 为定位基准时，就出现了设计基准与定位基准不重合的情况。在采用调整法加工时，工艺人员需要在工序图 1-18b 上标注工序尺寸 A_3，供对刀和检验时使用，以便直接控制工序尺寸 A_3，间接保证零件的设计尺寸 A_2。尺寸 A_1、A_2、A_3 首尾相连构成一封闭的尺寸组合。在机械制造中，称这种相互联系且按一定顺序排列的封闭尺寸组合为尺寸链，如图 1-18c 所示。由工艺尺寸所组成的尺寸链称为工艺尺寸链。

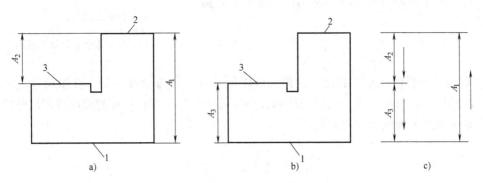

图 1-18 零件加工中的工艺尺寸链

a) 零件图 b) 工序图 c) 工艺尺寸链

② 工艺尺寸链的组成。我们把组成工艺尺寸链的每一个尺寸称为工艺尺寸链的环。如图 1-18c 所示尺寸链有 3 个环。这些环可分为封闭环和组成环。

封闭环：指尺寸链中最终间接获得或间接保证精度的那个环，用 A_0 表示。每个尺寸链中必有一个且只有一个封闭环。如图 1-18c 中的尺寸 A_2 为封闭环。

组成环：除封闭环以外的其他环都称为组成环。如图 1-18c 中的 A_1、A_3。组成环又分为增环和减环。

增环：若其他组成环不变，某组成环的变动引起封闭环随之同向变动，则该环为增环，如图 1-18c 中的 A_1。

减环：若其他组成环不变，某组成环的变动引起封闭环随之异向变动，则该环为减环，如图 1-18c 中的 A_3。

工艺尺寸链一般都用工艺尺寸链图表示。建立工艺尺寸链时，应首先对工艺过程和工艺尺寸进行分析，确定间接保证精度的尺寸，并将其定为封闭环，然后再从封闭环出发，按照零件表面尺寸间的联系，用首尾相接的单向箭头顺序表示各组成环，这种尺寸图就是工艺尺寸链图，如图 1-18c 所示。根据上述定义，利用尺寸链图即可迅速判断组成环的性质，凡与封闭环箭头方向相同的环即为减环（A_3），而与封闭环箭头方向相反的环即为增环（A_1）。

③ 工艺尺寸链的特性。通过上述分析可知，工艺尺寸链的主要特性是封闭性和关联性。所谓封闭性，是指尺寸链中各尺寸的排列呈封闭形式。没有封闭的不能成为尺寸链。所谓关联性，是指尺寸链中任何一个直接获得的尺寸及其变化，都将影响间接获得或间接保证的那个尺寸及其精度的变化。

2）工艺尺寸链计算的基本公式。计算工艺尺寸链的目的是要求出工艺尺寸链中某些环的基本尺寸及其上、下极限偏差。工艺尺寸链的计算方法有两种，即极值法和概率法，这里仅介绍生产中常用的极值法。

用极值法解工艺尺寸链，是以尺寸链中各环的最大极限尺寸和最小极限尺寸为基础进行计算的。图1-19 给出了有关工艺尺寸及其偏差之间的关系。

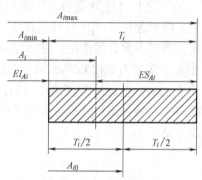

图1-19　尺寸与偏差关系图

① 封闭环的基本尺寸。封闭环的基本尺寸等于所有增环基本尺寸之和与所有减环基本尺寸之和的代数差，即

$$A_0 = \sum_{z=1}^{k} A_z - \sum_{j=k+1}^{n-1} A_j$$

② 封闭环的极限尺寸。封闭环的最大极限尺寸等于所有增环的最大极限尺寸之和减去所有减环的最小极限尺寸之和；封闭环的最小极限尺寸等于所有增环的最小极限尺寸之和减去所有减环的最大极限尺寸之和，即

$$A_{0\max} = \sum_{z=1}^{k} A_{z\max} - \sum_{j=k+1}^{n-1} A_{j\min}$$

$$A_{0\min} = \sum_{z=1}^{k} A_{z\min} - \sum_{j=k+1}^{n-1} A_{j\max}$$

③ 封闭环的上极限偏差 ES_{A0} 与下极限偏差 EI_{A0}。

封闭环的上极限偏差等于所有增环的上极限偏差之和减去所有减环的下极限偏差之和，即

$$ES_{A0} = \sum_{z=1}^{k} ES_{Az} - \sum_{j=k+1}^{n-1} EI_{Aj}$$

封闭环的下极限偏差等于所有增环的下极限偏差之和减去所有减环的上极限偏差之和，即

$$EI_{A0} = \sum_{z=1}^{k} EI_{Az} - \sum_{j=k+1}^{n-1} ES_{Aj}$$

④ 封闭环的公差 T_{A0}。封闭环的公差等于所有组成环公差之和，即

$$T_{A0} = \sum_{z=1}^{k} T_{Az} + \sum_{j=k+1}^{n-1} T_{Aj} = \sum_{i=1}^{n-1} T_{Ai}$$

表1-24列出了工艺尺寸链中的尺寸及偏差（或公差）符号。

表1-24　工艺尺寸链中的尺寸及偏差符号

环　名	符号名称					
	基本尺寸	最大尺寸	最小尺寸	上极限偏差	下极限偏差	公差
封闭环	A_0	A_{0max}	A_{0min}	ES_{A0}	EI_{A0}	T_{A0}
增环	A_z	A_{zmax}	A_{zmin}	ES_{Az}	EI_{Az}	T_{Az}
减环	A_j	A_{jmax}	A_{jmin}	ES_{Aj}	EI_{Aj}	T_{Aj}

3）工艺尺寸链计算例题。

① 定位块零件工艺尺寸链计算。定位块零件如图1-20所示，加工图中$\phi 6^{+0.012}_{0}$mm工艺孔时，以定位块零件的底面作为定位基准，而工艺孔的设计基准是定位块零件的上斜面中心，设计尺寸为$9^{+0.05}_{-0.1}$mm，因此，在加工定位块零件的工艺孔时，需要计算工序尺寸L，从而保证其设计尺寸$9^{+0.05}_{-0.1}$mm。

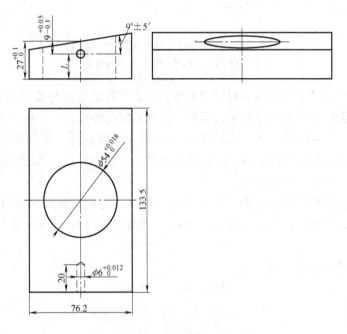

图1-20　定位块零件图

根据以上分析，定位块工艺孔的尺寸$9^{+0.05}_{-0.1}$mm是工艺孔加工时间接保证的尺寸，所以该尺寸为封闭环。确定封闭环后，通过封闭尺寸链图（图1-21）判断，确定增、减环。根据图1-21中的箭头判断，增环为$27^{+0.1}_{0}$mm，减环为L。根据尺寸链计算公式得

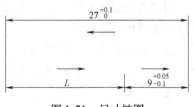

图1-21　尺寸链图

$$9\text{mm} = 27\text{mm} - L$$

$$0.05\text{mm} = 0.1\text{mm} - EI_L$$

$$-0.1\text{mm} = 0 - ES_L$$

求得工序尺寸L的基本尺寸为18mm；上极限偏差为 + 0.1mm；下极限偏差为

+0.05mm；公差为 0.05mm，即 $L = 18^{+0.1}_{+0.05}$mm。

② 挡块零件工艺尺寸链计算。挡块零件如图 1-22a 所示，零件要求孔 $\phi 10^{+0.015}_{0}$mm 的中心与槽的对称中心相距（100 ± 0.2）mm，各平面及槽均已加工，钻、铰 $\phi 10^{+0.015}_{0}$mm 孔时以侧面 K 定位，此时需要确定钻、铰孔时的工序尺寸 A 及其偏差。

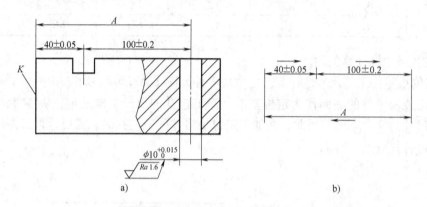

图 1-22　挡块零件工序尺寸及尺寸链图
a）挡块零件工序尺寸图　b）尺寸链图

由于孔的设计尺寸基准为槽的对称中心线，钻、铰孔的定位基准 K 与设计基准不重合，工序尺寸及其偏差应按工艺尺寸链进行计算。首先确定封闭环，在零件加工过程中直接控制的是工序尺寸 A，孔的位置尺寸（100 ± 0.2）mm 是间接得到的，所以尺寸（100 ± 0.2）mm 为封闭环。绘出工艺尺寸链图，自封闭环两端出发，把图中相互联系的尺寸首尾相连，即得到工艺尺寸链图，如图 1-22b 所示。

由图 1-22b 所示单向箭头方向可知，尺寸 A 的箭头方向与封闭环尺寸（100 ± 0.2）mm 的箭头方向相反，为增环；尺寸（40 ± 0.05）mm 的箭头方向与（100 ± 0.2）mm 的相同，为减环。

根据尺寸链计算公式，即

$$100\text{mm} = A - 40\text{mm}$$
$$0.2\text{mm} = ES_A - (-0.05)\text{mm}$$
$$-0.2\text{mm} = EI_A - (+0.05)\text{mm}$$

求得工序尺寸 A 的基本尺寸为 140mm；上极限偏差为 +0.15mm；下极限偏差为 -0.15mm；公差为 0.3mm。即 $A = (140 \pm 0.15)$mm。

用极值法解尺寸链时，各组成环的尺寸公差之和应与封闭环尺寸公差相等，据此可验算上述计算结果是否正确。

五、设备及工艺装备的选择

零件的加工工艺路线确定之后，还要明确各工序的具体内容。在一道具体的工序中，要确定以下内容：工序尺寸、加工余量、定位方案、工步内容、切削用量等。

同时，在拟订工艺路线过程中，对设备及工装的选择也是很重要的。它对保证零件的加工质量和提高生产率有着直接的作用，是制订工艺规程的重要环节之一。为了合理地选择设备和工艺装备，必须对各种设备的规格、性能和工艺装备的种类、规格等有较详细的了解。

（1）设备的选择　确定了工序集中或工序分散的原则后，基本上也就确定了设备的类型。如采用工序集中，则宜选用高效自动加工设备；若采用工序分散，则加工设备可较简单。此外，选择设备时还应考虑：

1）机床精度与工序要求的加工精度相适应。对于高精度的零件加工，在缺乏精密机床时，可通过机床改造"以粗干精"。

2）机床规格与工件的外形尺寸相适应。

3）选择的机床应与现有加工条件相适应。如机床的类型、规格及精度状况、机床负荷的平衡状况及设备的分布排列情况等。

4）机床的生产率与加工零件的生产类型相适应。单件小批量生产宜选择通用机床，大批量生产宜选择高生产率的专用机床。

5）如果没有现成设备供选用，经过方案的技术经济分析后，也可提出专用设备的设计任务书或改装旧设备。

（2）工艺装备的选择　工艺装备的选择是指机床夹具、刀具、量具和检具的选择。工艺装备选择的合理与否，将直接影响工件的加工精度、生产效率和经济效益。应根据生产类型、具体加工条件、工件的结构特点和技术要求等选择工艺装备。

1）夹具的选择。主要考虑生产类型。单件、小批生产应首先采用各种通用夹具和机床附件，如卡盘、机床用平口虎钳、分度头等；对于大批和大量生产，为提高生产率，应采用专用高效夹具；多品种中、小批量生产可采用可调夹具或成组夹具。

2）刀具的选择。主要取决于各工序所采用的加工方法、加工表面尺寸的大小、工件材料、所要求的加工精度和表面粗糙度、生产率和经济性等。模具零件的加工一般采用标准刀具。在有条件的情况下，如果为保证加工精度而在组合机床上按机械集中原则加工零件，则可采用各种高效的专用刀具、复合刀具和多刃刀具等。刀具的类型、规格和精度应符合加工要求。

3）量具和检具的选择。主要根据生产类型和所要求的检验精度来选择。所选用的量具能达到的准确度应与零件的精度要求相适应。单件、小批生产应广泛采用通用量具，如游标卡尺、千分尺和千分表等；大批、大量生产应采用极限量块和高效的专用检验夹具和量仪等。

拓 展 练 习

1. 简述模具的生产过程。

2. 模具制造的主要精度要求有哪些？影响模具精度的因素有哪些？

3. 模具制造选用的毛坯主要有哪些类型？如何选择？

4. 什么是定位基准？模具零件加工中的基准选择需要注意哪些方面？

5. 模具零件为什么要划分加工阶段？主要划分的加工阶段有哪些？

6. 模具零件加工中，哪些零件适合采用工序集中？哪些零件适合采用工序分散？

7. 试分析计算图 1-23 所示零件的工艺尺寸并绘出尺寸链图。图中 A、B、C 为已加工的面，计算以 A 面定位进行镗孔（尺寸 ϕD）时，在垂直方向上的工序尺寸 A_3 及其偏差值。

8. 试计算图 1-24 所示的工序尺寸 A 及其偏差值。

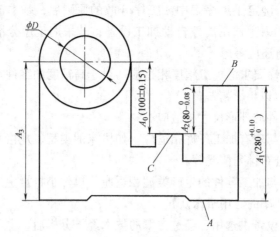

图 1-23　题 7 图

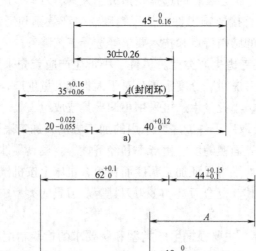

图 1-24　题 8 图

项目二　模具零件普通机械加工

任务一　模具导向件零件加工与工艺卡编制

模具导向件零件是模具的基本组成零件，也是模具零件中典型的轴套类零件，如导柱、导套等零件。该类典型零件主要使用普通机械加工中的车削、外圆磨削等加工方法，在模具零件中属于单件生产。由于模具标准化工作的推进，目前模具零件中很多零件都已标准化，如标准系列的模架、导柱、导套等零件，可采用工序分散进行批量生产；而一些非标准的导柱、导套等零件，仍采用工序集中进行加工。任务一以非标准的导柱（图 2-1）、导套（图 2-2）导向件作为典型零件，介绍模具零件中的轴套类零件的加工与工艺过程卡的编制。

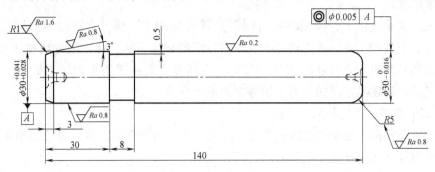

图 2-1　导柱零件图

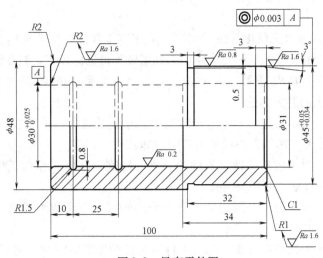

图 2-2　导套零件图

导柱零件技术要求：材料为 20 钢；热处理为淬火，58 ~ 62HRC；表面渗碳 0.8 ~ 1.2mm；其余表面粗糙度 Ra 值为 6.3μm。

导套零件技术要求：材料为 20 钢；热处理为淬火，58 ~ 62HRC；表面渗碳 0.8 ~ 1.2mm；其余表面粗糙度 Ra 值为 6.3μm。

导柱、导套零件是模具的重要导向件，通常导柱、导套分别与模板采用 H7/r6 的过盈配合；导柱、导套之间则采用 H7/h6 的间隙配合，配合面的表面粗糙度 Ra 值为 0.2μm。

【任务目标】

1. 了解普通车削加工工艺及其加工精度。
2. 了解普通内、外圆磨削加工工艺及其加工精度。
3. 理解普通车削、内外圆磨削加工工艺在模具零件加工中的应用。
4. 能读懂典型轴套类模具零件的图样并分析零件加工工艺。
5. 能编制简单轴套类模具零件的加工工艺过程卡。

理 论 知 识

一、车削加工

车削加工主要适用于各种回转类（轴类）零件的加工。模具中有很多回转类（轴类）零件，因此，车削加工是一种比较基本及应用较广的加工方法。在一般的机械制造企业中，车床约占金属切削机床总台数的 20% ~ 35%。本任务主要从普通车削加工机床、刀具、车削加工工艺及针对模具零件加工的应用等方面进行介绍。

1. 车床的种类、用途及加工精度

车床的种类很多，主要包括卧式车床、立式车床、转塔车床、多刀半自动车床、仿形车床、仿形半自动车床和其他专用车床。

在众多种类的车床中，卧式车床的通用性较好，应用最为广泛，适用于加工各类轴类、套筒类和盘类零件上的回转面。以下将以比较典型的 CA6140 卧式车床为代表，对车削加工进行介绍。

CA6140 卧式车床是普通精度等级的车床，应用范围较广，但其结构较为复杂，而且自动化程度低，所以适用于模具零件的单件、小批量及零件修配加工。精车的尺寸公差等级可达 IT6 ~ IT8，表面粗糙度 Ra 值可达 1.6 ~ 0.8μm。图 2-3 是 CA6140 卧式车床的外形图。

2. 零件在车床上的装夹方法

（1）卡盘装夹　三爪自定心卡盘适于装夹中、小型圆柱形、正三边形、正六边形零件；四爪单动卡盘适于装夹在单件、小批量生产中的非圆柱形零件。

（2）顶尖装夹　对于较长的轴类零件的装夹，特别是在多工序加工中，重复定位精度要求较高的场合，一般采用两顶尖装夹。

（3）心轴装夹　对于内、外圆同轴度和端面对轴线垂直度要求较高的套类零件，如导套等，可采用心轴装夹。

（4）中心架、跟刀架辅助支承　在加工特别细长的轴类零件时，为了增加零件的刚度，防止零件在加工中弯曲变形，常使用中心架或跟刀架作辅助支承。

3. 车刀的类型和用途

车刀按用途分为外圆车刀、内孔车刀、端面车刀、螺纹车刀、切槽和切断车刀等；按结

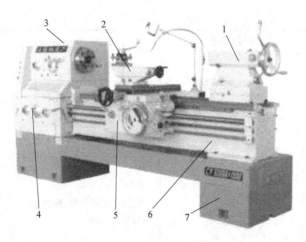

图 2-3　CA6140 卧式车床的外形

1—尾座　2—刀架部件　3—主轴箱　4—进给箱　5—溜板箱　6—床身　7—床脚

构可以分为整体式车刀、硬质合金焊接式车刀、机夹重磨式硬质合金车刀、机夹可转位式车刀等，它们的特点和用途见表 2-1。根据刀头与刀体连接或固定方式的不同，车刀又可分为焊接式与机械夹固式两大类。

表 2-1　常用车刀的结构类型、特点和用途

车刀的类型	特　点	适用场合
整体式	用于整体高速钢制造，刃口可磨得较锋利	小型车床或加工非铁金属
焊接式	焊接硬质合金或高速钢刀片，结构紧凑，使用灵活	各类车刀，特别是小刀具
机夹重磨式	避免了焊接产生的应力、裂纹等缺陷；刀杆利用率高，刀片可集中刃磨，以获得所需参数。使用灵活、方便	外圆、端面、镗孔、切断、螺纹车刀等
机夹可转位式	避免了焊接式车刀的缺点；刀片可快换转位。生产率高，断屑稳定，可使用涂层刀片	大中型车床加工外圆、端面、镗孔。特别适用于自动线、数控机床

（1）焊接式车刀　将硬质合金刀片用焊接的方法固定在刀体上，称为焊接式车刀。这种车刀的优点是结构简单，制造方便，刚性较好。缺点是由于存在焊接应力，刀具材料的使用性能受到影响，甚至出现裂纹。另外，刀杆不能重复使用，硬质合金刀片不能充分回收利用，造成刀具材料的浪费。根据工件加工表面及用途的不同，焊接式车刀又可分为切断刀、外圆车刀、端面车刀、内孔车刀、螺纹车刀及成形车刀等。常用焊接式车刀的种类、特点和用途见表 2-2。

表 2-2　常用焊接式车刀的种类、特点和用途

车刀种类	车刀外形图	用　途	车削示意图
90°车刀（偏刀）		车削工件的外圆、台阶和端面	

（续）

车刀种类	车刀外形图	用　途	车削示意图
75°车刀	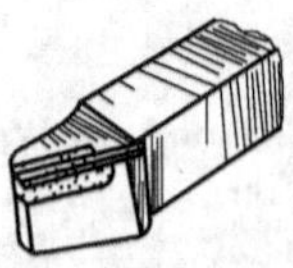	车削工件的外圆和端面	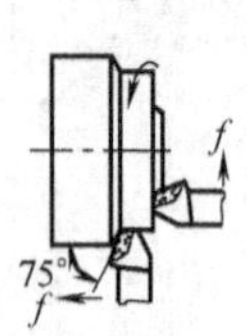
45°车刀(弯头车刀)	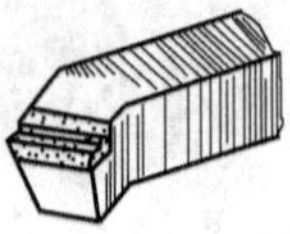	车削工件的外圆、端面和倒角	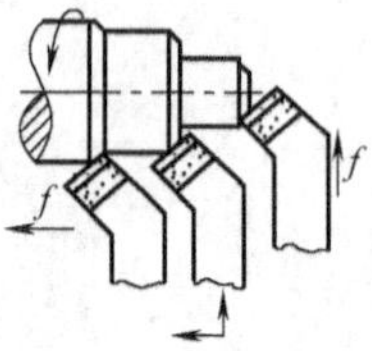
切断刀	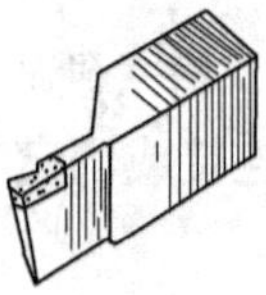	切断工件或在工件上车槽	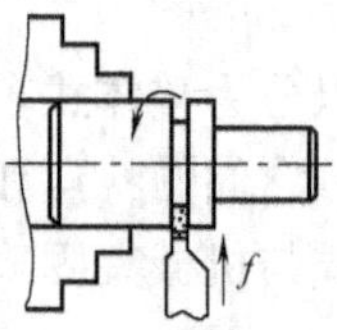
内孔车刀	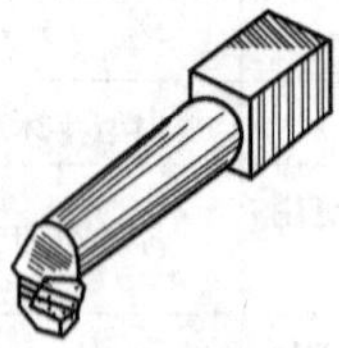	车削工件的内孔	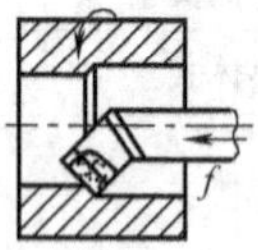
圆头车刀	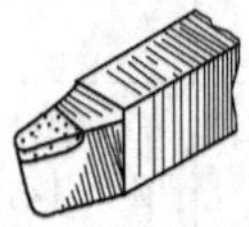	车削工件的圆弧面或成形面	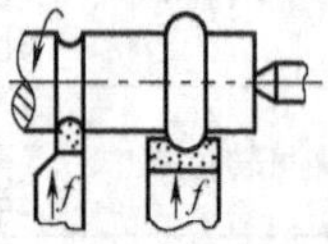
螺纹车刀	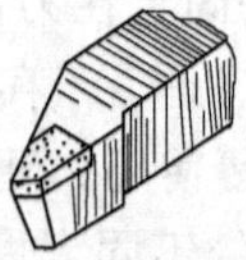	车削螺纹	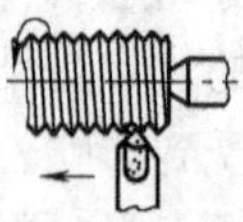

　　（2）机夹可转位车刀　如图 2-4 所示，机械夹固式可转位车刀由刀杆 1、刀片 2、刀垫 3 及夹紧元件 4 组成。刀片每边都有切削刃，当某切削刃磨损钝化后，只需松开夹紧元件，将刀片转一个位置便可继续使用。刀片是机夹可转位车刀的一个最重要组成元件。按照国标 GB/T 2076—2007，可转位车刀的刀片大致可分为带圆孔、带沉孔以及无孔三大类。形状有三角形、正方形、五边形、六边形、圆形以及菱形等共 17 种。

　　4. 车削加工方法

　　车削加工可应用于加工内外旋转面、螺旋面（螺纹）、端面、钻孔、镗孔、铰孔及滚花等零件加工工艺。车床的主要加工方式如图 2-5 所示。具体对应各种材料的不同车削加工方式的切削速度、进给量、公差等级等参数可以参照相关的手册和资料。

5. 模具零件的车削加工

在模具的通用零件中，车削加工工艺应用的零件主要有以下几类：

（1）圆柱形零件　如导柱、圆凸模、圆型芯、推杆、复位杆等。

（2）套形零件　如导套、圆凹模、圆凹模套、推管等。

（3）组合式零件　如一些镶拼式、对拼式回转类、轴类的模具结构零件等。

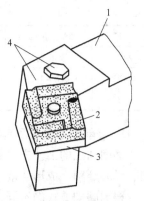

图2-4　机械夹固式可转位车刀的组成

1—刀杆　2—刀片　3—刀垫
4—夹紧元件

车削工艺是加工上述零件的主要工艺之一。在批量加工导柱、导套、推杆等模具标准件时，车削工艺过程的顺序一般分为粗车、半精车和精车三道工序，并会明确规定每道工序的工序尺寸和公差。但是，在进行单件或小批量模具零件的加工时，车削加工可认为是一道工序，加工时粗车、半精车和精车通常在一次装夹条件下完成。如图2-1、图2-2所示导柱、导套零件，其粗加工均采用车削加工，主要使用90°车刀车外圆，45°车刀车端面，切断刀车槽，内孔车刀车导套内孔，以及手工磨出的圆弧刀、成形刀车圆角、倒角等，如操作者技术水平较高，也可直接用90°车刀在 X、Y 方向同时进给车削圆角、倒角等结构。

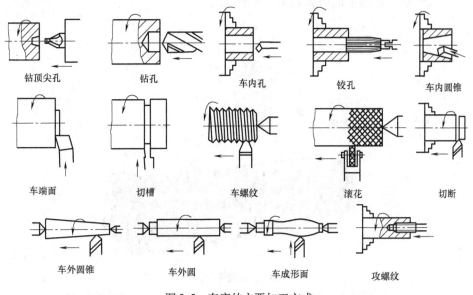

钻顶尖孔　　钻孔　　车内孔　　铰孔　　车内圆锥

车端面　　切槽　　车螺纹　　滚花　　切断

车外圆锥　　车外圆　　车成形面　　攻螺纹

图2-5　车床的主要加工方式

模具中的导柱、导套、推杆等零件的车削工艺一般是热处理、磨削加工和研磨的前道工序，车削工艺的加工余量和可达到的加工精度见表2-3。

二、磨削加工

磨削加工的应用范围越来越广，不仅适用于半精加工、精加工，同时还可应用于粗加工，公差等级可达 IT5～IT6，加工表面的表面粗糙度 Ra 值可达 12.5～0.2μm。

表 2-3　车削的加工余量、加工精度

工序	加工余量/mm	尺寸精度/mm	圆度/mm	圆柱度/mm	表面粗糙度 Ra/μm
粗车	1.5 ~ 2	0.20 ~ 0.30	0.02 ~ 0.03	0.15/100 ~ 0.05/300	3.2 ~ 12.5
半精车	0.8 ~ 1.5	0.10 ~ 0.15			0.4 ~ 1.6
精车	0.5 ~ 0.8				

1. 磨削加工设备及其特点

磨削加工的工艺方法有很多，按照磨削方式分，主要有：外圆磨削、内圆磨削、平面磨削、无心磨削、成形磨削（齿轮、螺纹）、光学曲线磨削和研磨等。

根据磨削方式的不同，磨床被分为以下几种类型：

1）外圆磨床。主要有外圆磨床、万能外圆磨床、无心外圆磨床等。

2）内圆磨床。主要有普通内圆磨床、行星内圆磨床、无心内圆磨床等。

3）平面磨床。主要有卧轴矩台平面磨床、立轴矩台平面磨床、卧轴圆台平面磨床、立轴圆台平面磨床等。

4）专门化磨床。主要有花键磨床、曲轴磨床、齿轮磨床、螺纹磨床等。

5）刀具刃具磨床。主要有滚刀刃磨磨床、万能工具磨床等。

6）工具磨床。主要有工具曲线磨床、钻头沟槽磨床等。

7）其他磨床。主要有光学曲线磨床、研磨机、砂带磨床、超精加工磨床等。

（1）平面磨床　平面磨削主要有圆周磨削和端面磨削两种磨削方式。平面磨削可以获得较高的加工质量。普通平面磨床如图 2-6 所示。

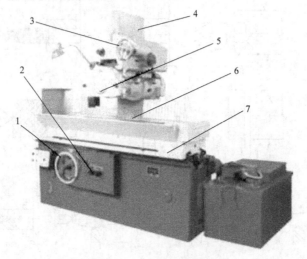

图 2-6　普通平面磨床
1—手轮（磨头垂直进给）　2—手轮（工作台移动）　3—手轮（磨头横向移动）
4—立柱　5—磨头　6—工作台　7—床身

平面磨削的方式主要有以下两种：

① 周磨法。周磨法是用砂轮的圆周面磨削零件平面，砂轮与零件的接触面很小，排屑和冷却条件均较好，所以零件不易产生热变形。砂轮圆周表面的磨粒磨损均匀，所以加工质量较高，适用于精磨。

② 端磨法。端磨法是用砂轮的端面磨削零件平面，砂轮与零件的接触面较大，切削液不易注入磨削区内，零件热变形大。另外，因为砂轮端面各点的圆周速度不同，端面磨损不均匀，所以加工质量较差，但其磨削效率高，适用于粗磨。

（2）外圆磨床　外圆磨床是以两顶心为中心，以砂轮为刀具，将圆柱形钢件研磨出精密同轴度的磨床，主要由床身、头架、尾座、磨头、传动吸尘装置等部件构成。外圆磨床分为普通外圆磨床（图2-7）和万能外圆磨床（图2-8），在普通外圆磨床上可磨削工件的外圆柱面和外圆锥面，在万能外圆磨床上还能磨削内圆柱面、内圆锥面和端面。外圆磨床的主参数为最大磨削直径。外圆磨床主要用于成批轴类零件的端面、外圆及圆锥面的精密磨削，是精度要求高的轴类零件加工的主要设备。常用的外圆磨削方法有纵向磨削法、切入磨削法、混合磨法和深磨法等。

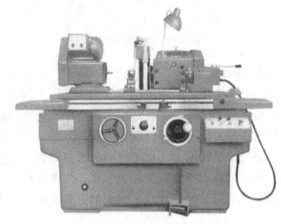

图2-7　普通外圆磨床

图2-8　万能外圆磨床

（3）内圆磨床　内圆磨床主要用于磨削圆柱孔、圆锥孔、孔的端面及形状特殊的内表面。常见的内圆磨削方法有纵向进给磨削法、行星磨法、切入磨削和成形磨削等。与外圆磨削相比，内圆磨削的砂轮直径小，砂轮的转速高，磨粒易磨损钝化，磨削热大，冷却条件差，工件易烧伤，排屑困难，生产率低。普通内圆磨床如图2-9所示。

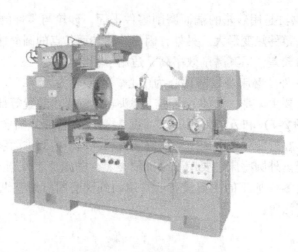

图 2-9　普通内圆磨床

2. 磨削参数选择及余量的确定

磨削方式主要可以分为平面磨削、外圆磨削和内圆磨削三大类。不同的磨削方式导致它们各自的磨削参数及磨削余量也不尽相同，在选择磨削参数及磨削余量时应该区别对待。

选择磨削参数的一般原则是：在保证工件表面质量的条件下尽可能地提高生产效率。这就要求在磨削温度低、磨削表面粗糙度较小的条件下，尽量取较大的磨削进给速度、磨削深度及工件速度。一般地，磨床的磨削速度是不变的，所以不需选择。而磨削深度对磨削表面的质量影响最大。选择磨削参数时，一般先选择较大的工件速度，再选择磨削进给速度，最后选择磨削深度。

磨削参数的选择见表 2-4。

表 2-4　磨削参数的选择

磨削参数		平面磨削	外圆磨削	内圆磨削
砂轮粒度		F36 ~ F60	F46 ~ F60	F46 ~ F80
修整工具		单颗粒金刚石、金刚石片状修整器		
砂轮速度/(m/s)		20 ~ 35	≈35	20 ~ 30
修整时工作台速度/(mm/s)		5 ~ 8.33	6.67 ~ 10	1.67 ~ 3.33
修整时切削深度/mm	横向	—	0.01 ~ 0.02	0.005 ~ 0.01
	纵向	0.01 ~ 0.02(双行程)	—	—
光修次数(单行程)		—		2
工件速度/(m/s)		—	0.33 ~ 0.5	0.33 ~ 0.83
磨削进给速度/(m/s)		0.283 ~ 0.5	0.02 ~ 0.05	0.033 ~ 0.05
磨削深度/mm	横向	2 ~ 5(双行程)	0.02 ~ 0.05	0.005 ~ 0.01
	纵向	0.005 ~ 0.02(双行程)	—	—
光磨次数(单行程)		1 ~ 2	1 ~ 2	2 ~ 4

磨削余量的选择对零件的加工质量、生产成本特别重要。平面磨削、外圆磨削、内圆磨削的余量选择分别见表 2-5、表 2-6 和表 2-7。

表2-5　平面磨削余量选择　　　　（单位：mm）

加工性质	加工面长度	加工面宽度					
		≤100		>100~300		>300~1000	
		余量	公差	余量	公差	余量	公差
零件在装置时未经校准	≤300	0.3	0.1	0.4	0.12	—	—
	>300~1000	0.4	0.12	0.5	0.15	0.6	0.15
	>1000~2000	0.5	0.15	0.6	0.15	0.7	0.15
零件装置在夹具中或用千分表校准	≤300	0.2	0.1	0.25	0.12	—	—
	>300~1000	0.25	0.12	0.3	0.15	0.4	0.15
	>1000~2000	0.3	0.15	0.4	0.15	0.4	0.15

表2-6　外圆磨削余量（直径余量）选择　　　　（单位：mm）

工件直径	余量限度	磨削前								粗磨后精磨前	精磨后研磨前
		未经热处理的轴				经过热处理的轴					
		轴的长度									
		<100	100~200	201~400	401~700	<100	100~200	201~400	401~700		
≤10	max	0.20	—	—	—	0.25	—	—	—	0.020	0.008
	min	0.10	—	—	—	0.15	—	—	—	0.015	0.005
11~18	max	0.25	0.30	—	—	0.30	0.35	—	—	0.025	0.008
	min	0.15	0.20	—	—	0.20	0.25	—	—	0.020	0.006
19~30	max	0.30	0.35	0.40	—	0.35	0.40	0.45	—	0.030	0.010
	min	0.20	0.25	0.30	—	0.25	0.30	0.35	—	0.025	0.007
31~50	max	0.30	0.35	0.40	0.45	0.40	0.50	0.55	0.70	0.035	0.010
	min	0.20	0.25	0.30	0.35	0.25	0.30	0.40	0.50	0.028	0.008
51~80	max	0.35	0.40	0.45	0.55	0.45	0.55	0.65	0.75	0.035	0.013
	min	0.20	0.25	0.30	0.35	0.30	0.35	0.45	0.50	0.028	0.008
81~120	max	0.45	0.50	0.55	0.60	0.55	0.60	0.70	0.80	0.040	0.014
	min	0.25	0.35	0.35	0.40	0.45	0.45	0.45	0.45	0.032	0.010
121~180	max	0.50	0.55	0.60	—	0.60	0.70	0.80	—	0.045	0.016
	min	0.30	0.35	0.40	—	0.40	0.50	0.55	—	0.038	0.012
181~260	max	0.60	0.60	0.65	—	0.70	0.75	0.85	—	0.050	0.020
	min	0.40	0.40	0.45	—	0.50	0.55	0.60	—	0.040	0.015

3. 其他磨削加工方式

（1）坐标磨削　磨削技术的发展方向之一就是不断提高精度要求，坐标磨削是高精度加工的主要方法之一，广泛用于精密级进模具、精密模具及高精度的检具加工。常见坐标磨床如图2-10所示。

表 2-7　内圆磨削余量选择　　　　　　　　　　　　　　　（单位：mm）

工件直径	余量限度	最后磨削前（粗磨及精磨）								粗磨后精磨前
		未经淬火的孔				经过淬火的孔				
		孔长								
		<50	50~100	100~200	200~300	<50	50~100	100~200	200~300	
≤10	max	—	—	—	—	—	—	—	—	0.020
	min	—	—	—	—	—	—	—	—	0.015
11~18	max	0.22	0.25	—	—	0.25	0.28	—	—	0.030
	min	0.12	0.13	—	—	0.15	0.18	—	—	0.020
19~30	max	0.28	0.28	—	—	0.30	0.30	0.35	—	0.040
	min	0.15	0.15	—	—	0.18	0.22	0.25	—	0.030
31~50	max	0.30	0.30	0.35	—	0.35	0.35	0.40	—	0.050
	min	0.15	0.15	0.20	—	0.20	0.25	0.28	—	0.040
51~80	max	0.30	0.32	0.35	0.40	0.40	0.40	0.45	0.50	0.060
	min	0.15	0.18	0.20	0.25	0.25	0.28	0.30	0.35	0.050
81~120	max	0.37	0.40	0.45	0.50	0.50	0.50	0.55	0.60	0.070
	min	0.20	0.20	0.30	0.30	0.30	0.30	0.35	0.40	0.050
121~180	max	0.40	0.42	0.45	0.50	0.55	0.60	0.65	0.70	0.080
	min	0.25	0.25	0.30	0.30	0.35	0.40	0.45	0.50	0.060
181~260	max	0.45	0.48	0.50	0.55	0.60	0.65	0.70	0.75	0.090
	min	0.25	0.28	0.30	0.35	0.40	0.45	0.50	0.55	0.065

图 2-10　坐标磨床

坐标磨削属于内圆磨削，采用内圆磨削中的行星磨法。坐标磨削加工有其独有的一些特性：①工件在磨削时是固定不动的，磨头完成磨削过程的四个运动，即砂轮切削运动、圆周进给运动、轴向往复运动和径向进给运动；②磨头主轴垂直于工作台面，工件放在工作台上可以沿 X、Y 坐标移动和回转，适合于成形轮廓和坐标孔的加工；③机床的磨削运动和零件的成形运动分开，扩大了工作空间，所以可以安装各种附件，使用多种磨削方式加工各种不同的零件；④磨削时，防护要求较高，且需切削液冷却。

坐标磨床主要有三个运动：主轴的行星回转和上下往复运动，砂轮的自转运动，如图2-11 所示。

坐标磨削常见的几种磨削方式如下：

1）径向进给式磨削。它是利用砂轮的圆周面进行磨削。磨削孔时，砂轮的工作边将偏离行星主轴轴线一个工作半径值，在磨削过程中，砂轮除了本身的转动外，还必须绕行星主轴进行公转，还可以在磨削过程中扩大偏心半径，作微量进给。在实际应用中该方法被广泛地采用。

2）切入式磨削。该方法又称为端面磨削，这种磨削方式利用砂轮的端面进行磨削，砂轮沿轴向作进给运动。

3）插磨法磨削。这种磨削方式是磨轮快速上下运动的同时，环绕着被磨零件的轮廓进行磨削。它可以采用较大的磨削深度，而产生的热量较少，同时，这种磨削方式对砂轮的跳动要求较小。

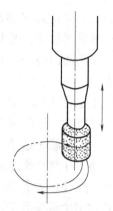

图 2-11 坐标磨床的运动

（2）成形磨削 成形磨削是一种高精度、高生产率的磨削方法。在加工如涡轮、叶片、航空齿轮等零件时，成形磨削常常是重要的精加工工序。

成形磨削的加工方式主要有如下几种：

1）成形砂轮磨削。即将砂轮修整成为与工件型面吻合的反面，采用切入磨法。成形砂轮的修整方法有车削法和滚压法两种。车削法主要采用大颗粒天然金刚石作为修整工具进行砂轮修整，用于单件或小批量工件成形磨削砂轮的修整。模具零件成形磨削砂轮的修整一般用车削法，包括：①车削法修整砂轮的角度；②车削法修整砂轮圆弧，③车削法修整砂轮的非圆弧曲面。

2）成形夹具磨削。即使用通用及专用夹具，在通用或者专用磨床上对工件成形面进行磨削。夹具磨削法不用修整砂轮形状，只需通过夹具改变工件磨削表面的不同位置，即可实现成形磨削；是一种简单而应用广泛的成形磨削方法。实现夹具磨削法的关键是夹具的使用，常用的夹具包括：①精密平口虎钳；②正弦精密平口虎钳；③正弦磁力台；④正弦分中夹具；⑤万能夹具。

3）仿形磨削。即在专用机床上按放大样板靠模进行磨削。

4）数控磨削。即使用数控磨床进行成形面加工。

在成形磨削中，由于磨削接触面积大，型面复杂，各点的磨削条件差别较大，冷却条件差，工件容易烧伤，所以在成形磨削中应该注意以下几点问题：①合理分配磨削余量，减少磨削热量的产生，改善磨削条件；②合理选择切削用量，从而在避免磨削烧伤的同时，提高磨削效率；③采用合理的工件装夹方式；④正确选用砂轮，如立方氮化硼磨料热稳定性好，热强度高，硬度高，磨料锋利，所以立方氮化硼砂轮既能保持很高的型面精度，又能有效地抑制磨削热量的产生。

（3）光学曲线磨削 光学曲线磨削实际属于数控加工范畴。光学曲线磨床可以磨削平面、圆弧面和非圆弧面的复杂曲面，特别适合于单件或小批量生产中各种复杂的曲面磨削。机床所使用的砂轮是薄片砂轮，如图2-12所示，砂轮厚度为 $0.5 \sim 8mm$，直径在 125mm 以内，磨削精度为 $\pm 0.01mm$。

光学曲线磨床具有光学装置，只需按工件被磨削部分的形状和尺寸绘制一张放大50倍的图样（称为放大图），便可按此图磨削工

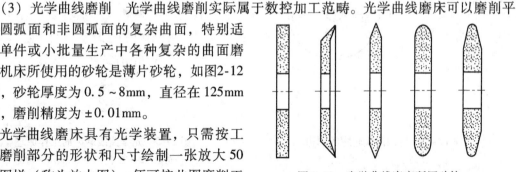

图 2-12 光学曲线磨床所用砂轮

件。为了保证加工精度在 ±0.01mm 的范围内，放大图必须画得准确，图上线条的偏差应小于 0.5mm。

光学曲线磨床的结构如图 2-13 所示，它主要由床身 1、坐标工作台 2、砂轮架 3 和光屏 4 组成。被磨削工件固定在坐标工作台上，可以作纵向和横向运动，而且可以在一定范围内作升降运动。

砂轮作旋转运动的同时，在砂轮架的垂直导轨上作自动的往复直线运动，其行程可在 0～50mm 范围内调整。此外，砂轮架还可作纵向和横向的送进（手动）及两个调整运动，一个是沿垂直轴转动，以利于磨削曲线轮廓的侧边（图 2-14）；另一个是沿弧形导轨绕水平轴转动，这个运动是在磨削成形车刀的后面时使用的。

光学曲线磨床的工作原理如图 2-15 所示。光线从机床的下部光源 1 射出，通过工件 2 和砂轮 3，并把它们的阴影射入物镜 4 上，再经过三棱镜 5、6 的折射和平面镜 7 的反射，在光屏 8 上得到放大 50 倍的影像。为了在光屏上得到浓黑的工件轮廓的影像，可通过工作台调节垂直升降运动。由于工件在磨削前留有加工

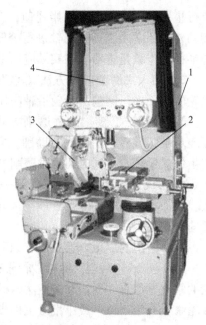

图 2-13　光学曲线磨床
1—床身　2—坐标工作台
3—砂轮架　4—光屏

余量，故其外形超出光屏上放大的外形。在磨削过程中，手工操纵磨头在纵、横方向的运动，使砂轮的切削刃沿着工件外形移动，同时注意观察光屏上的影像，尽可能使工件实际轮廓的影像与其放大图相重合，一直磨到两者完全吻合为止。

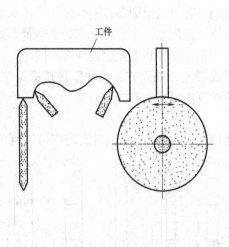

图 2-14　磨削曲线轮廓的侧边

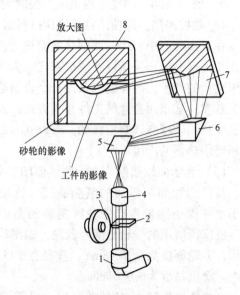

图 2-15　光学曲线磨床的工作原理
1—光源　2—工件　3—砂轮　4—物镜
5、6—三棱镜　7—平面镜　8—光屏

4. 模具零件的磨削加工

磨削加工是提高零件精度和表面粗糙度的主要方法。模具零件中有很多零件都需要进行精加工，特别是一些配合件、成形零件、板类件等，如导柱、导套、型芯、型腔等，应根据零件的结构和精度等级的不同而采用不同的磨削加工方式。如图 2-1 所示的导柱零件，车削加工与热处理工艺之后将进行外圆柱面磨削的精加工，即使用外圆磨床进行加工；图 2-2 所示的导套零件，车削加工与热处理工艺之后将进行内、外圆柱面的磨削加工，即使用内、外圆磨床配合进行加工，也可使用万能磨床进行加工；选择机床时，主要根据本单位及本地区的实际情况进行考虑。

三、光整加工

1. 光整加工的特点

光整加工是精加工后，在工件上不切除或只切除极薄的材料层，以降低表面粗糙度、增加表面光泽和强化其表面为主要目的而进行的研磨和抛光加工（简称研抛）。抛光加工在研磨加工之后进行，能够得到比研磨更低的表面粗糙度值。光整加工是模具加工制造中的重要一环，对于提高模具寿命和制件质量、保证顺利脱模等具有重要作用。光整加工的特点如下：

1）光整加工的加工余量小，主要用来改善表面质量，少量用于提高加工精度（如尺寸精度、形状精度），但不能用于提高位置精度。

2）光整加工是用细粒度的磨料对工件表面进行微量切削和挤压的过程，表面加工均匀，切削力和切削热很小，可获得很高的表面质量。

3）光整加工属于微量加工，不能纠正较大的表面缺陷，其加工前要进行精加工。

目前，用户对模具的寿命和制件的质量要求越来越高，对模具的制造质量也提出越来越高的要求，其中模具零件成形表面的质量对模具的寿命和制件的质量有很大的影响。表 2-8 列出了某膜片零件的冲孔模不同刃口表面粗糙度与刃磨寿命的对比。

表 2-8　冲裁模具刃口表面粗糙度与刃磨寿命的对比

刃口表面粗糙度 $Ra/\mu m$	刃口表面最终加工方式	模具刃磨寿命/万次
0.8	磨削	—
0.4	研磨、抛光	2
0.2 ~ 0.1	研磨、抛光	5 ~ 8

另外，模具零件大量用到磨削加工和电火花加工，磨削加工残留的表面磨痕、裂纹、磨削烧伤等缺陷，电火花加工后残留的表面变质层，是产生模具刃口疲劳断裂、崩刃等模具失效的重要原因；由于模具生产具有单件、小批量生产及形状复杂多样的特点，这些表面缺陷主要靠光整加工去除。光整加工在模具的成形表面加工中所占工时比重很大，特别是那些形状复杂的塑料模型腔，其光整加工工时的比重可达 45% 以上。

2. 光整加工的方法

光整加工的方法很多，按加工条件不同主要可分为以下几类：

1）手工研抛。指主要依靠操作者的个人技艺（可使用辅助工具）进行的研抛，是目前用得最多的研抛方法。

2）挤压研磨。指在压力作用下，使含有磨料的黏弹性流体介质强行通过被加工表面而进行的研磨加工。

3）电化学研抛。指利用电化学反应中的阳极溶解原理，使工件表面发生选择性溶解而形成平滑表面的一种光整加工方法，可分为电解研抛和电解修磨研抛。

4）磁力研抛。指利用磁场作用力，使两极吸附磁性磨粒而形成磁力刷，再利用磁力刷对工件进行光整加工。

5）超声波研抛。指利用超声波能传递高能量的特性，通过产生超声波振动装置，带动工件和抛光工具间的含有磨料的悬浮液冲击和磨削被加工部位而进行的光整加工。

6）玻璃珠喷射研抛。指利用压缩空气将微小直径的玻璃珠高速喷射至工件被加工表面，利用玻璃珠的撞击来达到光整加工的目的。

3. 研磨加工

研磨是一种使用研具和游离磨料对被加工表面进行微量加工的精密加工方法，可用于各种钢、铸铁、铜、铝、硬质合金等金属材料和玻璃、陶瓷、半导体等非金属材料的零件表面加工。研磨工艺可降低工件的表面粗糙度值，提高尺寸精度和形状精度。研磨装置简单，易于制造，在现代化工业中获得了广泛的应用，已从最初用于加工精密量规，发展到加工模具、钢球、喷油嘴、精密齿轮等金属制件，以及玻璃光学镜面、石英晶体、半导体、陶瓷等材料的非金属制件。

（1）研磨的原理　研磨时，在模具工作表面嵌入或涂覆磨料，并添加研磨液与辅助填料，在研具工作表面与工件被加工表面间施加一定压力，使之接触并作复杂的相对运动，通过磨料颗粒的微切削作用和研磨液的物理、化学作用，从工件被加工表面切除一层极薄的材料，以获得尺寸精度高、表面粗糙度值低的工件，工作原理如图 2-16 所示。

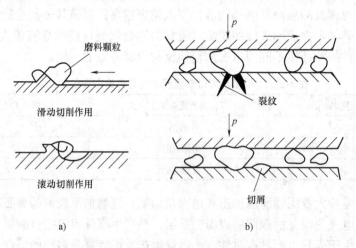

图 2-16　研磨时磨料磨粒的切削作用
a）研磨塑性工件　b）研磨脆性工件

研磨塑性材料时，研具与工件之间的磨粒起滑动、滚动切削作用，如图 2-16a 所示。滑动切削时，磨料颗粒固定在研具上，靠磨粒在工件上的移动进行切削；滚动切削时，磨料颗粒基本呈自由状态，并在研具和磨料之间滚动，靠滚动进行切削。研磨脆性材料时，除上述作用外，在压力 p 作用下，磨粒颗粒还会使加工表面产生裂纹，随着磨料颗粒的运动，裂纹不断扩大、交错，以致形成碎片，最后成为切屑脱离工件，如图 2-16b 所示。

除磨料磨粒的微切削作用外，金属的去除过程还与物理、化学作用有关。湿研磨时，研磨剂中除含有磨料外，还含有油酸、硬脂酸等酸性物质，这些物质会使工件表面很快产生一层很软的氧化物薄膜，钢铁成膜只需要 $0.05s$，氧化膜厚度为 $2 \sim 7\mu m$。凸出处的氧化物薄膜很容易被磨料磨去，露出的新鲜表面很快地被继续氧化，继续被去除，如此循环，加速了研磨过程。此外，研磨时磨料颗粒与工件接触点处产生的局部高温高压，也可能产生局部挤压作用，进而产生微挤压塑性变形，使高点处的金属流入低点，从而形成光滑表面，降低表面粗糙度值。

（2）研磨的特点

1）尺寸精度高。由于研具和工件所构成的工艺系统处于弹性的浮动状态，磨料采用极细的微粉，在低速、低压下磨除一层极薄的金属，产生的热量少，被加工表面的变形和变质层很轻微，可稳定获得高精度表面，尺寸加工公差为 $0.1 \sim 0.01mm$，最高可达 $0.0025mm$。

2）形状精度高。由于微量切削，且切削运动轨迹复杂，无重复性，因此可获得较高的形状精度，且不影响原来的位置精度，如研磨圆柱体的圆柱度公差可达 $0.1\mu m$。

3）表面粗糙度值低。磨料轨迹不重复，能均匀去除工件被加工表面的凸峰，有利于降低表面粗糙度值。研磨后的表面粗糙度 Ra 值可达 $0.01\mu m$。

4）表面耐磨性好。由于研磨表面质量提高，摩擦系数小，摩擦面的有效接触面积大，从而可提高表面耐磨性。

5）抗疲劳强度提高。由于研磨表面存在着残余压应力，这种应力有利于提高零件表面的抗疲劳强度。

6）研磨存在一些缺点。研磨时，劳动强度大，时间长，效率较低；不能提高各表面间的位置精度；研磨剂易飞溅，容易污染环境，使邻近的机械设备受到腐蚀。

（3）研磨加工方法的分类及应用

1）按研磨操作方式划分，有以下几类：

① 手工研磨。指主要依靠操作者个人技艺或采用辅助工具进行的研磨，适用金属、非金属工件的各种表面，但劳动强度大，研磨效率较低。由于模具零件形状比较复杂，局部窄缝、狭槽、深孔、不通孔和死角部位较多，这些部位目前无法采用机械研磨或用机械研磨效率很低，因而目前模具研磨应以手工研磨为主。

② 机械研磨。指主要依靠机械设备进行的研磨，如挤压研磨抛光、电化学研磨抛光。机械研磨的研磨质量不依赖操作者的技术水平，且研磨效率高，主要用于大批量生产中，特别是几何形状不太复杂的零件，如平面、圆柱面、球面、半球面等表面形状的研磨。

2）按磨料状态划分，有以下几类：

① 湿研。在研磨时，将配置好的液体研磨剂涂覆于研具表面或将研磨剂直接加入工作区域，在压力作用下，部分磨料可嵌入研具表面。研磨过程中，磨料在工件和研具间不停地滚动或滑动，实现对工件表面的切削或挤压，但以滚动切削为主。湿研的研磨效率高，研磨表面不受研具形状限制，可研磨平面、外圆、型孔、锥面、螺纹、球面等，但研磨尺寸精度不如干研，表面粗糙度 Ra 值也较高，一般为 $0.04 \sim 0.02\mu m$，且湿研后一般表面无光泽，常用于粗研或半精研。

② 干研。在研磨时，先将磨料颗粒均匀压入研具表层中，不加研磨剂对工件进行研磨，磨料的切削作用以滑动切削为主。干研的效率低于湿研，但研磨尺寸精度高，表面粗糙度

Ra 值低，一般可达 $0.01 \sim 0.04 \mu m$，常用于精研。

③ 半干研。研磨剂是由研磨液和较软磨料组成的糊状研磨膏，先将研磨膏涂覆于工件表面，再利用研具进行研磨。半干研的质量和效率介于干研和湿研之间，粗、精研均可采用。

（4）研磨工具　研磨时，直接与工件被研磨表面接触的研磨工具称为研具。研具是影响研磨精度和效率的重要因素之一。常用的研具有如下几种。

1）手工研具。常用的手工研具有研磨砂纸、研磨平板、外圆研磨环、内圆研磨芯棒等。

2）普通油石。普通油石一般用于粗研。使用时，油石形状要根据工件研磨表面的形状进行修整。当研磨工件材料较软时，油石要硬些；研磨工件材料较硬时，油石要软些。油石的粒度要按表面粗糙度要求选取。

3）电动抛光机。为了提高研磨效率，降低劳动强度，目前在模具研磨中越来越多地使用电动抛光机。常用的手持电动抛光机有电动往复式研磨头、电动直杆旋转式研磨头和电动弯头旋转式研磨头。研磨头安装不同的磨削头可进行各种不同的研抛加工。

（5）研磨工艺参数

1）研磨运动轨迹。研磨过程中，研具（或工件）上的某一点相对于工件（或研具）所走过的线路称为研磨运动轨迹。为提高研磨质量，研磨轨迹应不断地有规律地改变方向，常见的研磨运动轨迹有直线往复式、正弦曲线式、8 字形和各种摆线式，如图 2-17 所示。研磨时，要根据研磨表面的形状合理选择研磨运动轨迹，以提高研磨质量和效率，并延长研具寿命。

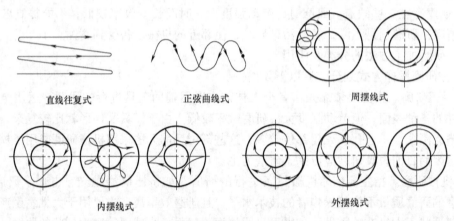

图 2-17　常见研磨运动轨迹

2）研磨压力。在一定范围内，研磨效率随研磨压力的增加而提高，但到达一定值后，继续提高压力，研磨效率的提高就很慢了，甚至反而下降。这是由于过高的压力会压碎磨粒，降低切削能力；同时，压力增加，研磨表面的表面粗糙度值增加，研具使用寿命下降。研磨时，要根据不同的质量要求选择不同的压力，其参考值见表 2-9。

3）研磨速度。在一定条件下，提高研磨速度可提高研磨效率。但是，过高的速度会导致发热，甚至会烧伤工件表面，加剧研具磨损，从而影响研磨质量。粗研时，易用较低的速度和较高的压力；而精研时，易用较高的速度和较低的压力。一般研磨速度应在 $10 \sim 150 m/min$ 内选取，精研速度应在 $30 m/min$ 以下。研磨速度的参考值见表 2-10。

表 2-9　研磨压力

研磨种类	各种型面的研磨压力/MPa			
	单面	双面	内孔（$\phi5\sim\phi20$mm）	其他
湿研	0.10～0.25	0.15～0.25	0.12～0.28	0.08～0.12
干研	0.01～0.10	0.05～0.15	0.04～0.16	0.03～0.10

表 2-10　研磨速度

研磨种类	各种型面的研磨速度/（m/min）				
	单面	双面	外圆	内孔（$\phi5\sim\phi20$mm）	其他
湿研	20～120	20～60	50～75	50～100	10～70
干研	10～30	10～15	10～25	10～20	2～8

4）研磨余量。零件在研磨前的预加工质量与研磨余量，将直接影响研磨加工的质量和效率。预加工精度和研磨余量的大小，应根据工件的材质、尺寸、最终精度、工艺条件及研磨效率等因素进行综合考虑。工件硬度高，研磨表面尺寸大时，应减小研磨余量。研磨余量的参考值见表 2-11。

表 2-11　研磨余量　　　　　　　　　（单位：mm）

研磨面形状及尺寸		手工研磨余量	说　　明
内孔	$\phi25\sim\phi125$	0.010～0.030	①表列值的研磨条件：工件表面粗糙度 Ra 值由原来的 0.10μm 降至 0.05μm
外圆	≤$\phi10$	0.005～0.007	②工件表面粗糙度 Ra 值由原来的 0.10μm 降至 0.025μm 时，研磨余量比表列值高 0.002～0.005mm；工件表面粗糙度 Ra 值由原来的 0.10μm 降至 0.006～0.0125μm 时，研磨余量比表列值高 0.0025～0.006mm；工件表面粗糙度 Ra 值由原来的 0.20μm 降至 0.05μm 时，研磨余量比表列值高 0.03～0.008mm
	$\phi11\sim\phi28$	0.006～0.008	
	$\phi19\sim\phi30$	0.007～0.009	
	$\phi31\sim\phi55$	0.008～0.010	③表列值用于研磨淬硬钢工件。对于铸铁工件，可按表列值的 2 倍选取；对于铜、铝等非铁金属工件，可按表列值的 3 倍选取。机械研磨时，按表列值的 1/3 选取。若需粗研、精研两道工序，则精研余量可按表列值的 1/3 选取
平面		0.005～0.010	

5）研磨时间。研磨初始，随着研磨时间和研磨速度的增加，工件表面的表面粗糙度值降低很快，但随着时间的延长，降低得越来越缓慢，当达到某一值时，就不再降低。因此，每个不同的研磨工艺都对应一个最佳研磨时间。确定最佳研磨时间要同时考虑质量和效率，时间与工件材质、磨料、研磨液、研磨参数等加工要素有关，可由试验确定。图 2-18 所示为由试验绘制的金刚石研磨块手工研磨曲线，由曲线确定的最佳研磨时间约为 6min。

4. 抛光加工

抛光是利用比研磨更细微的磨粒和软质工具，对工件表面进行加工的一种表面最终加工工序，可获得极低

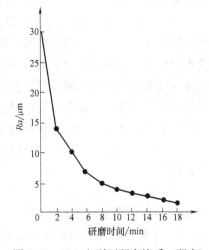

图 2-18　200#金刚石研磨块手工研磨

的表面粗糙度值，如图 2-19 所示。抛光与研磨工艺的过程与原理基本相同，人们习惯把使用硬质研具的加工称为研磨，使用软质研具的加工称为抛光，但抛光一般不能用来提高工件的尺寸精度和形状精度。抛光工艺按抛光精度可分为普通抛光和精密抛光，普通抛光的表面粗糙度 Ra 值可达 $0.4\mu m$，精密抛光的表面粗糙度 Ra 值可达 $0.01\mu m$；按驱动方式和研磨工艺可分为手工抛光和机械抛光。

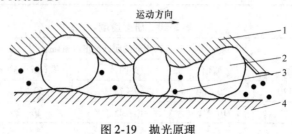

图 2-19　抛光原理
1—软质抛光工具　2—细粒度磨粒　3—微小切屑　4—工件

（1）抛光工具　抛光除了可采用研磨工具和抛光机外，还有一些专用手工抛光工具，如平面抛光器、球面抛光器、自由曲面抛光器等。此外，还有配合抛光机使用的各种抛光磨头、抛光刷、毛毡或尼龙夹持器等。

（2）影响抛光质量的因素　影响抛光的工艺因素和研磨基本相同，但由于抛光工具较软，接触点的摩擦力比研磨时大，更易产生升温和塑性流动，容易产生所谓的"过抛光"现象。"过抛光"是指抛光时间过长，表面反而更粗糙，主要包括"橘子皮"和"针孔状"缺陷。过抛光一般在机械抛光时产生，手工抛光时极少出现。

1）"橘子皮"问题。抛光时压力过大、抛光时间过长时易出现这种情况，即在抛光表面出现橘子皮状纹路；抛光工件材质较软时易出现。主要原因是抛光表面压力过大，导致表面产生微小的塑性变形。解决方法是对工件表面进行硬化处理或采用较软质的抛光工具。

2）"针孔状"问题。由于工件材料内含有杂质，抛光时这些杂质从金属组织中脱离出来，形成针状小坑。解决方法是避免用含氧化物的抛光膏进行机械抛光，控制好抛光时间，或换用优质钢材。

（3）抛光工艺　抛光过程要根据抛光前工件的加工质量确定。对于电火花加工和粗磨削后的表面，清洗后用油石将加工痕迹磨平，而后由粗到细地使用砂纸逐级进行抛光。对于精磨削加工后的表面，可直接用 $400^\#$ 或 $600^\#$ 砂纸进行粗抛光，然后逐渐提高砂纸号数进行抛光。对于要求抛光到镜面的表面，用砂纸抛光至 Ra 值为 $0.2\mu m$ 之后，用毛毡蘸含较粗磨料的研磨膏抛光，再逐渐降低研磨膏号数，直至达到要求的表面粗糙度。

为了提高抛光效率，并保证抛光质量，抛光时应注意以下事项：

1）抛光过程中更换磨料粒度时，应清洗干净，不能把上一道抛光工序的磨料带到下一道抛光工序。

2）每个抛光工具只能用同一粒度的研磨膏。手工抛光时，研磨膏涂覆在抛光工具上；机械抛光时，研磨膏涂覆在工件上。

3）根据抛光工具的硬度和研磨膏粒度选择适当的抛光压力。磨料粒度越细，则抛光压力应越低。

4）先抛光工件的角部、凸台、边缘及较难抛光的部位，最终抛光方向应与模具开启方向一致。对于尖锐的边缘和角，宜采用较硬的抛光工具。

图 2-1 和图 2-2 所示的导柱、导套零件的配合面要求表面粗糙度 Ra 值为 $0.2\mu m$，同轴度要求公差为 $0.003mm$，需要通过研磨才能达到。

任 务 实 施

一、导向件工艺分析

1. 导柱零件工艺分析

图 2-1 所示导柱零件是典型的滑动配合式模具导向件，属于典型的轴类零件，构成导柱表面的基本表面都是外圆柱面。导柱在加工过程中，通常以其轴线作为定位基准，该基准是假想的，往往需要通过外圆柱面或两端的中心孔作为定位基准来体现。其外圆的加工通常有三种装夹方式，分别为两端面中心孔装夹、外圆柱面定位装夹、外圆柱面与一端中心孔结合定位装夹。

导柱零件精度要求较高的部位分别是：左端外圆尺寸 $\phi 30^{+0.041}_{+0.028}mm$，该尺寸与安装导柱的模板采用 H7/r6 的过盈配合，表面粗糙度 Ra 要求为 $0.8\mu m$；右端外圆尺寸 $\phi 30^{\ 0}_{-0.016}mm$，该尺寸与导套内孔采用 H7/h6 的间隙配合，表面粗糙度 Ra 要求为 $0.2\mu m$；以左端尺寸 $\phi 30^{+0.041}_{+0.028}mm$ 的轴线为基准 A，右端尺寸 $\phi 30^{\ 0}_{-0.016}mm$ 需要与基准 A 保证同轴度公差为 $\phi 0.005mm$。根据导柱零件的结构特点与精度要求，加工时分别需要采用车削、外圆磨削、研磨等工艺。

根据上述分析，导柱零件的加工工艺过程卡见表 2-12。

2. 导套零件工艺分析

图 2-2 所示的导套零件是与导柱零件配合使用的模具导向件，也属于典型的轴套类零件。导套零件精度要求较高的部位分别是：右端外圆尺寸 $\phi 45^{+0.05}_{+0.034}mm$，该尺寸与安装导套的模板采用 H7/r6 的过盈配合，表面粗糙度 Ra 要求为 $0.8\mu m$；左端内孔尺寸 $\phi 30^{+0.025}_{\ 0}mm$，该尺寸与导柱外圆采用 H7/h6 的间隙配合，表面粗糙度 Ra 要求为 $0.2\mu m$；以左端内孔尺寸 $\phi 30^{+0.025}_{\ 0}mm$ 的轴线为基准 A，右端的外圆尺寸 $\phi 45^{+0.05}_{+0.034}mm$ 需要与基准 A 保证同轴度公差为 $\phi 0.003mm$。根据导套零件的工作配合要求，结合外圆柱表面的加工工艺及精基准的选择原则，应先加工内孔，后加工外圆，在内、外圆磨削加工时，为达到零件同轴度的要求，可以根据设备的具体情况采用互为基准，逐步提高精度。根据导套零件的结构特点与精度要求，加工时分别需要采用车削、内圆磨削、外圆磨削、研磨等工艺。

根据上述分析，导套零件的加工工艺过程卡见表 2-13。

根据零件加工所应用设备的不同，上述导套零件加工工艺中的内、外圆分别磨削加工，也可以在万能磨床上一次性进行加工，其加工工艺过程见表 2-14。

二、导向件工艺过程卡

图 2-1、图 2-2 所示导柱、导套零件的加工工艺过程卡分别见表 2-12、表 2-13 和表 2-14。由于不同地区、不同企业的设备、技术水平及操作人员的熟练程度存在较大的差异，所示工艺过程卡中的工时一栏需要根据具体单位的具体情况进行填写，即没有统一标准的计算公式，所以表中的工时一栏为空。同时，由于模具标准化的应用，模具导向件也有标准件系列，标准的模具导柱、导套零件则采用批量化生产模式，因此其加工工艺有所不同。

表 2-12　导柱零件加工工艺过程卡　　　　　　　　　　　　（单位：mm）

加工工艺过程卡		零件名称	导柱	材料	20 钢
		零件图号	DZ-01	数量	1
序号	工序名称	工序(工步)内容		工时	检验
1	备料	备 20 钢圆棒料 φ35×150			
2	车	(1)车端面,钻中心孔,车外圆至尺寸 φ31,车端面圆角			
		(2)调头车端面保证长度尺寸 140,钻中心孔,车外圆至尺寸 φ31(接刀),车 3°锥角、圆角,车退刀槽 8×0.5 至图样尺寸			
3	热处理	表面渗碳,渗碳层厚度达到 1.2~2.0,淬火至 58~62HRC			
4	钳工	研磨两端中心孔			
5	外圆磨	(1)两顶尖装夹,磨 φ30(0/−0.016)至尺寸,并留 0.02 研磨余量;磨 φ30(+0.041/+0.028)至尺寸,并留 0.02 研磨余量			
		(2)修磨导柱两端的圆角、锥角			
6	研磨	(1)研磨 φ30(0/−0.016)至图样尺寸,达到表面粗糙度 Ra 值为 0.2μm			
		(2)研磨 φ30(+0.041/+0.028)至图样尺寸,达到表面粗糙度 Ra 值为 0.2μm			

编制：　　　　　　　　审核：　　　　　　　　日期：

表 2-13　导套零件加工工艺过程卡（一）　　　　　　　　（单位：mm）

加工工艺过程卡		零件名称	导套	材料	20 钢
		零件图号	DT-01	数量	1
序号	工序名称	工序(工步)内容		工时	检验
1	备料	备 20 钢圆棒料 φ53×110			
2	车	(1)车外圆至尺寸 φ48,端面光面,钻孔 φ25,车镗 φ30 尺寸至 φ29.2			
		(2)调头车端面,保证长度尺寸 100,车外圆至尺寸 φ46,车退刀槽、3°处及倒角			
3	热处理	表面渗碳,渗碳层厚度达到 1.5~2.0,淬火至 58~62HRC			
4	内圆磨	(1)装夹外圆 φ48 处,磨内圆 φ30(+0.025/0)至尺寸,并留 0.02 研磨余量			
		(2)修磨端面的圆角			
5	外圆磨	(1)芯棒装夹,磨外圆 φ45(+0.05/+0.034)至尺寸,并留 0.02 研磨余量			
		(2)修磨端面的圆角、锥角、倒角			
6	研磨	(1)研磨 φ30(+0.025/0)至图样尺寸,达到表面粗糙度 Ra 值为 0.2μm			
		(2)研磨 φ45(+0.05/+0.034)至图样尺寸,达到表面粗糙度 Ra 值为 0.8μm			

编制：　　　　　　　　审核：　　　　　　　　日期：

表2-14 导套零件加工工艺过程卡（二） （单位：mm）

| 加工工艺过程卡 | | 零件名称 | 导套 | 材料 | 20 钢 |
| | | 零件图号 | DT-01 | 数量 | 1 |

序号	工序名称	工序（工步）内容	工时	检验
1	备料	备 20 钢圆棒料 $\phi53 \times 110$		
2	车	（1）车外圆至尺寸 $\phi48$，端面光面，钻孔 $\phi25$，车镗 $\phi30$ 尺寸至 $\phi29.2$		
		（2）调头车端面，保证长度尺寸 100，车外圆至尺寸 $\phi46$，车退刀槽、3°处及倒角		
3	热处理	表面渗碳，渗碳层厚度达到 1.5~2.0，淬火至 58~62HRC		
4	万能外圆磨	（1）装夹外圆 $\phi48$ 处，同时磨内圆 $\phi30(+0.025/0)$ 和外圆 $\phi45(+0.05/+0.034)$ 至尺寸，并留 0.02 研磨余量		
		（2）修磨两端的圆角、锥角、倒角		
5	研磨	（1）研磨 $\phi30(+0.025/0)$ 至图样尺寸，达到表面粗糙度 Ra 值为 $0.2\mu m$		
		（2）研磨 $\phi45(+0.05/+0.034)$ 至图样尺寸，达到表面粗糙度 Ra 值为 $0.8\mu m$		

| 编制： | 审核： | 日期： |

拓 展 任 务

冲头零件加工与工艺卡编制

冲压模具中，冲裁模的凸模（也常称为冲头）是模具中典型的轴类零件。冲头零件直接成形产品尺寸，所以冲头零件的加工工艺对生产零件的尺寸精度及自身寿命有很大的影响。冲头零件如图 2-20 所示。

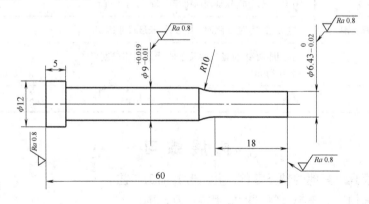

图 2-20 冲头零件图

冲头零件的技术要求为：材料为 SKD11；热处理为淬火，58~62HRC；其余表面粗糙度 Ra 值为 $6.3\mu m$。

对冲头零件进行工艺分析时，从零件精度要求最高处开始，分别是右端外圆尺寸

$\phi 6.43 _{-0.02}^{0}$ mm，表面粗糙度 Ra 要求为 0.8μm，该尺寸是根据产品冲孔尺寸计算得出的，是冲头零件的工作尺寸；中间段外圆尺寸 $\phi 9_{+0.01}^{+0.019}$ mm，表面粗糙度 Ra 要求为 0.8μm，该部位是冲头零件与其固定板的孔有配合要求的尺寸，冲头与其固定板的孔采用 H7/n6 的过渡配合。其余部分尺寸均未标注公差，按照 IT14 公差等级进行加工。

冲头零件的材料选用日本牌号的 SKD11，它是一种高碳高铬合金工具钢，热处理后具有很高的硬度和耐磨性，并具有淬透性强、尺寸稳定性好的特点，适宜制作高精度、长寿命的冷作模具。主要用于冲裁模具的刃口零件。此材料的性能特点与国产材料 Cr12Mo1V1 类似，但其总体性能及使用寿命略高于国产材料，二者价格相当，所以该材料在国内应用较为广泛。

图 2-20 所示冲头零件的加工主要采用车削加工与外圆磨削加工，加工工艺过程卡见表 2-15。

表 2-15　冲头零件加工工艺过程卡　　　　　　（单位：mm）

加工工艺过程卡		零件名称	冲头	材料	SKD11
		零件图号	CT-01	数量	1
序号	工序名称	工序（工步）内容		工时	检验
1	备料	备 SKD11 钢圆棒料 $\phi 13\times 75$			
2	车	（1）车端面，钻中心孔，车右段外圆至尺寸 $\phi 9.5$；车右段长度 18 处外圆至尺寸 $\phi 7$；车圆角			
		（2）调头车端面，钻中心孔，车外圆至尺寸 $\phi 12$，宽度为 5			
3	热处理	淬火 58~62HRC			
4	钳工	修磨两顶尖孔			
5	外圆磨	两顶尖装夹，磨 $\phi 9$（+0.019/-0.01）至尺寸，保证表面粗糙度 Ra 值为 0.8μm；磨 $\phi 6.43$（0/-0.02）至尺寸，保证表面粗糙度 Ra 值为 0.8μm			
6	线切割	电火花线切割去除两端中心孔，长度尺寸达 61			
7	平面磨	分别磨两端，保证长度尺寸 60 及表面粗糙度 Ra 值为 0.8μm			

编制：　　　　　　审核：　　　　　　日期：

拓 展 练 习

1. 试列举模具中其他的轴类零件，并思考其加工工艺。
2. 简述车削加工对于模具零件的应用特点及范围。
3. 磨削加工有哪些种类？各适用于加工哪些结构类型的零件？
4. 叙述光整加工在模具零件加工中的应用。
5. 试编制下列零件的加工工艺过程卡。
（1）零件名称：模具起吊螺钉；材料：45 钢，如图 2-21 所示。

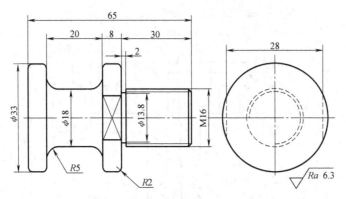

图 2-21　模具起吊螺钉

（2）零件名称：冷冲模模柄；材料：45 钢，如图 2-22 所示。

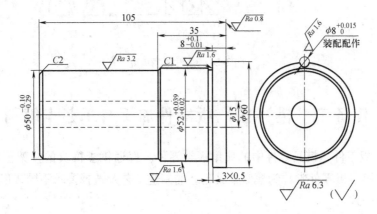

图 2-22　模柄

（3）零件名称：注射模型芯；材料：SKD61（热作模具钢）；热处理：淬火 38～42HRC；未注圆角 R0.2，如图 2-23 所示。

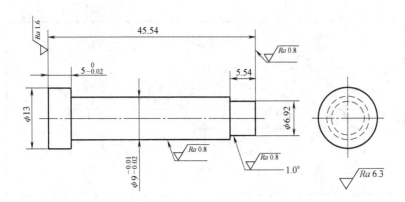

图 2-23　注射模型芯

（4）零件名称：注射模浇口套；材料：T8A；热处理：淬火，48～52HRC；未注倒角 C1，如图 2-24 所示。

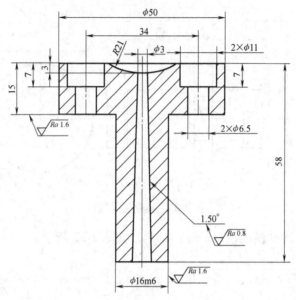

图 2-24　注射模浇口套

任务二　模（座）板零件加工与工艺卡编制

　　模（座）板零件是模具零件中的典型板类零件。普通钢板模具的模架板零件常称为模板，而铸造类模架板零件常称为模座，其毛坯的制造工艺及选择要求不同，但是零件的后续加工工艺基本一致。

　　模具零件中的板类零件众多，其中模板零件的加工工艺比较复杂，也具有典型的代表性。普通中、小型钢板模具的上模板零件（图 2-25），其加工工艺过程遵循先面后孔、基面先行的原则，通常采用普通铣削加工、平面磨削加工（任务一中已介绍）、坐标镗削、钻削加工等工艺方法。模板零件主要起承载模具导向件及其他工作零件的作用。

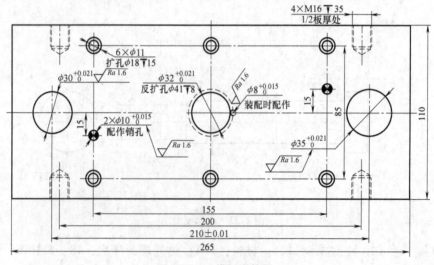

图 2-25　上模板零件图

上模板零件的技术要求：材料为 45 钢；模板厚度为 40mm；上、下两平面的表面粗糙度 Ra 值为 0.8μm，其余表面粗糙度 Ra 值为 6.3μm。

【任务目标】

1. 了解模具板类零件的普通粗加工工艺及其主要加工设备。
2. 了解普通铣削加工工艺及其加工精度与应用。
3. 理解模具板类零件的点孔工艺的特点及相关制造技术的发展变化。
4. 能区别模具板类零件上的常见孔的类型及相应的加工工艺。
5. 能读懂典型模具板类零件的图样并分析零件的加工工艺。
6. 能编制简单模具板类零件的加工工艺过程卡。

理 论 知 识

一、铣削加工

铣削加工是在铣床上利用铣刀对工件进行切削加工的工艺过程，一般用来加工平面和成形表面。铣削加工的主运动是铣刀的旋转运动，因而可以采用较高的切削速度，由于没有往复运动时的空行程，所以效率比较高，在很大程度上取代了刨削加工。

1. 铣床的种类、加工精度及特点

铣床的种类很多，主要包括升降台铣床、工作台不升降铣床、龙门铣床、工具铣床、圆台铣床和各种专用铣床。

升降台铣床是铣床中应用最广的一种类型。其结构特点是工作台可在相互垂直的三个方向上调整位置，可以带动工件在其中任一方向上实现进给运动；加工时，升降台主轴带动铣刀旋转实现主运动，其轴线位置通常固定不动。

升降台铣床根据主轴的布局方式可分为卧式铣床和立式铣床两种。图 2-26 所示为卧式升降台铣床；图 2-27 所示为立式升降台铣床。

铣削加工的主要加工对象是各种模具零件的面、槽、型腔、型面等的粗加工及精加工，其加工公差等级可达 IT10，表面粗糙度 Ra 值可达 1.6μm。若选用高速、小进给量铣削，则工件的公差等级可达 IT8，表面粗糙度 Ra 值可达 0.8μm，同时，需要留约 0.05mm 的修光余量。

铣削加工的特点：

1）铣刀是一种多齿刀具，进给方向与轴线垂直，由于同时工作齿数多，可采用阶梯或高速铣削，且无空行程，因此生产率高。

2）可以加工刨削无法加工或难以加工的表面。

3）铣削过程是断续切削过程，刀齿切削瞬间会产生冲击和振动；此外，由于每个刀齿的切削厚度是变化的，也会引起冲击和振动。当振动频率接近固有频率时，振动会加剧，会造成刀齿崩刃，甚至损坏机器零件。

铣床上零件的装夹方法主要有：①用机床用平口虎钳装夹；②用万能分度头装夹；③用压板、螺栓直接将工件装夹在铣床工作台上；④在成批生产中采用专用夹具装夹。

2. 铣刀的分类

铣削可以加工平面、成形面、各种沟槽、切断，还可以加工形状复杂的各种表面。铣刀

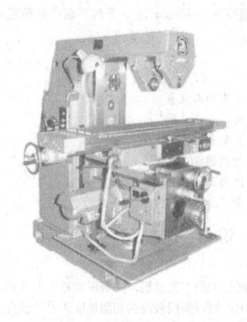

图 2-26　卧式升降台铣床

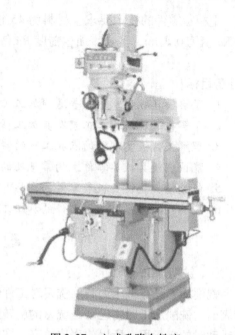

图 2-27　立式升降台铣床

是铣削加工的主要切削工具。铣刀是多刃回转刀具，其每一个刀齿都相当于一把车刀的刀齿固定在铣刀体的回转面上。铣刀的种类繁多，常见的铣刀如图 2-28 所示，主要有圆柱铣刀、面铣刀、盘铣刀、立铣刀、键槽铣刀、半圆键槽铣刀、锯片铣刀、角度铣刀、成形铣刀等。按加工对象的不同，铣刀大致可以分为两大类：加工平面的铣刀、加工沟槽的铣刀。从整体结构看，铣刀又可以分为整体式和组合式两种。就结构来说，铣刀是由工作部分和夹持部分组成的。工作部分的刀齿有螺旋齿的，也有直齿的。一般小尺寸铣刀常把夹持部分做成带柄的形式，而较大直径铣刀的夹持部分则做成带孔的形式，这样可以套装在刀轴上。具体各种材料的各种铣刀的参数，及铣削加工时的切削速度、进给量、精度等级等参数，可以查阅相关的手册和资料。

几种常用铣刀介绍如下：

（1）面铣刀　面铣刀的圆周表面和端面上都有切削刃，端部切削刃为副切削刃，常用于端铣较大的平面。面铣刀多制成套式镶齿结构，刀齿为高速钢或硬质合金，刀体为 40Cr。按国家标准规定，高速钢面铣刀直径 $D = 80 \sim 250\text{mm}$，螺旋角 $\beta = 10°$，刀齿数 $z = 10 \sim 26$。

与高速钢铣刀相比，硬质合金面铣刀的铣削速度较高、加工表面质量也较好，并可加工带有硬皮和淬硬层的工件，故得到广泛应用。硬质合金面铣刀按刀片和刀齿的安装方式不同，可分为整体式、机夹-焊接式和可转位式三种。

（2）立铣刀　立铣刀是数控铣削中最常用的一种铣刀，其结构如图 2-28 所示。立铣刀的圆柱表面和端面上都有切削刃，圆柱表面的切削刃为主切削刃，端面上的切削刃为副切削刃。主切削刃一般为螺旋齿，这样可以增加切削平稳性，提高加工精度。由于普通立铣刀端面中心处无切削刃，所以立铣刀不能作轴向进给，端面刃主要用来加工与侧面相垂直的底平面。

为了改善切屑卷曲情况，增大容屑空间，防止切屑堵塞，立铣刀刀齿数比较少，容屑槽圆弧半径则较大。一般粗齿立铣刀齿数 $z = 3 \sim 4$，细齿立铣刀齿数 $z = 5 \sim 8$，套式结构 $z = 10 \sim 20$，容屑槽圆弧半径 $r = 2 \sim 5mm$。当立铣刀直径较大时，还可制成不等齿距结构，以增强抗振作用，使切削过程平稳。

标准立铣刀的螺旋角 β 为 $40° \sim 45°$（粗齿）和 $30° \sim 35°$（细齿），套式结构立铣刀的螺旋角 β 为 $15° \sim 25°$。直径较小的立铣刀，一般制成带柄形式。$\phi1.9 \sim \phi75mm$ 的立铣刀为直柄；$\phi5 \sim \phi75mm$ 的立铣刀为莫氏锥柄；$\phi23.6 \sim \phi95mm$ 的立铣刀为带有螺孔的 $7:24$ 锥柄，螺孔用来拉紧刀具。直径大于 $\phi40 \sim \phi160mm$ 的立铣刀可做成套式结构。

（3）模具铣刀　模具铣刀由立铣刀发展而成，适用于加工空间曲面零件，有时也用于平面类零件上有较大转接凹圆弧的过渡加工。模具铣刀可分为圆锥形立铣刀（圆锥半角 $\alpha/2 = 3°$、$5°$、$7°$、$10°$）、圆柱形球头立铣刀和圆锥形球头立铣刀三种，其柄部有直柄、削平型直柄和莫氏锥柄三种。它的结构特点是球头或端面上布满了切削刃，圆周刃与球头刃圆弧连接，可以作径向和轴向进给。铣刀的工作部分用高速钢或硬质合金制造。国家标准规定直径 $d = 4 \sim 63mm$。

（4）键槽铣刀　键槽铣刀有两个刀齿，圆柱面和端面都有切削刃，端面刃延至中心，既像立铣刀，又像钻头。加工时先轴向进给达到槽深，然后沿键槽方向铣出键槽全长。

国家标准规定，直柄键槽铣刀直径 $d = 2 \sim 20mm$，锥柄键槽铣刀直径 $d = 10 \sim 63mm$。键槽铣刀直径的偏差有 e8 和 d8 两种。键槽铣刀的圆周切削刃仅在靠近端面的一小段长度内发生磨损，重磨时，只需刃磨端面切削刃，因此重磨后铣刀直径不变。

（5）鼓形铣刀　主要用于对变斜角类零件的变斜角面的近似加工。它的切削刃分布在半径为 R 的圆弧面上，端面无切削刃。

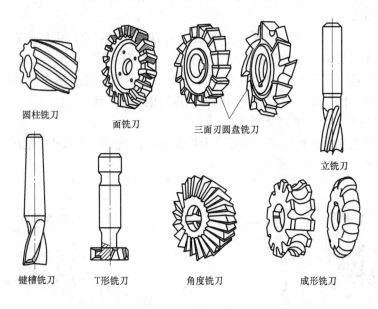

圆柱铣刀　　面铣刀　　三面刃圆盘铣刀　　立铣刀

键槽铣刀　　T形铣刀　　角度铣刀　　成形铣刀

图 2-28　几种常见铣刀

图 2-25 所示模板零件的粗加工一般使用普通铣床加工，粗加工主要针对零件的各个面进行，该工序的重点是提高效率，而不是精度，所以要选用面铣刀、圆盘铣刀等大刃口面积铣刀。

3. 铣削加工的方式

（1）顺铣　铣刀的旋转方向和零件的进给方向相同的铣削方式称为顺铣。顺铣时，铣削力的水平分力与零件的进给方向相同，工件台进给丝杠与固定螺母之间一般有间隙存在，因此切削力容易引起零件和工作台一起向前窜动，使进给量突然增大，引起打刀。在铣削铸件或锻件等表面有硬皮的零件时，若顺铣，刀齿首先接触零件硬皮，加剧了铣刀的磨损。但是顺铣时，铣刀切入零件是从厚处切到薄处，因此铣刀后刀面与零件已加工表面的挤压、摩擦小，零件的加工表面质量较高。

（2）逆铣　铣刀的旋转方向和零件的进给方向相反的铣削方式称为逆铣。逆铣可以避免顺铣时发生的窜动现象。逆铣时，切削厚度从零开始逐渐增大，因而切削刃开始经历了一段在切削硬化的已加工表面上挤压滑行的阶段，加速了刀具的磨损，并使零件已加工表面受到冷挤压、摩擦作用，影响零件已加工表面的质量。逆铣时，铣削力的垂直分力将使零件上抬，易引起振动。一般而言，在铣床上进行圆周铣削时，通常采用逆铣。只有当丝杠的轴向间隙调整到很小，或者当水平分力小于工作台导轨间的摩擦力时，才选用顺铣。

4. 模具零件的铣削加工

在模具的通用零件中，铣削加工主要应用于各种板类零件的粗加工和半精加工。主要应用有：

1）各类模板、型腔板、垫板、固定板、支承板等零件。

2）模板上的各类孔、槽等结构的加工。

3）斜面、圆弧面、复杂型腔或型面的加工。

4）作为其他精加工的粗加工工序或是大余量去除加工工序。

二、刨削加工

刨削主要用于加工平面（水平面、垂直面和斜面），也广泛用于加工各种槽，如直角槽、燕尾槽和T形槽等。在刨削加工中，如果进行适当的调整和增加某些附件，还可以用来加工锯齿、齿轮、花键和母线为直线的成形面等。平面和直槽是组成零件的基本表面之一，因此在模具零件的加工制造中，刨削加工应用也比较广泛。

1. 刨床的种类、加工精度及特点

刨削加工的主要设备是刨床。刨床分为牛头刨床、龙门刨床和悬臂刨床。常见的是牛头刨床和龙门刨床，如图2-29所示。

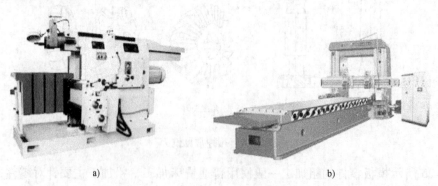

a)　　　　　　　　　　　　　　　　　　　　b)

图 2-29　刨床

a) 牛头刨床　b) 龙门刨床

在牛头刨床上加工时，刨刀的纵向往复直线运动为主运动，工件随工作台作横向间歇进给运动。其最大的刨削长度一般不超过1000mm，适合加工中、小型零件。在龙门刨床上加工时，工件随工作台的往复直线运动为主运动，刀架沿横梁或立柱作间歇的进给运动。龙门刨床刚性好，而且有2~4个刀架可同时工作，因此主要用来加工大型工件或同时加工多个大、中型零件，其加工精度和生产率均比牛头刨床高。

刨床的加工特点如下：

1）刨床结构简单，操作方便。

2）广泛适用于加工沟槽，如直角槽、V形槽、T形槽、燕尾槽等；如进行适当调整或增加某些附件，还可以加工齿轮、齿条、花键、母线为直线的成形面等。

3）刨削加工精度低。刨平面时，两平面的尺寸公差等级一般为IT8~IT9，表面粗糙度 Ra 值为6.3~1.6μm。

4）刨削加工是一个断续的切削过程，刨刀在往返回行程时一般不进行切削加工；且在切削时有冲击现象，限制了刨削用量的提高。此外，刨刀是单刃刀具，所以切削加工的生产效率较低。

2. 刨刀的种类和用途

刨刀的种类很多，按加工形式分为平面刨刀、偏刀（加工垂直面或斜面）、切刀（加工槽或切断）、角度偏刀（加工互成一定角度的表面）、内孔刀（加工内孔表面，如内键槽）、弯切刀（加工T形槽及侧面上的槽）、成形刀，如图2-30所示。刨刀按刀具的结构形式分为整体式和装配式（组合式）两大类。还有一些其他的分类方法，如按加工精度可分为粗刨刀和精刨刀，按进给方向可分为左刨刀和右刨刀。

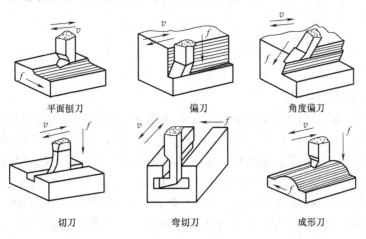

平面刨刀　　　偏刀　　　角度偏刀

切刀　　　弯切刀　　　成形刀

图2-30　刨刀的种类

3. 模具零件的刨削加工

在模具的通用零件中，刨削加工主要应用于各种板类零件的粗加工及各种槽的加工。主要应用有：

1）各类模板、垫板、固定板等零件的粗加工。

2）模板各种沟槽等结构的加工。

3）作为其他精加工的粗加工工序或是大余量去除加工工序。

　　由于刨削加工精度较低，生产效率也较低，同时受到刀具的限制，在模具零件的加工工艺中较多地被其他加工方法（如铣削加工）所替代。刨削主要用于零件的粗加工。

三、钻、扩、铰、镗削加工

　　钻削、扩削、铰削和镗削是应用最广泛的孔的加工方法。模具零件中孔的加工在整个模具零件加工中占较大的比重。

（一）钻削

　　钻削是利用钻头在实体材料上加工出尺寸精度及表面粗糙度要求不高的孔的切削方法，也常作为精度较高的孔的粗加工工序或工步。钻削加工为粗加工，尺寸公差等级一般为IT11 ~ IT13，表面粗糙度 $Ra \geq 12.5\mu m$。钻削加工主要分为钻床钻削加工和车床钻削加工两种，钻削加工方式如图 2-31 所示。

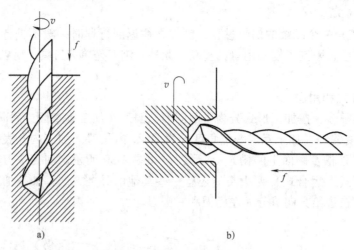

图 2-31　钻床钻孔与车床钻孔
a）钻床钻孔　b）车床钻孔

　　钻削加工有如下特点：

　　1）钻头容易偏斜。由于横刃的影响使定心不准，切入时钻头容易引偏；且钻头的刚性和导向作用较差，切削时钻头容易弯曲。在钻床上钻孔时，容易引起孔的轴线偏移和不直，但孔径无显著变化；在车床上钻孔时，容易引起孔径的变化，但孔的轴线仍然是直的。因此，在钻孔前应先加工端面，并用钻头或中心钻预钻一个锥坑，以便钻头定心。钻小孔和深孔时，为了避免孔的轴线偏移和不直，应尽可能采用工件回转方式进行钻孔。

　　2）孔径容易扩大。钻削时，钻头两切削刃的径向力不等将引起孔径扩大；卧式车床钻孔时的切入引偏也是孔径扩大的重要原因；此外，钻头的径向圆跳动等也是造成孔径扩大的原因。

　　3）孔的表面质量较差。钻削的切屑较宽，在孔内被迫卷为螺旋状，流出时易与孔壁发生摩擦而刮伤已加工表面。

　　4）钻削时的轴向力大。这主要是由钻头的横刃引起的。试验表明，钻孔时，50% 的轴向力和 15% 的扭矩是由横刃产生的。当钻孔直径 $d > 30mm$ 时，一般分两次进行钻削。第一次钻出 $(0.5 \sim 0.7)d$，第二次钻到所需的孔径。由于横刃第二次不参加切削，故可采用较大的进给量，使孔的表面质量和生产率均得到提高。

1. 钻床

钻床是孔加工的主要机床，生产中最常见的有台式钻床、立式钻床和摇臂钻床。此外，还有深孔钻床、中心钻床等其他钻床。

（1）台式钻床　如图 2-32 所示，主要由电动机、立柱、主轴、工作台、进给手柄等部分组成。

（2）立式钻床　Z535 型立式钻床如图 2-33 所示，加工时，刀具作旋转运动，并沿轴向移动作进给运动。立式钻床的主要参数是最大钻孔直径，常用的有 25mm、35mm、40mm 和 50mm 等几种。

立式钻床主轴的转速和进给量的变化范围较大，且可以自动走刀。但立式钻床的主轴中心位置不能调整，若要加工几个不同轴线上的孔，则要调整工件的位置，对于大而重的工件，操作很不方便。立式钻床常用于单件小批量生产中，可加工中、小零件上直径小于 50mm 的孔。

图 2-32　台式钻床

（3）摇臂钻床　Z3040 摇臂钻床如图 2-34 所示，加工时，主轴箱可沿摇臂的导轨横向调整位置，并能绕立柱在 360°范围内任意转动，同时可任意调整主轴的位置对工件进行加工。为使主轴在加工时保持正确位置，摇臂钻床上具有立柱、摇臂、主轴箱的锁紧机构，当主轴位置调整好后，可以将它们快速锁紧；工件可直接或通过夹具安装在工作台或底座板上。

摇臂钻床结构完善，操作方便，主轴转速和进给范围大，广泛地应用于单件或批量生产中，可加工大、中型零件上直径小于或等于 100mm 的孔。

图 2-33　立式钻床

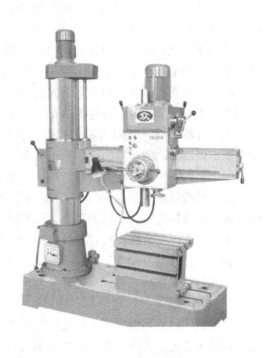

图 2-34　摇臂钻床

2. 钻头

钻头的类型根据加工的孔不同可分为：麻花钻、群钻、扩孔钻、平底钻等。麻花钻的结构及几何参数如图 2-35 所示。

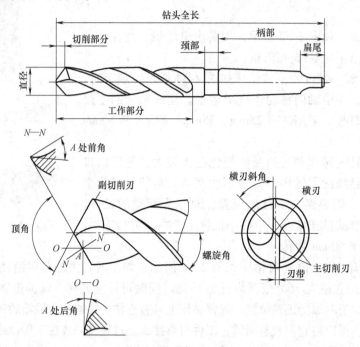

图 2-35　麻花钻的结构及几何参数

麻花钻可分为标准型和加长型。麻花钻的结构存在很多缺点，所以钻孔的尺寸精度不高。针对不同的孔还有群钻、硬质合金麻花钻等，加工沉孔时可以用平底钻，平底钻可以用普通的麻花钻进行改制，即把前端的倒角部分磨平，有时也可用立铣刀代替。在加工中心上钻孔时，大多采用普通麻花钻。麻花钻的材料有高速钢和硬质合金两种。

麻花钻的切削部分有两个主切削刃、两个副切削刃和一个横刃。两个螺旋槽是切屑流经的表面，为前刀面；与工件过渡表面（即孔底）相对的端部两曲面为主后刀面；与工件已加工表面（即孔壁）相对的两条刃带为副后刀面。前刀面与主后刀面的交线为主切削刃，前刀面与副后刀面的交线为副切削刃，两个主后刀面的交线为横刃。横刃与主切削刃在端面上投影之间的夹角称为横刃斜角，横刃斜角 $\psi = 50° \sim 55°$；主切削刃上各点的前角、后角是变化的，外缘处前角约为 30°，钻芯处前角接近 0°，甚至是负值；两条主切削刃在与其平行的平面内的投影之间的夹角为顶角，标准麻花钻的顶角 $\phi = 118°$。

根据柄部不同，麻花钻有莫氏锥柄和圆柱直柄两种。直径为 3～100mm 的麻花钻多为莫氏锥柄，可直接装在带有莫氏锥孔的刀柄内，但刀具长度不能调节。直径为 0.1～20mm 的麻花钻多为圆柱直柄，可装在钻夹头刀柄上。中等尺寸的麻花钻两种形式均可选用。

3. 钻削用量

（1）钻孔时的切削要素　钻孔时的切削要素主要指切削速度、进给量及钻削深度，另外还包括钻头直径、刀具寿命。钻削用量仅指切削速度、进给量及钻削深度。

（2）钻削用量的选择　影响钻削用量的主要因素有钻头直径、刀具材料、工件材料、工艺系统刚度等。钻削速度的选择应使钻头具有合理的使用寿命。

1）钻削用量的计算。

切削速度

$$v_c = \frac{n\pi D}{1000}$$

进给量

$$f = \frac{f_{\min}}{n}$$

体积钻削速度

$$v' = \frac{1}{4}n\pi f D^2$$

式中　D——钻头直径（mm）；

　　　n——主轴每分钟的转数（r/min）；

　　$f_{\min}$——钻头每分钟前进的距离（mm/min）；

　　　v_c——切削速度（m/min）；

　　　f——进给量（mm/r）；

　　　v'——体积钻削速度（mm³/min）。

2）影响钻削用量的因素。

① 使用寿命和生产率。增大 v_c，寿命就下降，会增加换刀次数和辅助工时，因此在钻削中首先应尽量取大的 f，最后才尽量取大的 v_c。

② 加工精度要求。当钻孔的精度和表面质量要求较高时，除了降低切削速度（$v_c <$ 15m/min），还要相应减小进给量。

③ 机床、夹具、钻头的刚性，强度和机床的允许功率。凡机床、夹具、钻头刚性差的，应减小钻削用量。对于大直径孔的钻削加工，应先钻小直径孔，然后再扩大，甚至可采用多次扩大至尺寸，同时要适当减小进给量。也可通过改变切削刃钻型、提高工件装夹时的刚性，以减小钻头的切削力、防止钻削时振动和工件加工时变形，提高工件的加工精度和降低表面粗糙度值。要综合考虑机床、刀具的强度和机床的允许功率，以免超出许可范围，造成损坏。

钻削加工是孔加工的基本工艺方法，也是高精度孔加工前的粗加工工艺。图 2-25 所示模板零件上的螺钉孔 $6 \times \phi 11$mm 可由钻削直接获得；其他孔则采用钻削作为粗加工工艺，先钻底孔，然后进行孔的精加工。

（二）扩削加工

扩削加工是对已有的孔（钻出、铸出、锻出或冲出）进行孔径加工的工艺方法，它可以用于孔的最终加工或铰孔、磨孔前的预加工。扩孔的公差等级为 IT9 ~ IT10，表面粗糙度 Ra 为 6.3 ~ 3.2μm。扩孔没有专业机床，加工时扩孔刀具可装在车床、铣床、钻床和镗床上。

作为大直径孔加工的补充措施，扩削加工有其自身的特点：

1）扩孔钻齿数较多，一般有 3 ~ 4 个齿，导向性较好，切削平稳。

2）扩孔的加工余量较小，因而扩孔钻没有横刃，改善了切削条件。

3）钻芯较厚，刀体的刚度和强度较高，可以选择较大的切削用量。

与钻孔相比，扩孔的精度高、表面粗糙度值低，而且可以部分纠正钻孔的轴线歪斜。

常用的扩孔刀有高速钢扩孔钻和硬质合金扩孔钻。在实际生产中，许多工厂也使用可转位扩孔钻。扩孔钻的结构及主要几何参数如图 2-36 所示。扩孔的目的是为了校正预制孔，以得到较为精确的孔径，因此，扩孔钻的螺旋角一般不需要太大，如图 2-36c 所示，β 一般为 15°~20°，此范围对排屑有利。

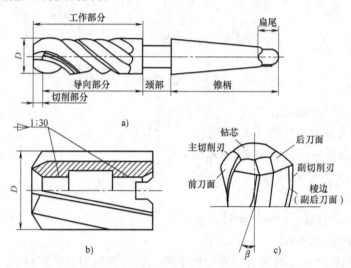

图 2-36　扩孔钻结构及几何参数

　　扩孔的切削用量一般要控制在孔径的 1/8 左右。在加工钢件时，如果扩孔钻采用高速钢材料，切削速度应控制在 10m/min 左右，并且要有充分的切削液。采用硬质合金扩孔钻时，可以大大提高切削速度，但为了保证扩孔平稳和扩孔精度，常采用低速（小于 20m/min）进行加工。

　　标准扩孔钻一般有 3~4 条主切削刃，切削部分的材料为高速钢或硬质合金，结构形式有直柄式、锥柄式和套式等。扩孔直径较小时，可选用直柄式扩孔钻；扩孔直径中等时，可选用锥柄式扩孔钻；扩孔直径较大时，可选用套式扩孔钻。扩孔钻的加工余量较小，主切削刃较短，因而容屑槽浅、刀体的强度和刚度较好。扩孔钻无横刃，刀齿多，所以导向性好，切削平稳，加工质量和生产率都比麻花钻高。

　　扩孔直径在 20~60mm 之间，且机床刚性好、功率大时，可选用可转位扩孔钻。这种扩孔钻的两个可转位刀片的外刃位于同一个外圆直径上，且刀片在径向可作微量（±0.1mm）调整，以控制扩孔直径。

　　图 2-25 所示模板零件上的扩孔 ϕ18mm、反扩孔 ϕ41mm 均需进行扩削加工。

（三）铰削

　　铰削是用铰刀对孔进行半精加工和精加工的工艺方法。铰孔的尺寸公差等级可达 IT9~IT7，表面粗糙度 Ra 值可达 3.2~0.8μm。铰孔的方式有机床铰孔和手动铰孔两种，手动铰孔如图 2-37 所示。机床铰孔没有专用的机床，可以在钻床、车床和镗床上进行，机床铰孔如图 2-38所示。

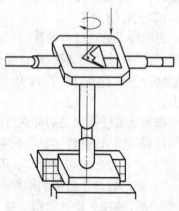

图 2-37　手动铰孔

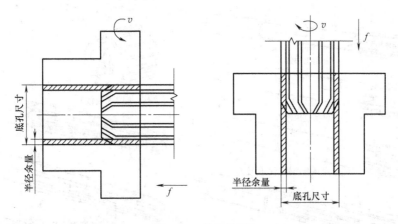

图 2-38　机床铰孔

铰削加工具有如下工艺特点：

1）铰刀的工作齿数对表面粗糙度影响不大，但对加工精度影响甚大。齿数较多时，铰削稳定性较好，因此，加工得到的孔壁几何精度较高。

2）铰刀的铰削工作主要依靠主切削刃的作用，而主切削刃本身所具有的各几何参数都会直接影响到铰削时的受力、变形，影响到切削层的分离和加工表面的形成。

3）铰削加工的定位，在机用铰刀中主要依靠主切削刃。当铰刀主切削刃入孔切削后，铰刀的定位作用已基本完成。此时，工件的铰削精度主要取决于主切削刃周刃的跳动量、推进时轴向传递力的稳定性、预制孔导线的正确性以及铰刀轴线对工件轴线的重合精度。

4）铰孔直径的大小、铰刀的锐利程度和冷却润滑的不同都会引起孔径扩大或缩小。

5）采用全弧形前型面铰削非淬硬材料，在适当的正向前角配合下，有利于切屑变形、卷曲，故有利于降低孔壁粗糙度；同时还可以减少铰刀的径向切削力，使铰削轻快。

6）在主切削刃前倾面加作一个等于前角值的刃倾面（在主切削刃和圆柱刃间，控制在一个适当的长度），能将切屑推向未加工面，且有利于使刃倾角在主切削刃后刀面形成一个过渡刃，可使切削逐渐减薄，对降低表面粗糙度有决定性的作用。

7）在确保铰刀圆柱部分全长上有倒锥的情况下，可适当加大圆柱刃带的宽度。

1. 铰刀

铰刀的类型较多，如图 2-39 所示，机用铰刀可分为带柄的（直径为 1.32～20mm 为直柄，直径为 5.30～50mm 为锥柄）和套式的（直径为 19.9～101.6mm）。机用铰刀的结构图如图 2-40 所示。手用铰刀可分为整体式和可调式两种。铰削不仅可以用来加工圆柱形孔，也可用锥度铰刀加工圆锥形孔。

铰刀的工作部分包括切削部分与校准部分。切削部分为锥形，担负主要的切削工作。切削部分的主偏角为 5°～15°，前角一般为 0°，后角一般为 5°～8°。校准部分的作用是校正孔径、修光孔壁和导向，为此，这部分带有很窄的刃带。校准部分包括圆柱部分和倒锥部分，圆柱部分可保证铰刀直径和便于测量，倒锥部分可减少铰刀与孔壁的摩擦和减小孔径扩大量。

标准铰刀有 4～12 齿。铰刀的齿数除与铰刀直径有关外，主要根据加工精度的要求选择。齿数过多，刀具的制造、重磨都比较麻烦，而且会因齿间容屑槽减小造成切屑堵塞和划

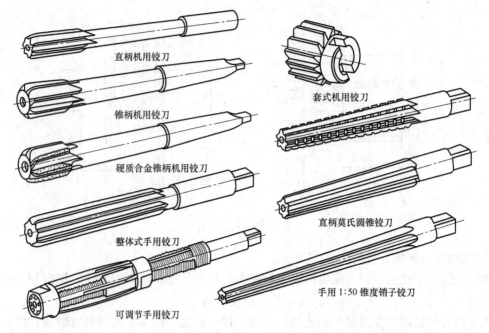

图 2-39　铰刀类型

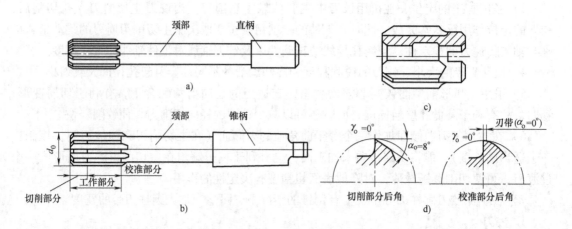

图 2-40　机用铰刀

a) 直柄机用铰刀　b) 锥柄机用铰刀　c) 套式机用铰刀　d) 切削校准部分角度

伤孔壁,以致使铰刀折断。齿数过少,则铰削时的稳定性差,刀齿的切削负荷增大,且容易产生几何形状误差。铰刀齿数可参照表 2-16 选择。

表 2-16　铰刀齿数选择

	铰刀直径/mm	1.5 ~ 3	3 ~ 14	14 ~ 40	>40
齿数	一般加工精度	4	4	6	8
	高加工精度	4	6	8	10 ~ 12

2. 铰削用量

铰削一般作为孔的最终机械加工,加工余量小,切削厚度薄。切削进给量和切削速度一般与孔的精度成反比，也就是说，在高精度孔加工时应选择较小值，反之可以选择较大的值。铰削的余量应很小，若余量过大，则切削温度高，会使铰刀直径膨胀而导致孔径扩大，使切屑增多而擦伤孔的表面；若余量过小，则会留下原孔的刀痕而影响表面粗糙度。一般粗铰余量为 0.15 ~ 0.25mm，精铰余量为 0.05 ~ 0.15mm。铰削应采用低切削速度，以免产生积屑瘤和引起振动，一般粗铰 $v_c = 4 ~ 10m/min$，精铰 $v_c = 1.5 ~ 5m/min$。机铰的进给量可比钻孔时高 3 ~ 4 倍，一般可为 0.5 ~ 1.5mm/r。为了散热及冲排屑末、减小摩擦、抑制振动和降低表面粗糙度值，铰削时应选用合适的切削液，铰削钢件常用乳化液，铰削铸铁件可用煤油。铰削的工艺特点如下：

1）铰孔的精度和表面粗糙度主要取决于铰刀的精度、铰刀的安装方式、加工余量、切削用量和切削液等条件。例如在相同的条件下，在钻床上铰孔和在车床上铰孔所获得的精度和表面粗糙度基本一致。

2）铰刀为定径的精加工刀具，铰孔比精镗孔容易保证尺寸精度和形状精度，生产率也较高，对于小孔和细长孔更是如此。但由于铰削余量小，铰刀常为浮动连接，故不能校正原孔的轴线偏斜，孔与其他表面的位置精度则需由前工序或后工序来保证。

3）铰孔的适应性较差，一定直径的铰刀只能加工一种直径和尺寸公差等级的孔，如需提高孔径的尺寸公差等级，则需对铰刀进行研磨。铰削的孔径一般小于 $\phi80mm$，常用的在 $\phi40mm$ 以下。对于阶梯孔和不通孔，铰削的工艺性较差。

图 2-25 所示上模板零件上的两个配作销孔需采用先钻孔后铰孔的加工工艺进行加工，销孔的尺寸精度可通过铰削加工直接得到保证。

（四）镗削

镗削是利用各种镗刀在各类镗床上进行切削加工的一种工艺方法。在孔加工等工艺中，其工艺特点如下：

1）镗削主要适宜加工机座、箱体、支架等外形复杂的大型零件上的直径较大、尺寸精度较高、有位置精度要求的孔系。

2）镗削加工的适应性较强，可以镗削单孔和孔系，铣面，车镗端面等。如配备各种附件、专用镗杆等装置，其加工范围还可以扩大。

3）镗削时能靠多次走刀调整孔的轴线偏斜。一般镗孔的尺寸公差等级为 IT7 ~ IT8，表面粗糙度 Ra 为 1.6 ~ 0.8μm；精镗时，尺寸公差等级为 IT6 ~ IT7，表面粗糙度 Ra 为 0.8 ~ 0.2μm。

4）镗刀的制造和刃磨较简单，但是镗床和镗刀调整较为复杂，操作技术要求较高，效率较低。在大批量生产中，为提高生产效率，应使用镗模。

5）淬火和硬度过高的材料不宜采用镗削加工。

1. 镗床

镗床适用于加工中等及大直径的孔；当被加工工件的位置精度要求高时，或要求精确孔距定位时，应用镗床比较容易达到加工要求。

根据用途不同，镗床可分为卧式镗床、立式坐标镗床和金刚镗床。卧式镗床的加工范围最广，但是机床结构复杂且价格较贵；除了进行镗孔外，还能进行钻孔、扩孔、铰孔、车外表面、镗削端面和内外螺纹等，所以又称万能镗床。立式坐标镗床主要用于板类零件上孔的加工，其应用范围比较符合模具零件的加工特点。图 2-41 所示为单柱立式坐标镗床。

随着加工技术水平的提高及数控机床的广泛应
用，目前一些镗床的加工工艺已被加工中心取代。
在选择机床时，应根据实际情况进行选择，以实现
较好的经济性。在大批量的零件生产中，宜采用专
用机床和组合机床。

2. 镗床镗孔的主要方式

1）镗床主轴带动刀杆和镗刀旋转，工作台带
动工件作纵向进给运动，如图2-42所示。这种方式
镗削的孔径一般小于120mm。图2-42a所示为悬伸
式刀杆，不宜伸出过长，以免弯曲变形过大，一般
用以镗削深度较小的孔。图2-42b所示的刀杆较长，
用以镗削箱体两壁相距较远的同轴孔系。为了增加
刀杆刚性，其刀杆另一端支承在镗床后立柱的导套
座里。

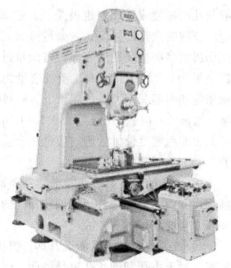

图2-41 单柱立式坐标镗床

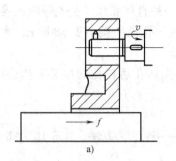
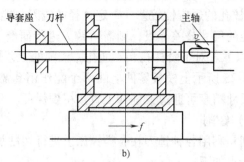

a)　　　　　　　　　　　　b)

图2-42 镗床镗孔方式之一

2）镗床主轴带动刀杆和镗刀旋转，并作纵向进给运动，如图2-43所示。这种方式下，
主轴悬伸的长度不断增大，刚性随之减弱，一般只用
来镗削长度较短的孔。

3）镗床平旋盘带动镗刀旋转，工作台带动工件
作纵向进给运动。如图2-44a所示，利用径向刀架使
镗刀处于偏心位置，即可镗削大孔。ϕ200mm以上的
孔多采用这种镗削方式，但孔不宜过长。图2-44b所
示为镗削内槽，平旋盘带动镗刀旋转，径向刀架带动
镗刀作连续的径向进给运动。若将刀尖伸出刀杆端
部，亦可镗削孔的端面。

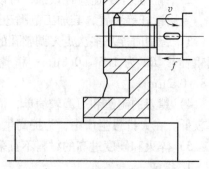

图2-43 镗床镗孔方式之二

3. 镗刀

镗孔所用的刀具为镗刀。镗刀种类很多，按切削
刃数量可分为单刃镗刀和双刃镗刀。单刃镗刀刚性差，切削时易引起振动，所以镗刀的主偏
角选得较大，以减小径向力。镗刀是广泛应用的孔加工刀具。镗削加工时，应用微调镗刀或
定径镗刀、专用夹具后，可精确保证孔径公差（H6～H7）、孔距公差（0.015mm左右）和
较小的表面粗糙度值（$Ra1.6～0.4\mu m$）。镗铸铁孔或精镗时，一般取$\kappa_r=90°$；粗镗钢件孔

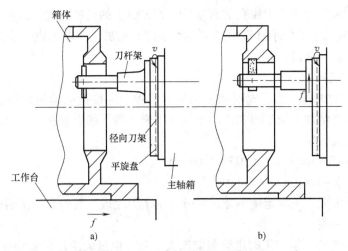

图 2-44　利用平旋盘镗削大孔和内槽

时，取 $\kappa_r = 60° \sim 75°$，以提高刀具的寿命。镗孔孔径的大小要靠调整刀具的悬伸长度来保证，调整麻烦，效率低，只能用于单件小批量生产。但单刃镗刀结构简单，适应范围较广，粗、精加工都适用。

在孔的精镗中，目前较多地选用精镗微调镗刀。这种镗刀的径向尺寸可以在一定范围内进行微调，调节方便，且精度高。调整尺寸时，先松开拉紧螺钉，然后转动带刻度盘的调整螺母，等调至所需尺寸，再拧紧螺钉；使用时应保证锥面靠近大端接触（即镗杆 90°锥孔的角度公差为负值），且与直孔部分同轴。键与键槽的配合间隙不能太大，否则微调时就不能达到较高的精度。

镗削大直径的孔可选用图 2-45 所示的双刃镗刀。镗刀头部可以在较大范围内进行调整，且调整方便，最大镗孔直径可达 1000mm。双刃镗刀的两端有一对对称的切削刃同时参加切削，与单刃镗刀相比，每转进给量可提高一倍左右，生产效率高；同时，可以消除切削力对镗杆的影响。

镗刀按工件的加工表面可分为端面镗刀和内孔镗刀。内孔镗刀又可以分为通孔、不通孔和阶梯孔镗刀。镗刀按刀具的结构可分为装夹式镗刀和可调式镗刀。可调式镗刀又可分为微调式和差动式镗刀。

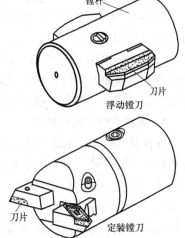

图 2-45　双刃镗刀

4. 单刃镗刀镗削的工艺特点

单刃镗刀镗削具有以下特点：

1）镗削的适应性强。镗削可在钻孔、铸出孔和锻出孔的基础上进行。可达的尺寸公差等级和表面粗糙度值的范围较广，除直径很小且较深的孔以外，各种直径和各种结构类型的孔均可镗削。

2）镗削可有效地校正原孔的位置误差，但由于镗杆直径受孔径的限制，一般其刚性较差，易弯曲和振动，故镗削质量的控制（特别是细长孔）不如铰削方便。

3）镗削的生产率低。因为镗削需用较小的切削深度和进给量进行多次走刀以减小刀杆的弯曲变形，且在镗床和铣床上镗孔需调整镗刀在刀杆上的径向位置，故操作复杂、费时。

4）镗削广泛应用于单件小批量生产中各类零件的孔加工。在大批量生产中，镗削支架和箱体的轴承孔，需用镗模。

5. 镗削用量的选择

（1）切削深度的选择　由于镗削加工一般分粗镗、半精镗或精镗几道工序来完成，所以在生产中，一般把精加工和半精加工的余量留下来，剩下的余量在粗镗时一次去除。精镗和半精镗时的余量大致如下：

精镗（$Ra1.6 \sim 0.4\mu m$）$a_p = 0.05 \sim 0.08mm$；

半精镗（$Ra6.3 \sim 1.6\mu m$）$a_p = 1.0 \sim 3.0mm$。

如果加工余量太大，一次粗镗不完，可分几次走刀完成。其中第一次后的头几次走刀的切削深度可取得大一些。

（2）进给量的选择　粗加工时进给量应选大一些，但过大的进给量会使镗削产生振动。半精或精镗时，切削力较小，这时限制进给量提高的往往是工件的表面粗糙度要求。

进给量$f = 0.1 \sim 0.5mm/r$时，对振动强度影响不大，所以一般都在这个范围内选取。精镗时为了降低镗孔表面粗糙度，可取$f = 0.01 \sim 0.03mm/r$。

（3）切削速度的选择　切削速度与工件材料、刀具材料、切削深度、进给量等有关，可以直接从相关资料和手册中查找。

精加工时，为了保证已加工表面的粗糙度，应尽量减小积屑瘤形成的区域，或者用高速（大于$80 \sim 100m/min$）或者用低速（小于$10m/min$）切削。高速时使用硬质合金镗刀，切削速度也和粗镗一样，由刀具寿命决定；低速时使用硬质合金或高速钢刀都可以，刃口须磨得平整，前刀面与后刀面应有较低的表面粗糙度值，切削速度在$5 \sim 8m/min$左右。

图2-25所示上模板零件上的孔$\phi 30^{+0.021}_{0}mm$和$\phi 35^{+0.021}_{0}mm$是安装导套零件的配合孔，与导套采用H7/r6的过盈配合。两个孔本身有较高的加工精度要求，同时两个孔间距有$\pm 0.01mm$的孔间距公差要求，该孔间距的制造精度要求较高，普通的钻孔、铰孔等孔加工方法都无法满足其精度要求；因此，模板上的两个导套孔需采用坐标镗床进行加工，坐标镗床加工既可保证孔本身的精度要求，又能满足孔间距的精度要求。

6. 模具零件的镗削加工

在模具零件中，孔间距及孔径的尺寸精度要求较高，所以镗削加工应用较为广泛，如模具零件中安装导柱、导套的模板零件等。由于镗削刀具属于侧刃型加工刀具，所以在镗削加工前必须先钻预孔并留镗削加工余量。受镗削刀具尺寸的限制，小尺寸的孔一般不能采用镗削加工（如孔径小于10mm的孔）。随着数控技术的发展与应用，目前加工中心的定位精度也能达到微米级，也可以使用镗削刀具加工。由于加工中心强大的功能性（与镗床相比），目前应用很广泛，所以在零件加工中尽可能多地采用加工中心。

任　务　实　施

一、模板零件工艺分析

1. 上模板零件工艺分析

图2-25所示的上模板零件，采用45钢板材，零件的使用功能主要体现为：安装导套、模柄等零件，承载模具的上模部分。模板零件加工的主要特征是其上面的孔，孔种类主要

有：螺孔、销孔、导套孔、模柄孔等。根据加工的基本原则，模板零件加工时先加工各面及基准面，后加工孔。上模板零件上、下两平面要求表面粗糙度 Ra 值为 $0.8\mu m$，两平面需进行磨削加工，由磨削加工方法保证表面粗糙度值的同时，零件两面的平行度误差自然保证在 $0.03mm$ 以内，所以在图 2-25 中不需要再标注上、下两面的平行度公差。

　　模板零件精度要求较高的尺寸是：导套孔 $\phi30^{+0.021}_{0}$mm 和 $\phi35^{+0.021}_{0}$mm，且两孔间距尺寸要求为 (210 ± 0.01)mm，这是模板零件加工中需要重点确保的尺寸；孔 $\phi32^{+0.021}_{0}$mm 是模柄的安装孔（称为模柄孔），由于模柄孔与两个导套孔在同一轴线上，且孔本身也具有较高的精度，所以两个导套孔与模柄孔可以在同一工序中一起加工完成；两个销孔 $\phi10^{+0.015}_{0}$mm 需要先钻底孔再进行铰孔，根据精铰孔加工的余量，前工序钻孔选用 $\phi9.8mm$ 的钻头，其余螺孔及扩孔可采用相应尺寸的钻头直接加工。

2. 铸件模架下模板零件工艺分析

　　通常，模板与导柱、导套组合在一起被称为模架。一般模具的模架分为标准模架和非标准模架两种，标准模架的模板通常为铸件，铸造材料一般为 HT200、QT400-17、QT500-7 等。由于铸造工艺的特点，模板的一些结构形状可以直接通过铸造工艺铸造出来，以节省材料及减少后续加工量（通常铸件模架的模板外形不需要进行加工，只需加工上、下两平面即可）。不论是标准模架还是非标准模架的模板，根据模板的使用功能，其技术要求主要有两条：一是模板的上、下两平面应保持平行，平行度误差应该在规定范围之内；二是上、下模板的导柱、导套安装孔的孔间距尺寸应保持一致，并在规定的公差范围之内，同时要求孔的轴线与模板安装的基准平面垂直。

　　一般加工时，首先对模板坯料进行粗铣或粗刨上、下两平面，留一定余量到精加工阶段磨削；为保证导柱孔或导套孔轴线相对于模板的基准面垂直，导柱、导套安装孔的加工均应安排在模板的安装基准面磨削之后。为了保证孔的一致，上、下模板的导柱、导套安装孔通常在摇臂钻床、坐标镗床或加工中心上加工。铸件模架下模板零件如图 2-46 所示。

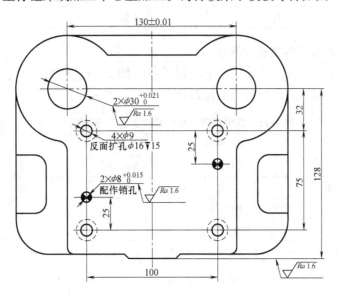

图 2-46　铸件模架下模板零件图

铸件模架下模板零件的技术要求：材料为铸件 QT500-7；模板厚度为 40mm；上、下两平面表面粗糙度 Ra 值为 0.8μm，其余表面的表面粗糙度 Ra 值为 6.3μm。

二、模板零件工艺过程卡

1. 上模板零件工艺过程卡

根据零件加工工艺分析，上模板零件（图 2-25）的加工工艺过程卡见表 2-17。

表 2-17　上模板零件加工工艺过程卡　　　　　　　　　　（单位：mm）

加工工艺过程卡		零件名称	上模板	材料	45 钢
		零件图号	SMB-01	数量	1
序号	工序名称	工序(工步)内容		工时	检验
1	备料	备 45 钢板料 270×115×45			
2	铣	铣六面,四周边到图样尺寸(110×265),上、下两面留余量(0.5~0.7)			
3	平磨	磨上、下两面,保证表面粗糙度及厚度尺寸 40			
4	坐标镗（或加工中心）	点孔(ϕ30、ϕ35、ϕ32、6×ϕ11、2×ϕ10)			
5	钳工	钻 ϕ30(+0.021/0)的预孔 ϕ28、ϕ35(+0.021/0)的预孔 ϕ33、ϕ32(+0.021/0)的预孔 ϕ30,钻 6×ϕ11、扩孔 6×ϕ18 深 15、ϕ41 深 8;钻 4×M16 的螺纹底孔、攻螺纹 4ϕM16 深 35			
6	坐标镗（或加工中心）	镗孔 ϕ30(+0.021/0)、ϕ35(+0.021/0),并保证孔间距尺寸 210±0.01;镗孔 ϕ32(+0.021/0)			
7	钳工	装配时配作销孔,先钻 2×ϕ9.8 底孔,再铰孔 2×ϕ10(+0.015/0);配作模柄销孔,先钻底孔 ϕ7.8,再铰孔 ϕ8(+0.015/0)			

编制：　　　　　　　审核：　　　　　　　日期：

2. 铸件模架下模板零件工艺过程卡

根据零件加工工艺分析，铸件模架下模板零件（图 2-46）的加工工艺过程与上模板零件的加工工艺接近，加工工艺过程卡见表 2-18。

表 2-18　铸件模架下模板零件加工工艺过程卡　　　　　（单位：mm）

加工工艺过程卡		零件名称	下模板	材料	Q235
		零件图号	XMB-01	数量	1
序号	工序名称	工序(工步)内容		工时	检验
1	备料	标准铸件模架下模板			
2	铣	铣上、下两面,留余量(0.5~0.7)			
3	平磨	磨上、下两面,保证表面粗糙度及厚度尺寸 40			
4	坐标镗（或加工中心）	点孔(2×ϕ30、4×ϕ9、2×ϕ8)			
5	钳工	钻 ϕ30(+0.021/0)的预孔 ϕ28,钻孔 4×ϕ9、扩孔 4×ϕ16 深 15			

（续）

序号	工序名称	工序(工步)内容	工时	检验
6	坐标镗 (或加工中心)	镗孔 2×φ30(+0.021/0)并保证孔间距尺寸130±0.01		
7	钳工	装配时配作销孔,先钻 2×φ7.8 底孔,再铰孔 2×φ8(+0.015/0)		

编制：　　　　　　　审核：　　　　　　　　　日期：

拓 展 任 务

垫板零件加工与工艺卡编制

垫板零件是模具中常用的典型板类零件,其主要功能是承载模具工作零件生产时的冲击载荷,以及调整模具闭合高度、支承型芯等配合零件。冲裁模具垫板零件如图2-47所示。

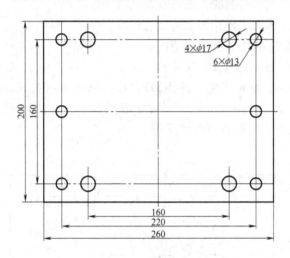

图 2-47　垫板零件图

垫板零件的技术要求：材料为45钢；垫板厚度为20mm；热处理为淬火,43~48HRC；上、下两平面表面粗糙度 Ra 值为0.8μm,其余表面的表面粗糙度 Ra 值为6.3μm。

根据垫板零件的功能要求,零件加工精度要求较高处即为垫板零件的上、下两平面（表面粗糙度 Ra 值为0.8μm）,其余尺寸均按未注公差等级IT14进行加工。垫板零件加工工艺过程卡见表2-19。

表 2-19　垫板零件加工工艺过程卡　　　　　　　　（单位：mm）

加工工艺过程卡		零件名称	垫板	材料	45 钢
		零件图号	DB-01	数量	1
序号	工序名称	工序(工步)内容		工时	检验
1	备料	备45钢板料 265×205×25			
2	铣	铣六面,四周边至图样尺寸(260×200),上、下两面留余量(0.8~1)			
3	平磨	磨上、下两面,留余量(0.4~0.5)			

（续）

序号	工序名称	工序(工步)内容	工时	检验
4	画线(或点孔)	画线或点孔(4×φ17、6×φ13)		
5	钳工	钻孔(4×φ17、6×φ13)		
6	热处理	淬火,43~48HRC		
7	平磨	磨上、下两面,保证表面粗糙度值及厚度尺寸20		

编制：　　　　　　　　审核：　　　　　　　日期：

拓 展 练 习

1. 试列举模具中其他的板类零件，并思考其加工工艺。
2. 简述普通铣削加工和刨削加工的特点及其应用范围。
3. 简述模具零件上螺孔、销孔加工的工艺过程。
4. 简述坐标镗床加工的特点及应用范围。
5. 编制下列零件的加工工艺卡。

（1）如图 2-48 所示，零件名称：冲模卸料板；材料：45 钢；板的厚度：20mm；板上、下两平面表面粗糙度 Ra 值为 0.8μm，其余 Ra 值为 6.3μm；热处理：调质，28~32HRC；尺寸 70* mm 与凸模零件实际中心距尺寸配作。

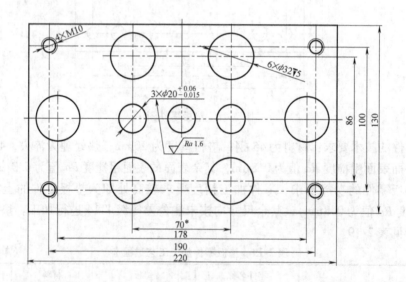

图 2-48　卸料板

（2）如图 2-49 所示，零件名称：冲模固定板；材料：45 钢；板的厚度：25mm；板上、下两平面表面粗糙度 Ra 值为 1.6μm，其余 Ra 值为 6.3μm；热处理：调质，28~32HRC。

（3）如图 2-50 所示，零件名称：注射模动模板；材料：45 钢；未注倒角 $C1$；其余表面粗糙度 Ra 值 6.3μm。

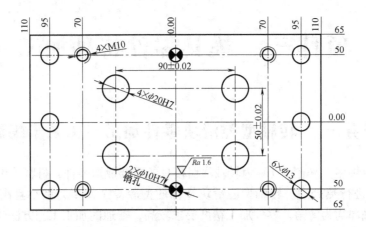

图 2-49　固定板

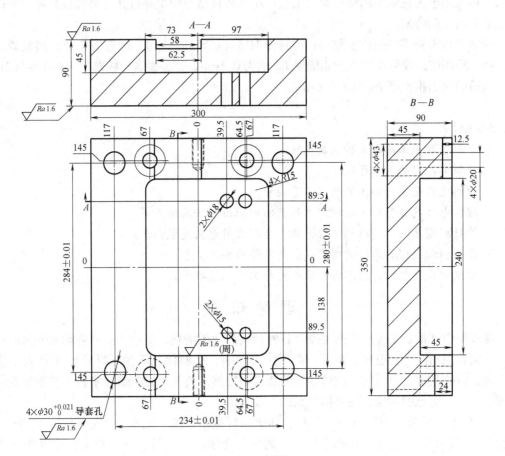

图 2-50　动模板

项目三　模具零件特种加工

任务一　转轴型腔滑块零件加工与工艺卡编制

转轴型腔滑块零件（图3-1）为转轴注射模具的重要成形零件，材料采用H13（美国材料牌号），需要进行热处理。转轴型腔滑块零件的型腔复杂，多为细小且高的筋及深窄的槽，而且其槽底部均为清角，零件加工精度要求较高，普通的加工工艺方法受到加工刀具及加工精度的影响而无法进行；同时，零件要进行热处理，增加了加工的难度。转轴型腔滑块成形型腔的加工为该零件加工的难点，需要考虑特殊的加工工艺来保证零件加工达到图样的要求，可采用电火花成形的特种加工工艺。现以转轴型腔滑块零件作为典型模具零件介绍电火花成形加工的特征。

转轴型腔滑块零件的技术要求：材料为H13（4Cr5MoSiV1）；数量为2个；热处理为淬火，48~52HRC；成形型腔表面粗糙度 Ra 值为 $0.2\mu m$，分型面表面粗糙度 Ra 值为 $0.2\mu m$，其余表面的表面粗糙度 Ra 值为 $1.6\mu m$。

【任务目标】

1. 了解特种加工的基本种类及区别。
2. 理解电加工的基本原理。
3. 理解电火花成形加工的基本工艺规程。
4. 理解电火花成形加工过程中电蚀产物的抛出方法及动力源。
5. 能针对模具的不同结构工艺特征，合理应用电火花成形工艺。
6. 能分析相关模具零件的图样，分析零件的加工工艺。
7. 能编制简单型腔、型芯模具零件的加工工艺过程卡。

理　论　知　识

随着科学技术、工业生产的发展及各种新兴产业的涌现，工业产品的内涵和外延都在扩大，正向着高精度、高速度、高温、高压、大功率、小型化、环保（绿色）化及人本化方向发展，制造技术本身也应适应这些新的要求而发展。传统机械制造技术和工艺方法面临着更多、更新、更难的问题，主要体现在以下几方面：

1）新型材料及传统的难加工材料。如碳素纤维增强复合材料、工业陶瓷、硬质合金、钛合金、耐热钢、镍合金、钨钼合金、不锈钢、金刚石、宝石、石英及锗、硅等各种高硬度、高强度、高韧性、高脆性、耐高温的金属或非金属材料的加工。

2）各种特殊复杂表面。如喷气涡轮机叶片、整体涡轮、发动机机匣和锻压模的立体成形表面，各种冲模冷拔模上特殊断面的异形孔，炮管内膛线，喷油嘴、棚网、喷丝头上的小孔、窄缝、特殊用途的弯孔等的加工。

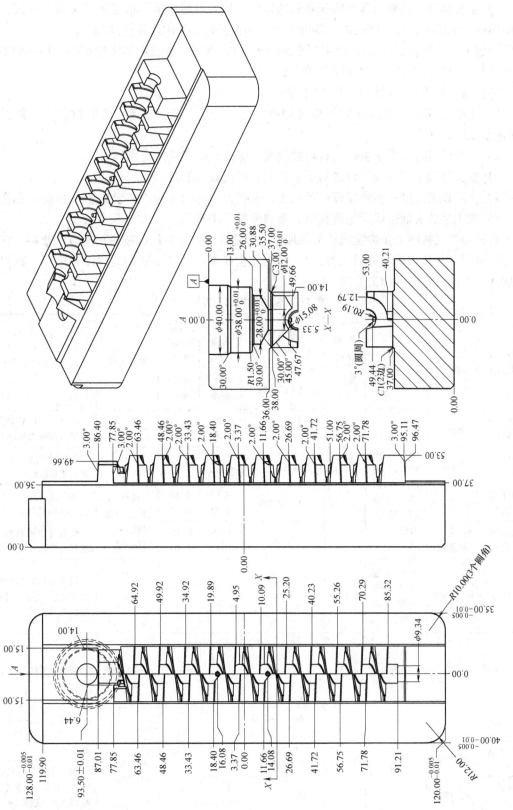

图 3-1 转轴型腔滑块零件

3）各种超精、光整或具有特殊要求的零件。如对表面质量和精度要求很高的航天、航空陀螺仪，伺服阀，以及细长轴、薄壁零件、弹性组件等低刚度零件的加工。

上述工艺问题仅仅依靠传统的机械切削加工方法很难、甚至根本无法解决。特种加工就是在这种前提条件下产生和发展起来的。

特种加工与传统切削加工的不同点是：

1）主要依靠机械能以外的能量（如电、化学、光、声、热等）去除材料；多数属于"熔溶加工"的范畴。

2）工具硬度可以低于被加工材料的硬度，即能做到"以柔克刚"。

3）加工过程中工具和工件之间不存在显著的机械切削力。

4）主运动的速度一般都较低；理论上，某些方法可能成为"纳米加工"的重要手段。

5）加工后的表面边缘无毛刺残留，微观形貌"圆滑"。

特种加工又被称为非传统或非常规加工。目前在生产中应用的特种加工方法很多，它们的基本原理、特性及适用范围见表3-1。针对在模具零件加工中应用的深度和广度，我们着重讲述其中的几种特种加工方法。

表3-1　常用特种加工方法

特种加工方法	加工所用能量	可加工的材料	工具损耗率 /（%） 最低/平均	金属去除率 /（mm³/min） 平均/最高	尺寸公差 /mm 平均/最高	表面粗糙度 Ra/μm 平均/最高	特殊要求	主要适用范围
电火花成形加工	电热能	任何导电的金属材料，如硬质合金、耐热钢、不锈钢、淬火钢等	1/50	30/3000	0.05/0.005	10/0.16	—	各种冲、压、锻模及三维成形曲面的加工
电火花线切割	电热能		极小（可补偿）	5/20	0.02/0.005	5/0.63	—	各种冲模及二维曲面的成形截割
电化学加工	电、化学能		不损耗	100/10000	0.1/0.03	2.5/0.16	机床、夹具、工件需采取防锈、防蚀措施	锻模及各种二维、三维成形表面加工
电化学机械加工	电、化学能、机械能		1/50	1/100	0.02/0.001	1.25/0.04		硬质合金等难加工材料的磨削
超声加工	声、机械能	任何脆硬的金属及非金属材料	0.1/10	1/50	0.03/0.005	0.63/0.16	—	石英、玻璃、锗、硅、硬质合金等脆硬材料的加工、研磨
快速成形	光、热、化学能	树脂、塑料、陶瓷、金属、纸张	不损耗				分层制造	制造各种模型
激光加工	光、热能	任何材料	不损耗	瞬时去除率很高，受功率限制，平均去除率不高	0.01/0.001	10/1.25	—	精密小孔、小缝及薄板材成形切割、刻蚀
电子束加工	电、热能						需在真空中加工	表面超精、超微量加工，如抛光、刻蚀、材料改性、镀覆
离子束加工	电、热能			很低	最高0.01μm	0.01		

一、电火花成形加工

电火花成形加工又称放电加工、电蚀加工（Electro Discharge Machining，EDM），是一种利用脉冲放电产生的热能进行加工的方法。其加工过程为：使工具和工件之间不断产生脉冲性的火花放电，靠放电时局部、瞬时产生的高温将金属熔化、汽化而蚀除材料。放电过程可见到火花，故被称为电火花成形加工。日本、英、美等国称之为放电加工，其发明国家——原苏联称之为电蚀加工。

1. 电火花成形加工的基本特征

（1）电火花成形加工的原理　电火花成形加工的基本原理是：基于工具电极和工件（正、负电极）之间脉冲火花放电时的电腐蚀现象来蚀除多余的金属，以达到零件的尺寸、形状及表面质量预定的加工要求，如图3-2所示。

脉冲电源的两输出端分别接工具电极和工件，当脉冲电压施加于两极时，在两极之间就形成了一个电场，电场的强度随着极间电压的升高或是极间距离的减小而增大。随着工具电极逐渐向工件进给，两极间的距离达到几微米至几十微米时，由于工具电极和

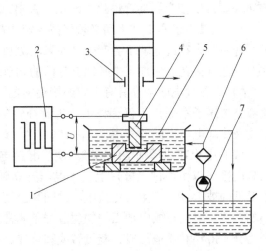

图3-2　电火花成形加工原理图
1—工件　2—脉冲电源　3—自动进给调节装置
4—工具电极　5—工作液　6—过滤器　7—泵

工件的微观表面是凹凸不平的，极间电场强度分布不均匀，因而在两极间距离最近的凸出点或尖端处工作液首先被击穿，发生脉冲放电。脉冲放电瞬间，工作液的微观分子获得了大量能量，从而将工作液分子电离为离子状态，在电场的作用下，正、负离子高速运动并相互碰撞，并在极间形成放电通道，产生大量的热量。由于放电时间很短和工作介质的存在，使得放电通道的扩张受到限制，放电能量只集中在很小的范围内，能量密度很大，足以在放电点的微观范围内熔化甚至汽化任何高强度、高硬度的材料。电火花加工实际上就是利用单次脉冲放电产生的热能作用在工件表面蚀除一个小坑，一次脉冲放电之后，两极间的电压急剧下降到接近于零，间隙中的电介质立即恢复到绝缘状态。此后，两极间的电压再次升高，又在另一处绝缘强度最小的地方重复上述放电过程，多次脉冲产生多个小坑并相互重叠，使整个被加工表面由无数小的放电凹坑构成，就形成了被加工表面。

电火花成形加工必须具备以下条件：

1）电火花成形加工必须采用脉冲电源，提供瞬间脉冲放电。加在工件和工具电极上放电间隙两端的电压脉冲的持续时间 t_i 称为脉冲宽度。为防止电弧烧伤，电火花成形加工只能用断断续续的脉冲放电波，相邻两个电压脉冲的间隔时间 t_o 为脉冲间隔，$T = t_i + t_o$ 称为脉冲周期。工件和工具电极间隙开路时，电极间的最高电压 u_i 称为峰值电压，它等于电源的直流电压。工件和工具电极间隙火花放电时，脉冲电流瞬间的最大值 i 称为峰值电流，它是影响加工速度和表面粗糙度的重要参数。为了保证电火花放电所产生的热量来不及从放电点传导扩散出去，必须形成极小范围内的瞬时高温，以便金属局部熔化，甚至汽化，脉冲宽度 t_i 应小于0.001s。脉冲放电之后，为使放电介质有足够时间恢复绝缘状态，以免引起持

续电弧放电，烧伤加工表面，还要有一定的脉冲间隔时间。在电火花成形加工中，为保证工件表面的正常加工，应使工具电极表面的电蚀量减小，延长工具电极的形状和精度，以得到预定的加工表面形状和精度；还必须使用直流脉冲电源。

2）脉冲放电必须有足够的放电能量。脉冲放电的能量要足够大，电流密度应大于$10^5 \sim 10^6 A/cm^2$，以使金属局部熔化和汽化，否则只能使金属表面发热。

3）工具电极和工件之间必须保持一定的放电间隙。如果间隙过大，极间电压不能击穿极间介质，火花放电就不会产生；如果间隙过小，很易形成短路，同样不能产生火花放电。为此，在电火花成形加工中必须有专门的调节装置以维持正常的放电间隙。

4）火花放电必须在具有一定绝缘性能的液体介质中进行。这种液体介质（如煤油、皂化液、去离子水等）不仅有利于产生脉冲性的火花放电，同时还有排除放电间隙中的电蚀产物及冷却电极表面的作用。

（2）电火花成形加工的物理本质　脉冲电源输出的电压加在处于液体介质中的工件和工具电极（以下简称电极）上。当电压升高到间隙介质的击穿电压时，会使介质在绝缘强度最低处被击穿，产生火花放电。瞬间高温使工件和电极表面都被蚀除掉一小块材料，形成小的凹坑。电火花放电加工的物理过程是非常短暂而又复杂的，每次脉冲放电的过程可大概分为介质击穿和通道形成、能量转换和传递、电蚀屑的抛出、极间介质消电离等几个阶段。

1）放电通道形成。电火花加工一般都是在液体介质中进行的，当脉冲电压施加在电极与工件之间时，就会在极间产生电场。由于极间距离甚小及电极表面微观不平，极间电场是不均匀的，一般在两者相距最近的对应点上的电场最大。极间液体介质中的杂质会在极间电场的作用下，向电场较强的地方聚集，进而引起极间电场的畸变。当极间距离最小的尖端处的电场强度超过极间液体介质的介电强度时，阴极表面逸出电子，并在电场作用下向阳极高速运动，进而撞击液体介质中的分子和中性原子，产生碰撞电离，形成带负电的粒子和带正电的粒子，导致带电粒子雪崩式增多。当电子到达阳极表面时，使液体介质被瞬间击穿，形成放电通道。由于放电通道截面很小，带电粒子在高速运动时产生剧烈碰撞，产生大量的热能，使得通道内温度相当高，其中心温度可达到10000℃以上，此时电能转化为热能，熔化并去除材料，实现工件的加工过程。

2）能量的转换和传递。两极间的介质一旦被击穿，脉冲电源使通道间的电子高速奔向阳极，正离子奔向阴极，电能转变成动能，动能通过碰撞又转变为热能。于是两极放电点和通道本身温度剧增，使两极放电点的金属材料熔化甚至汽化，并使通道中的介质汽化或热分解。这些汽化后的工作液和金属蒸气瞬间体积猛增，在放电间隙内成为气泡而迅速热膨胀，就像火药、爆竹点燃后那样具有爆炸的特性。电火花加工主要靠热膨胀和局部微爆炸，使熔化、汽化了的工件与电极材料抛出。

3）电蚀屑的抛出。在热膨胀压力和爆炸力的作用下，电极和工件表面熔化与汽化了的金属被抛入附近的液体介质中冷却，由于表面张力和内聚力的作用，抛出的材料冷凝为微小的球状颗粒。放电过程中，放电间隙的状态及加工后电极与工件表面如图 3-3 所示。实际上，熔化了和汽化了的金属在抛离电极表面时向四处飞溅，除大部分抛入工作液中收缩成小颗粒外，还有一小部分飞溅、镀覆、吸附在电极的表面上，形成积碳现象。电极表面积碳后，在其表面容易形成一层绝缘层而无法继续进行放电加工，所以放电加工过程中电蚀屑的抛出不能仅靠加工本身的爆炸力，还需要增加外力条件。电蚀屑的抛出主要由三个方面的力

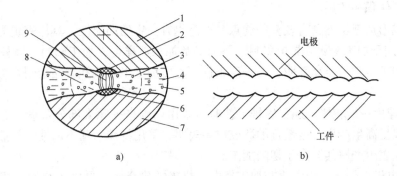

图 3-3　电火花瞬间放电示意图

a) 放电间隙　b) 电火花加工后的表面

1—阳极　2—阳极表面熔化区　3—熔化后抛出的金属颗粒　4—工作液　5—工作液中凝固
的金属颗粒　6—阴极表面熔化区　7—阴极　8—放电通道　9—气泡

来保障，一是电加工本身的热膨胀压力和爆炸力；二是电加工机床强迫工作液在电加工区域点上流动，一般采用工作液冲刷加工点；三是电加工机床安装电极的主轴周期地向上抬动，迫使电极周围区域的工作液流动。

4）间隙介质的消电离。为保证电火花加工过程的正常进行，在两次脉冲放电之间一般要有足够的脉冲间隔时间，以使间隙内的介质消电离，即放电通道中的带电粒子复合为中性粒子，并恢复该处液体介质的绝缘强度。如果间隔时间不够，消电离不充分，电蚀产物和气泡来不及很快排除，就会改变间隙内介质的成分和绝缘强度，使脉冲放电不能顺利转移到其他部位，而始终集中在某一部位，形成连续的电弧放电，烧坏工件和电极，使电火花加工不能正常进行。

（3）电火花成形加工的特点

1）适合于难切削材料的加工。由于加工中材料的去除是靠放电时的电热作用实现的，材料的可加工性主要取决于材料的导电性及其热学特性，如熔点、沸点（汽化点）、比热容、热导率、电阻率等，而几乎与其力学性能（硬度、强度等）无关。这样可以突破传统切削加工对刀具的限制，可以实现用软的工具加工硬韧的工件，甚至可以加工像聚晶金刚石、立方氮化硼一类的超硬材料。目前，电极材料多采用纯铜或石墨，因此电极较容易加工。

2）可以加工特殊及复杂形状的零件。由于加工中电极和工件不直接接触，没有机械加工的切削力，因此适宜加工低刚度工件及微细加工。由于可以简单地将电极的形状复制到工件上，因此特别适用于复杂表面形状工件的加工，如复杂型腔模具加工等。数控技术的采用使得用简单的电极加工形状复杂的工件也成为可能。

3）易于实现加工过程自动化。由于是直接利用电能加工，而电能、电参数较机械量易于实现数字控制、适应控制、智能化控制和无人化操作等。

4）可以改进结构设计，改善结构的工艺性。例如可以将拼镶结构的硬质合金冲模改为用电火花加工的整体结构，减少了加工工时和装配工时，延长了使用寿命。喷气发动机中的叶轮，采用电火花加工后可以将拼镶、焊接结构改为整体叶轮，既大大提高了工作可靠性，又大大减小了体积和质量。

电火花成形加工虽然具有较多的优点，但是也有一定的局限性，具体表现为：

1) 只能用于加工金属等导电材料。不像切削加工那样可以加工塑料、陶瓷等绝缘的非导电材料。但近年来的研究表明，在一定条件下也可加工半导体和聚晶金刚石等非导体超硬材料。

2) 加工速度一般较慢。通常安排工艺时多采用切削来去除大部分余量，然后再进行电火花加工，以提高生产率；但最近的研究成果表明，采用特殊水基不燃性工作液进行电火花加工，其粗加工生产率甚至高于切削加工。

3) 存在电极损耗。由于电火花加工靠电、热来蚀除金属，电极也会遭受损耗，而且电极损耗多集中在尖角或底面，影响成形精度。但最近的机床产品在粗加工时已能将电极的相对损耗比降至 0.1% 以下，在中、精加工时能将损耗比降至 1%，甚至更小。

4) 最小角部半径有限制。一般电火花加工能得到的最小角部半径略大于加工放电间隙（通常为 0.02 ~ 0.30mm），若电极有损耗或采用平动头加工，则角部半径还要增大。近年来的多轴数控电火花加工机床，采用 X、Y、Z 轴数控联动加工，可以加工出方孔、窄槽的侧壁和底面。

5) 加工表面有变质层甚至微裂纹。

(4) 电火花成形加工的工艺方法分类　按电极及其形状、工件相对运动方式和用途的不同，大致可分为电火花型腔、型面加工，电火花穿孔加工，电火花线切割加工，电火花磨削等不同类别的加工方式。表 3-2 列出了加工工艺方法分类及其主要特点和用途。

表 3-2　电火花加工工艺方法分类及其主要特点和用途

加工方法	特　点	用　途	典型机床
电火花型腔、型面、穿孔加工	1. 工具和工件间主要只有一个相对的伺服进给运动 2. 工具为成形电极，与被加工表面有相同的截面或形状	1. 型腔、型面加工；加工各类型腔模及各种复杂的型腔零件 2. 穿孔加工；加工各种冲模、挤压模、粉末冶金模，各种异形孔及微孔等	D7125、DM7145 等电火花成形机床，约占电火花机床总数的30%
电火花线切割加工	1. 工具电极为顺电极轴线移动着的线状电极 2. 工具与工件在两个水平方向同时有相对伺服进给运动	1. 切割各种冲模和具有直纹面的零件 2. 下料、截割和窄缝加工	DK7720、DK7732 数控电火花线切割机床，约占电火花机床总数的60%
电火花内孔、外圆和成形磨削	1. 工具与工件有相对的旋转运动 2. 工具与工件间有径向和轴向的进给运动	1. 加工高精度、良好表面质量的小孔，如拉丝模、挤压模、微型轴承内环、钻套等 2. 加工外圆、小模数滚刀等	D6310 电火花小孔内圆磨床，约占电火花机床总数的3%
电火花高速小孔加工	1. 采用细管（>φ0.3mm）电极，管内冲入高压水基工作液 2. 细管电极旋转 3. 穿孔速度极高（60mm/min）	1. 线切割预穿丝孔 2. 深径比很大的小孔，如喷嘴等	D7003A 电火花高速小孔加工机床，约占电火花机床总数的1%
电火花表面强化、刻字	1. 工具在工件表面上振动 2. 工具相对工件移动	1. 模具、刀具、量具刃口表面强化和镀覆 2. 电火花刻字、打印记	D9105 电火花强化机，约占电火花机床总数的2% ~3%

2. 电火花成形加工的基本规程

（1）影响电加工放电蚀除量的主要因素

1）极性效应。在脉冲放电过程中，工件和电极都要受到电腐蚀，但正、负两极的蚀除速度不同，这种两极蚀除速度不同的现象称为极性效应。在脉冲放电的作用下，正、负两极表面分别受到电子和正离子的轰击，即瞬时热源的作用，即使两电极采用相同的材料，两极的去除量也不一样。极性效应是电火花加工特有的一种现象，影响极性效应的因素有脉冲宽度、电极材料、单次脉冲能量以及工作介质成分。当采用短脉冲进行加工时，大部分正离子尚未到达负极表面，脉冲便已结束，所以负极的蚀除量小于正极。此时工件接正极，称为"正极性加工"。当用较长的脉冲加工时，正离子可以有足够的时间加速而获得较大的运动速度，并有足够的时间到达负极表面，加上它的质量大，因而正离子对负极的轰击作用远大于电子对正极的轰击，负极的蚀除量大于正极。此时工件接负极，称为"负极性加工"。在电火花加工过程中，工件加工得快，电极损耗小是最好的，所以极性效应越显著越好。

2）覆盖效应。覆盖效应是指放电加工过程中，一个电极的电蚀产物转移到另一电极表面上，形成一定厚度覆盖层的现象。覆盖效应的生成主要与加工极性、脉冲参数及波形、电极对材料及工作液等有关。例如采用煤油之类的碳氢化合物为工作液时，在放电过程中会因热分解而产生游离碳，或者金属碳化物胶粒，而这些碳胶粒一般会带负电，因而在电场作用下会向正极移动，并吸附在正极表面，形成一定强度和厚度的覆盖层，主要是碳素层和金属微粒粘接层，即通常所说的工具电极积碳现象。积碳现象的产生会阻止电极材料的进一步蚀除，降低材料去除率，但也容易产生绝缘层，使得电加工不能顺利进行下去。影响覆盖效应的因素主要有脉冲宽度、脉冲间隔和冲油。一般来说，在其他加工条件不变的正常放电的情况下，覆盖层随着脉冲宽度的增大而增厚，随着脉冲间隙的减小而变薄。

3）电参数。电火花加工脉冲电源的可控参数有脉冲宽度、脉冲间隙、峰值电流、电压、脉冲前沿上升率和后沿下降率。无论正极或是负极，都存在单个脉冲的蚀除量与单个脉冲能量在一定范围内成正比的关系。某一段时间内的总蚀除量约等于这段时间内各单个有效脉冲蚀除量的总和。

电火花放电间隙的电阻是非线性的，击穿后间隙上的火花维持电压是一个与电极对材料及工作液种类有关的数值，而与脉冲电压幅值、极间距离及放电电流大小等的关系不大，因而可以说，正、负极的电蚀除量正比于平均放电电流的大小和电流脉宽。因此，提高电蚀除量和生产率的途径在于提高脉冲频率，增加单个脉冲能量，或增加平均放电电流和脉冲宽度，减小脉冲间隙。在实际生产中，要考虑到这些因素之间相互制约的关系和对其他工艺指标的影响。

4）传热效应。传热效应是指电极表面放电点的瞬时温度不仅与瞬时放电的总热量有关，而且还与放电通道的截面积有关，与电极材料的导热性能有关的现象。因此，限制放电初期的电流增长率，可以使放电初期的电流密度不致太高，使电极表面温度不致过高而产生较大损耗。当脉冲电流的增长率太高时，对于易脆的工具电极材料，如石墨材料，容易造成较大损耗。一般采用的工具电极材料的导热性能比工件电极好，选取较大的脉冲宽度和较小的峰值电流进行加工，导热作用使得工具电极表面热量散失快而温度较低，从而减小损耗；工件表面散热慢而温度较高，从而蚀除量较多。

（2）影响加工速度的主要因素　单位时间内工件的蚀除量称为加工速度，亦即生产率。影响加工速度的因素分为电参数和非电参数两大类。电参数主要是脉冲电源的输出波形与参数，非电参数包括加工面积、深度、工作液种类、冲油方式、排屑条件及电极的材料、形状等。

1）电参数对加工速度的影响。单次脉冲能量的大小是影响加工速度的重要因素，单次脉冲能量取决于峰值电流和脉冲宽度，两者增大会增加单次脉冲的加工量。

峰值电流和脉冲宽度对于加工速度亦存在最佳值，而且随着其他条件的变化而变化。当峰值电流和脉冲宽度超过某一临界值时，虽然单次脉冲能量不断增大，但转换成的热能有较大部分散失在工作液中，这种现象随着脉冲宽度的增大尤为明显。同时，随着脉冲宽度的增大，放电间隙难以完全消电离，加工稳定性变差，脉冲能量不能充分利用，加工速度有所降低。

在脉冲宽度一定的条件下，脉冲间隔小，使单位时间内脉冲数目增多，加工电流增大，加工速度提高。但脉冲间隔小于某一数值后，仍继续减小，会因放电间隙来不及消电离而引起加工稳定性变差，使加工速度降低。为了提高加工速度，应当在保证放电温度的情况下尽量减小脉冲间隔。

加工极性亦是影响加工速度的重要因素。火花放电通道在两极的能量分布是不均匀的，因此在加工中按照能量分布规律安排加工极性，会获得较高的加工速度。一般来说，采用高频（小脉宽）时，正极可以获得较大的蚀除率，将工件接正极可以提高加工速度、减小电极损耗；低频（大脉宽）时，负极可以获得较大的蚀除率，此时应将工件接负极。在实际加工中，还必须兼顾加工表面质量等因素，因此，研究提高加工速度应该在达到某表面粗糙度的条件下，通过合理配置工艺过程中的各项参数来实现。

2）非电参数对加工速度的影响。

① 加工面积的影响。一般加工面积较大时，对加工速度没有太大影响；但是加工面积过大时，由于排屑困难，易导致加工不稳定，使得加工速度降低。当加工面积小于某一临界面积后，加工速度会显著降低，此现象称为"面积效应"。因为加工面积过小，单位面积上的加工能量过于集中，造成两极气泡和蚀除产物排出不畅，导致加工速度降低。脉冲能量不同，对应的最小临界加工面积也不同。

② 排屑条件的影响。加工过程中会不断产生气体、加工屑和炭黑等，如果排屑不畅，会影响加工稳定性，进而降低加工速度。为促使排屑，一般都采用冲油（或抽油）和电极抬起的方法。

适当增加冲油压力会使加工速度提高，但冲油压力超过某一数值后再继续增加，加工速度则会略有降低。一般认为，冲油压力超过一定数值时干扰了放电间隙的液体动力过程，使加工稳定性变差，从而加工速度有所降低。

在电加工过程中经常抬起电极也有利于排屑，但定时抬起工具电极因不受放电间隙状况制约，往往会出现多余"抬刀"而无法到位的现象，破坏了正常的加工，降低了加工速度。加工过程中要使电蚀产物的产生和排除基本保持平衡，避免不必要的"抬刀"，以提高加工速度。此外，利用电极摇动或平动也有利于电蚀产物排除和极间消电离，增加放电的稳定性，进而提高加工速度。

③ 电极材料的影响。电火花加工常用的工具电极材料主要有纯铜、石墨等，在电参数

选定的条件下，采用不同的电极材料，加工速度也不相同。例如，中等脉冲宽度、负极性加工时，石墨电极的加工速度高于铜电极的加工速度；在脉冲宽度较窄或很宽时，铜电极的加工速度高于石墨电极。此外，采用石墨电极加工的最大加工速度所对应的脉冲宽度比采用铜电极加工的最大加工速度所对应的脉冲宽度要窄。

④ 工件材料的影响。在相同的加工条件下，选用不同的工件材料，加工速度也不同，这主要取决于工件材料的物理性能（熔点、沸点、比热容、熔化潜能和汽化潜能等）。一般来说，工件材料的熔点、沸点越高，比热容、熔化潜能和汽化潜能越大，材料越难加工，加工速度越低。工件材料的导热性好，由于热量散失快，加工速度也降低。

⑤ 工作液的影响。选用不同的工作液，加工速度也不相同。常用的工作液分油性和水溶性两大类，油性工作液包括煤油、变压器油、矿物油、电火花加工专用油等，水溶性工作液则主要有去离子水、蒸馏水等。目前应用较多的是煤油、去离子水和电火花专用油。

（3）电规准及其应用 电火花加工中所选用的一组电脉冲参数称为电规准。电规准应根据工件的加工要求、电极和工件材料、工艺指标等因素来选择。选择的电规准是否恰当，不仅影响模具的加工精度，还直接影响生产率和经济性。在生产中主要通过工艺试验确定电规准。通常要用几个规准才能完成凹模型孔加工的全过程。电规准分为粗、中、精三种。从一个规准调整到另一个规准称为电规准的转换。

粗规准主要用于粗加工。对它的要求是生产率高；工具电极损耗小；被加工表面的表面粗糙度 $Ra < 12.5\mu m$。粗规准一般采用较大的电流峰值，较长的脉冲宽度（$t_i = 20 \sim 60\mu s$）；采用铜电极时，电极的相对损耗应低于10%。

中规准是粗、精加工间过渡性加工所采用的电规准，用以减小精加工余量，促进加工稳定性和提高加工速度。中规准采用的脉冲宽度一般为 $6 \sim 20\mu s$。被加工表面的表面粗糙度 Ra 值为 $6.3 \sim 3.2\mu m$。

精规准用来进行精加工，要求在保证各项技术要求（如配合间隙、表面粗糙度和刃口斜度）的前提下尽可能提高生产率。多采用小的电流峰值、高频率和短的脉冲宽度（$t_i = 2 \sim 6\mu s$）；被加工表面的表面粗糙度 Ra 可达 $1.6 \sim 0.8\mu m$。

粗、精规准的正确配合，可以较好地解决电火花加工的质量和生产率之间的矛盾。凹模型孔用阶梯电极加工时，电规准转换的程序是：当阶梯电极的工作端阶梯进给到凹模刃口处时，转换成中规准；过渡加工 $1 \sim 2mm$ 后，再转入精规准加工，若精规准有两档，还应依次进行转换。在规准转换时，其他工艺条件也要适当配合。采用粗规准加工时，排屑容易，冲油压力应小些；转入精规准加工后，加工深度增加，放电间隙小，排屑困难，冲油压力应逐渐增大；当穿透工件时，冲油压力适当降低。对于斜度加工、表面粗糙度要求较小和精度要求较高的冲模加工，要将上部冲油改为下部抽油，以减小二次放电的影响。

脉冲宽度 t_i（简称脉宽）、脉冲间隔 t_o（简称脉间）、峰值电压 u_i、峰值电流（脉冲电流幅值 i_e）等脉冲参数，在每次电火花成形加工前必须事先选定。

1）脉冲宽度。是加在工具和工件上放电间隙两端的电压脉冲的持续时间，为了防止电弧烧伤，电火花加工只能使用断断续续的脉冲电压波。粗加工时，可用较大的脉宽（$t_i > 100\mu s$）；精加工时，只能用较小的脉冲宽度（$t_i < 50\mu s$）。

2）脉冲间隔。是两个电压脉冲之间的间隔时间。间隔时间过短，则放电间隙来不及消电离和恢复绝缘，容易产生电弧放电，烧伤工具和工件，使加工不能进行；脉间选得过长，将降低加工生产效率。

3）放电时间。是工作液介质击穿放电间隙并通过放电电流的时间，即电流脉宽 t_e。它比电压脉宽稍小，相差一个击穿延时 t_d，电压脉宽 t_i 和电流脉宽 t_e 对电火花加工的生产率、表面粗糙度和电极损耗等有着很大的影响。实际起作用的是电流脉宽。

4）脉冲频率。单位时间（1s 内）电源发出的脉冲个数称为脉冲频率。它与脉冲周期互为倒数。

5）峰值电流，脉冲电流幅值 i_e。是间隙火花放电时电流的最大值（瞬间），虽然不易直接测量，但它是实际影响生产率、表面粗糙度等指标的重要参数。在设计制造脉冲电源时，每一功率放大管的峰值 L_t 是预先选择计算好的。如每个 50W 的大功率晶体管的峰值电流约为 2～3A，可以按此选定粗、中、精加工峰值电流（实际上是选定用几个功率管进行加工）。随着自选加工规准电源和智能化、适应控制电源的出现，操作人员只需输入工具电极、工件材料和表面粗糙度等加工条件，电源就"输出"较佳的加工规准参数（脉宽、脉间、峰值电流、电压、电流、极性等），更能准确、方便、有效地进行加工。

3. 电极的设计与制造

（1）电极材料　电极材料必须导电性能良好、损耗小、造型容易，并具有加工稳定、效率高、材料来源丰富、价格便宜等特点。常用电极材料有纯铜、石墨、黄铜、铜钨合金和钢、铸铁等。

1）纯铜电极。纯铜的特点是塑性好，可机械加工成形、锻造成形、电铸成形及电火花线切割成形等。纯铜质地细密，加工稳定性好，相对电极损耗小，适应性广，易于制成薄片或其他复杂形状。常选用板材、棒材、冷拔棍、冷拔空心铜管作电极材料。在电加工过程中，纯铜电极的物理性能稳定，不容易产生电弧，在较困难的条件下也能稳定加工。常用精加工低损耗规准获得轮廓清晰的型腔，因此组织结构致密，加工表面光洁。但其本身熔点低（1083℃），不宜承受较大的电流密度，如果长时间大电流（超过 30A）加工，容易使电极表面粗糙、龟裂，从而影响型腔的表面质量。故适用于中、小型形状复杂、加工精度要求高的花纹模和型腔模具。

2）石墨电极。石墨材料是一种难熔材料（熔点为 3700℃），具有良好的抗热冲击性、耐蚀性，在高温下具有良好的力学强度；热膨胀系数小，在宽脉冲大电流的情况下具有电极损耗小的特点，能承受较高的电流密度；具有质量轻、变形小，容易制造的特点。缺点是精加工时电极损耗较大，加工的表面质量低于纯铜电极，并且容易脱落、掉渣，易拉弧烧伤。

3）黄铜电极。黄铜电极最适宜中、小规准情况下的加工，稳定性好，制造也较容易；但缺点是电极的损耗量较一般电极都大，被加工件不易一次成形，所以一般只用于简单的模具加工或通孔加工等。

4）铸铁电极。铸铁电极是目前在国内被广泛应用的一种材料，主要特点是制造容易、价格低廉、材料来源丰富，放电加工稳定性也较好，特别适用于高低压复合式脉冲电源加工，电极损耗一般达 20% 以下，最适合于加工冲模。

5）钢电极。钢电极在我国应用也比较广泛，和铸铁电极相比，其加工稳定性差，效率也较低，但其可把电极和冲头合为一体，只需一次成形，可缩短电极与冲头的制造工时。电极损耗与铸铁电极相似，适合"钢打钢"冲模加工。

6）铜钨合金与银钨合金电极。由于含钨量较高，所以在加工中电极的损耗小，机械加工成形也较容易，特别适用于工具钢、硬质合金等模具的加工及特殊异形孔、槽的加工；且加工稳定，在放电加工中是一种性能较好的材料。缺点是价格较贵，尤其是银钨合金电极。

（2）电极材料的选用　选择电极材料的首要条件是导电，具体选用时应从放电加工的工艺特性、电极材料的加工特性，以及电极本身要求的尺寸精度等方面考虑。电极的放电加工工艺特性是指电极损耗、加工稳定性、加工效率及被加工表面的表面粗糙度等。电极材料的加工特性是指机械加工性能、材料来源是否丰富和价格是否合理等方面。一般选用导电性良好、熔点较高、易加工的耐电蚀材料，并且具有足够的机械强度、加工稳定、效率高、成本低，如纯铜、石墨、铜钨合金，其次有黄铜、钢、铸铁等。常用电极材料的性能和特点见表3-3。

表3-3　常用电极材料的性能和特点

电极材料	加工稳定性	电极损耗	机械加工性能	优　点	缺　点	适用范围
纯铜	好	较小	较差	传热性好，硬度低，质地细密，适应性广	机械加工性能差，特别是精车、精磨加工困难，可将纯铜焊在钢基体上	适于制造精花纹模具的电极
石墨	较好	一般	一般	密度小，耐损耗，耐高温，变形小，制造容易	脆性大、机械强度差，需要专门的加工设备，加工时粉尘大，易脱落、掉渣	适于制造型腔精度不高的电极
铜钨合金	好	小	一般	机械加工性能比纯铜好，加工硬质合金时电极损耗小于纯铜	价格较贵	适于制造深长直壁、硬质合金穿孔的电极
黄铜	好	较大	一般	制造容易	损耗大	适于中、小电规准下加工
钢	较差	很大	好	制造容易	损耗大	模具穿孔，"钢打钢"冲模加工
铸铁	一般	一般	一般	制造容易，材料来源丰富	—	复合式脉冲电源加工冲模

（3）电极设计

1）电极的结构形式。常用的电极结构形式有整体式、组合式、分解式和镶拼式。针对不同的加工对象，具体选择哪一种形式，要根据型孔或者型腔的大小、复杂程度及机械加工的工艺性来确定，其中整体式是最常用的。由于型孔与型腔的加工工艺不尽相同，因此，电极的结构还可分为加工型孔的电极和加工型腔的电极。各种电极结构类型和特点见表3-4。

表3-4　电极结构类型和特点

类　型	特　点
整体式电极	最常用的结构形式，根据被加工工件的形状做成一个整体。较大的电极可以在中间开孔以减小质量。对于一些容易变形或断裂的小电极，可在电极的固定端逐次加大尺寸
分解式电极	由多块简单形状的电极拼块拼合而成，常用于整体电极难于加工时。由于数控电火花机床具有自动找正、自动定位等功能，因而分解电极较方便，应用广泛
镶拼式电极	当加工形状比较复杂或电极坯料不够大时，将机械加工困难的部分分开加工，然后拼成整体。适用于型腔尺寸大或者形状复杂的工件加工
组合式电极	将几个电极组装后同时加工几个型孔

① 整体式电极。这种电极是用整块材料加工出的，是一种最常用的结构形式。特别适合尺寸较小、不太复杂的型孔加工。如果型孔的加工面积较大，需要减轻电极本身的质量，可以在电极上加工一些"减轻孔"或者将其"挖空"，如图 3-4 所示。对减轻孔的设置有两点要求：一是为了不影响工作液的强迫循环，减轻孔应设成不通孔；二是孔口向上，以免孔内聚集气体引起爆鸣而影响加工稳定性。对一些容易变形或断裂的小电极，可在其尾部设置台肩，以起加强作用，如图 3-5 所示。

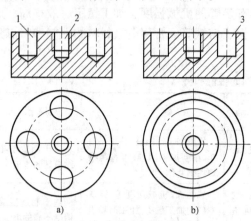

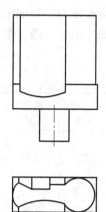

图 3-4　电极减轻结构

a）减轻孔　b）减轻环

1—减轻孔　2—装接孔　3—减轻环槽

图 3-5　尾部加强的整体式小电极

② 镶拼式电极。有些电极由于结构的原因，做成整体较为困难，不易加工，可以将其分成几块，加工完后再镶拼在一起，形成一个整体的电极，这样可以保证电极的加工精度，且节约材料。图 3-6 是 F 形硅钢片冲裁模加工凹模的电极。先将其分成四块，分别加工，然后再拼成整体。

③ 分解式电极。所谓分解式电极，就是将复杂形状的电极分解成若干简单形状的电极，对型孔进行若干次分别加工成形。图 3-7 所示是用分解式电极加工凹模的示意图，先用电极 Ⅰ 加工中间的矩形孔，再用电极 Ⅱ 加工四周的帽形孔。

④ 组合式电极。在冲模加工中，经常遇到"一模多孔"的问题。在这种情况下，为了简化定位工序，提高型孔之间的位置精度和加工速度，可以采用组合式电极，如图 3-8 所

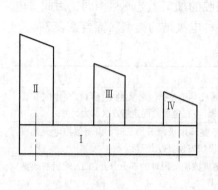

图 3-6　镶拼式电极

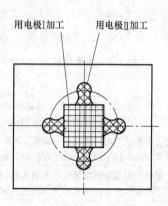

用电极Ⅰ加工　　用电极Ⅱ加工

图 3-7　分解式电极加工

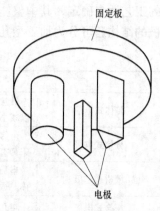

固定板

电极

图 3-8　组合式电极

示。所谓组合式电极，就是将多个电极装夹在一起，同时完成凹模各型孔的穿孔加工。

　　2）电极的尺寸。加工模具型腔零件的电极，其尺寸大小不仅与模具的大小、形状、复杂程度有关，而且还与电极材料、型腔的加工方法、加工时的放电间隙、电极损耗及是否采用平动（采用平动法加工时，需要考虑所选用的平动量）等因素有关。设计电极时，需确定的电极尺寸如下：

　　① 电极的水平尺寸。电极在垂直于主轴进给方向上的尺寸称为水平尺寸。当型腔经过预加工，采用单电极进行电火花精加工时，电极的水平尺寸确定与穿孔加工时相同，只需考虑放电间隙即可。当型腔采用单电极平动加工时，需考虑的因素较多，计算公式为

$$a = A \pm Kb \tag{3-1}$$

式中　a——电极水平方向上的基本尺寸；

　　　A——型腔的基本尺寸（图样上的名义尺寸）；

　　　K——与型腔尺寸标注有关的系数（直径方向（双边）$K = 2$，半径方向（单边）$K = 1$）；

　　　b——电极单边缩放量（或平动头偏心量，一般取 $0.7 \sim 0.9\text{mm}$），即

$$b = e + \delta_j - \gamma_j$$

式中　e——平动量，一般取 $0.5 \sim 0.6\text{mm}$；

　　　δ_j——精加工最后一档精规准的单边放电间隙。最后一档精规准通常指表面粗糙度 $Ra < 0.8\mu\text{m}$ 时的 k_j 值，一般为 $0.02 \sim 0.03\text{mm}$；

　　　γ_j——精加工（平动）时电极的侧面损耗（单边），一般不超过 0.1mm，通常忽略不计。

　　式（3-1）中的"±"号及 K 值按下列原则确定；如图 3-9 所示，与型腔凸出部分相对应的电极凹入部分的尺寸（图 3-9 中的 r_2、a_2）应放大，即用"+"号；反之，与型腔凹入部分相对应的电极凸出部分的尺寸（图 3-9 中 r_1、a_1）应缩小，即用"−"号。

　　当型腔尺寸以两加工表面为尺寸界线标注时，若蚀除方向相反（图 3-9 中 A_1），取 $K = 2$；若蚀除方向相同（图 3-9 中 C），取 $K = 0$。当型腔尺寸以中心线或非加工面为基准标注（图 3-9 中 R_1、R_2）时，取 $K = 1$；凡与型腔中心线的位置尺寸及角度尺寸相对应的电极尺寸不缩不放，取 $K = 0$。

　　② 电极的垂直方向尺寸。即电极在平行于主轴轴线方向上的尺寸，如图 3-10 所示。可按下式计算

$$h = h_1 + h_2 \tag{3-2}$$

$$h = H_1 + C_1 H_1 + C_2 S - \delta_j \tag{3-3}$$

式中　h——电极垂直方向的总高度；

　　　h_1——电极垂直方向的有效工作尺寸；

　　　H_1——型腔垂直方向的尺寸（型腔深度）；

　　　C_1——粗规准加工时电极端面相对损耗率，其值小于 1%，$C_1 H_1$ 只适用于未预加工的型腔；

　　　C_2——中、精规准加工时电极端面相对损耗率，其值一般为 $20\% \sim 25\%$；

　　　S——中、精规准加工时端面总的进给量，一般为 $0.4 \sim 0.5\text{mm}$；

　　　δ_j——最后一档精规准加工时端面的放电间隙，一般为 $0.02 \sim 0.03\text{mm}$，可忽略不计；

h_2——考虑加工结束时，为避免电极固定板和模块相碰，同一电极能多次使用等因素而增加的高度，一般取 5～20mm。

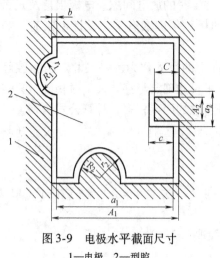

图 3-9　电极水平截面尺寸
1—电极　2—型腔

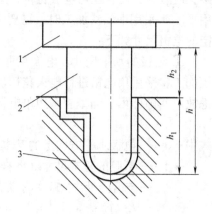

图 3-10　电极垂直方向尺寸
1—电极固定板　2—电极　3—工件

③ 简易计算电极截面尺寸的方法。即按凸模尺寸公差确定电极截面尺寸，这种确定方法是按凸、凹模的配合间隙 X 与精加工时的放电间隙 δ 的关系为依据进行计算。分为以下三种情况：

——凸模和凹模的配合间隙等于放电间隙，即 $X=\delta$ 时，电极的截面尺寸与凸模的截面尺寸完全相同。

——凸模和凹模的配合间隙大于放电间隙，即 $X>\delta$ 时，电极的截面尺寸在凸模的四周均匀增大一个 $(X-\delta)$ 值，如图 3-11 所示。

——凸模和凹模的配合间隙小于放电间隙，即 $X<\delta$ 时，电极的截面尺寸在凸模的四周均匀缩小一个 $(\delta-X)$ 值，如图 3-12 所示。

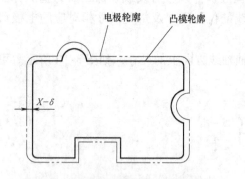

图 3-11　按凸模均匀增大的电极截面

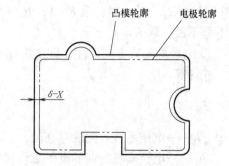

图 3-12　按凸模均匀减小的电极截面

3）排气孔和冲油孔。在型腔加工中，一般都是不通孔加工，排气、排屑条件差。在电火花加工过程中，电蚀产物如果不及时排除或扩散出去，就会改变间隙中介质的成分，降低绝缘强度，将会在电极与蚀除物质（如炭渣）间产生二次放电。随着二次放电的增加，就会使火花放电转变为电弧放电，导致电极与工件的烧伤，严重的致使模具报废。如果产生的大量有害气体聚积，形成局部真空，就会产生"放炮"现象，致使电极或工件的位置产生偏移，容易造成废品。因此，必须在电极上设置适当的排气孔和冲油孔来改善加工条件。

一般排气孔设置在蚀除面积较大的位置和电极端部有凹入的位置，如图 3-13 所示。冲油孔一般设置在电极端面的拐角、窄缝、沟槽等处，如图 3-14 所示。排气孔与冲油孔的直径为平动头偏心量的 1/2，一般为 1~2mm，过大会造成电蚀表面形成柱状凸台而不易清除。为了便于排气和排屑，可将排气孔和冲油孔上端孔径加大至 5~8mm。各孔间的距离一般为 20~40mm 左右。电极端面的面积较大且多排孔时，其位置适当错开可减少"波纹"的形成。

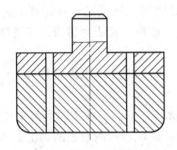

图 3-13　设排气、排屑孔的电极

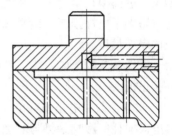

图 3-14　设冲油孔的电极

（4）电极的制造工艺方法　模具的生产往往都是单件生产，按要求准确地制造出电极是一个十分重要的问题。多型孔穿孔电极，可采用数控加工方法制造，也可采用组合式电极结构。组合电极的固定方法有焊接、铆接、螺钉联接和低熔点金属浇灌等。有些电极形状较为复杂，可采用数控加工方法制造，也可采用镶拼式电极结构。当机械加工难以实现时，还可以采用电火花线切割的方法加工。阶梯电极的小端也可以成形磨削，但大多数情况下都采用腐蚀的方法。下面介绍几种电极的制造方法。

① 石墨电极及其加工。石墨电极是电火花加工中最常用的电极材料之一。石墨电极的制造基本上都采用铣削加工和成形磨削。由于石墨性脆，机械加工时容易产生粉尘，因此，在加工前要先在煤油中浸泡若干天。石墨电极还可以采用压力振动的方法加工。无论是整体电极还是拼合电极，都应使压制时的施压方向与电火花加工的进给方向垂直。

② 纯铜电极及其加工。纯铜属软金属材料，加工时易变形，加工的电极表面粗糙度值较大。切削加工时要用肥皂水做工作液，同时，进给量要尽可能小。纯铜电极的磨削特别困难，非常容易堵塞砂轮，磨削时砂轮的粒度不能太细，还要加磨削液，同时采用低转速磨削，砂轮的进给量也要小。纯铜电极也可以锻造或采用放电压力成形法制造。

③ 铜钨合金、银钨合金电极及其加工。这类合金由高温烧结而成，可进行铣削或磨削加工。磨削加工时比纯铜稍容易，选择的砂轮粒度也不能太细，宜选用白刚玉砂轮；磨削时要加磨削液；薄工件加工时容易回弹，因此，进给量要尽可能小。

4. 影响电极损耗的主要因素

电极损耗有绝对损耗和相对损耗两种表示方法。绝对损耗是指单位时间内工具电极损耗的长度、质量或体积，即长度绝对损耗、质量绝对损耗或体积绝对损耗。相对损耗是指工具电极的绝对损耗与加工速度的百分比，即得到长度相对损耗、质量相对损耗或体积相对损耗。实际生产中，工具电极损耗是产生加工误差的主要原因之一。

由于工具电极和工件在放电加工中并无本质上的区别，因而影响工具电极损耗率和工件材料去除的主要因素也是基本一致的。

（1）电参数对电极损耗的影响 一般来说，随着峰值电流的减小，脉冲宽度的增大，电极损耗不断减小。两个因素对电极损耗的影响效果是综合性的，只有脉冲宽度和峰值电流保持一定的关系，才能实现低损耗加工。随着脉冲宽度的增大，一方面，放电通道中阳离子得到充分加速，对负极表面的轰击作用增强，使得极性效应更加明显；另一方面，电极覆盖效应增加，使得电蚀产物沉积在电极表面的量增多，在一定程度上可以补偿电极本身的损耗。脉冲宽度过大时，电极会出现负损耗。

随着脉冲间隔的增大，电极损耗增大。这是由于脉冲间隔的增大使得放电间隙消电离的程度增大，进而使得电极表面的覆盖效应减少，电极本身因加工造成的损耗得到的补偿减少，这就增大了电极损耗。但是脉冲间隔过小引起的非正常放电，会因为覆盖效应过强而破坏电极的表面精度。

由于极性效应的影响，为了获得较低的电极相对损耗率，粗加工时工件接负极，精加工时工件接正极。

（2）非电参数对电极损耗的影响 加工面积、电极材料、抬刀、加工时间等非电参数对工具电极损耗的影响趋势与对加工速度的影响趋势相似，因此应选取合适的加工参数以协调减小电极损耗与提高加工速度之间的矛盾。

5. 影响加工精度的主要因素

影响加工精度的因素很多，如机床本身的各种误差以及工件和工具电极的定位、安装误差等；还有，与电火花加工工艺有关的主要因素，如放电间隙的大小及其一致性、工具电极的损耗及其稳定性和"二次放电"。这里主要讨论与电火花加工工艺有关的因素。

电火花加工放电间隙对加工精度的影响表现在放电间隙的不稳定性和间隙内电场分布的不均匀性。如果加工过程中放电间隙保持不变，则可以通过修正工具电极的尺寸，对放电间隙进行补偿，能够获得较高的加工精度。由于间隙内电场分布不均匀，致使间隙大小对加工精度也有影响，尤其是对复杂形状的加工表面，棱角部位的电场强度分布不均匀，间隙越大，影响越严重。为了减少加工误差，应该采用较弱的加工规准，缩小放电间隙，不但能提高仿形精度，而且放电间隙越小，可能产生的间隙变化量也越小；另外，还必须尽可能使加工过程稳定。电参数对放电间隙的影响是非常显著的，精加工时的放电间隙一般只有 0.01mm（单边），而在粗加工时则可达到 0.5mm（单边）以上。

工具电极的损耗对尺寸精度和形状精度都有影响。电火花穿孔加工时，电极可以贯穿型孔而补偿电极的损耗。型腔加工时则无法采用这一方法，精密型腔加工时可采用更换电极的方法。

间隙内电场分布的不均匀性和工具电极的损耗使电火花加工时工具电极上的尖角或凹角很难精确地复制在工件上。当工具电极有尖角时，放电间隙的等距性使得工件上只能加工出以尖角顶点为圆心、放电间隙为半径的圆弧；且工具电极上的尖角本身因尖端放电蚀除的几率大而损耗成圆角，如图 3-15a 所示。当工具电极有凹角时，工件上对应的尖角处放电蚀除几率大，容易遭受腐蚀而成为圆角，如图 3-15b 所示。

采用高频窄脉冲精加工时，放电间隙小，圆角半径可以明显减小，因而提高了仿形精度，可以获得圆角半径小于 0.01mm 的尖棱，这对于加工精密度小模数齿轮等冲模是很重要的。

"二次放电"是指已加工表面上由于点蚀产物等的介入而再次进行的非正常放电，集中

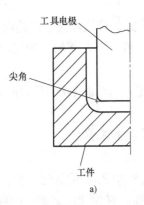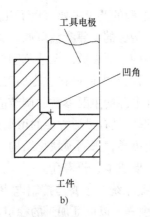

图 3-15　电火花成形加工时圆角的形成

a) 工具电极有尖角时　b) 工具电极有凹角时

反映在加工深度方向产生斜度和加工棱角、棱边变钝等方面。产生加工斜度的情况如图 3-16 所示，由于工具电极下端部加工时间长，绝对损耗大，而电极入口处的放电间隙则由于电蚀产物的存在，"二次放电"的几率增大，因而产生了加工斜度。

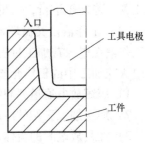

图 3-16　电火花加工产生斜度的示意图

6. 电火花成形加工设备

电火花成形机床的加工系统主要由机床主体、脉冲电源、自动控制系统、工作液及其循环系统等部分组成。

（1）机床主体　一般包括床身、立柱、工作台、主轴头和工作液槽等。床身和立柱是机床的主要结构件，要有足够的刚度；床身的工作台面与立柱的导轨面间应有一定的垂直度要求，还应有较好的精度保持性，这就要求导轨具有良好的耐磨性且充分消除材料应力等。横向、纵向移动的工作台一般都带有坐标装置，常用刻度手轮来调整位置。随着加工精度要求的提高，多采用光学坐标读数装置、磁尺数显等装置。

近几年来，随着数控技术、计算机技术等的发展，已有三坐标伺服控制及主轴和工作台回转运动并加三向伺服控制的五坐标数控电火花机床。有的机床还带有工具电极库，可以自动更换工具电极，机床的坐标位移精度为 0.001mm。

主轴头是电火花成形机床中最重要的部件之一，是自动调节系统中的执行机构，对加工工艺指标的影响很大。主轴头要求结构简单、传动链短、传动间隙小、热变形小、具有足够的精度和刚度，以适应自动调节系统的惯性小、灵敏度好、能承受一定负载的要求。主轴头主要由进给系统、导向防扭机构、电极装夹及其调节环节组成，常用的有电液压式主轴头和电机械式主轴头。

工具电极的装夹及其调节装置的形式很多，其作用是调节工具电极和工作台的垂直度及调节工具电极在水平面内微量的扭转角。常用的有十字铰链式和球面铰链式。

（2）脉冲电源　电火花加工用脉冲电源是将 50Hz、220V 或 380V 的工频交流电转换成一定频率的单相脉冲电流，以提供电极间放电所需要的能量。脉冲电源影响电火花加工工艺指标的电参数主要有脉冲宽度、脉冲间隔、空载电压、峰值电流、加工极性等。脉冲电源的性能直接影响加工效率、加工表面质量、加工精度、加工过程的稳定性和工具电极损耗等技术指标。对脉冲电源的要求主要有以下几点：

1）影响工艺指标的主要参数可调，如脉宽、脉间、峰值电流、开路电压等。

2）通用电源的主要参数的调节范围广，以适应粗、中、精加工的要求，且适应采用不同工件材料和不同工具电极材料进行加工的要求。

3）专用脉冲电源的主要参数的调节应灵活方便，如高能小脉宽脉冲电源，其波形及波形的前后沿变化率要具有灵活方便的可调性。

4）性能稳定可靠，采用模块化结构，以便于检测和维修。

5）无污染、低成本、长寿命。

（3）自动控制系统　主要是控制电火花加工过程中放电间隙的大小、间隙中的电流密度、工作液的强度等，以保证加工的稳定性、连续性。它包含两方面的内容，一是调节间隙大小的自动调节器，二是适应间隙状态变化的多因素自适应控制系统。其作用是通过改变、调节进给速度，使进给速度无限接近蚀除速度，以维持一定的最佳放电间隙，保证电火花加工正常而稳定地进行，获得较好的加工效果。

（4）工作液及其循环系统　工作液及其循环系统主要由泵、过滤装置及管道组成。泵使工作液在电火花加工过程中循环流动，过滤装置用于过滤工作液中的电蚀产物。工作液是指电火花加工中的工作介质，其主要作用是：

1）压缩放电通道并限制其扩展，提高放电能力密度，提高蚀除效果。

2）加速加工区域的冷却和消电离，恢复该区域的绝缘强度，防止电弧放电。

3）加剧放电时的流体动力过程，以利于电蚀产物的抛出。

4）通过工作液的流动，加速蚀除金属的排出，以保持放电工作的稳定。

5）使两极间建立起较高的极间电压，储备足够的电能。

6）分解产物为击穿放电和形成保护膜提供各种微粒，有利于降低电极的损耗和改变工件表面层的化学性能。

电火花加工对工作液的基本要求是：具有较高的绝缘性能；较好的流动性和渗透能力，能进入窄小的放电间隙；能冷却电极和工件表面，把电蚀产物带至放电间隙以外；对人体及设备等无害、无毒、安全、价格低廉。

常用的工作液分油性、水基和乳化液三种系列，其中油性工作液主要有煤油、L-AN油、变压器油、锭子油等；水基工作液主要有去离子水等。通常应用较多的是煤油和去离子水。几种工作液的性能特点见表3-5。除通用的工作液外，不少单位还研制了专用的工作液，性能上也各有特色。

表3-5　几种工作液的性能特点

类型	优　点	缺　点	应用范围
油性	碳氢化合物在火花放电时分解出氢和游离的炭黑微粒，游离碳促进极间介质的击穿放电，且在加工时吸附在电极表面，减小电极损耗；粘度大，粗加工时有助于放电时的熔融金属抛离电极表面	燃点低，易燃；芬烃含量高，易挥发，有异味，加工中产生某些有害气体；精加工时放电间隙小，粘度大，不利于电蚀产物的排出	主要应用于各种型腔的加工，尤其是大功率粗加工

（续）

类型	优　点	缺　点	应用范围
水基	流动性好,散热性好,价格低廉,有助于提高精加工时的稳定性,加工精度较高;无有害气体析出,无易燃问题	无覆盖效应,电极损耗大;易腐蚀机床	用于电火花切割(慢走丝)、穿孔加工和其他微细加工
乳化液	成本低,配置简便;也有补偿工具电极的作用;且不腐蚀机床;性能介于油性和水基之间		多用于电火花线切割(快走丝、中走丝)

放电间隙中的电蚀产物除了靠自然扩散、间隔抬刀及使工具电极附加振动等排除外,常采用强迫循环的办法加以排除,以免间隙中的电蚀产物过多,引起已加工的侧表面间"二次放电",影响加工精度;此外,也可以带走一部分热量。图 3-17 所示为工作液强迫循环的两种方式。图 3-17a、b 所示为冲油方式,较易实现,排屑冲刷能力强,应用广泛。但电蚀产物仍通过已加工区,在一定程度上影响加工精度。图 3-17c、d 所示为抽油方式,在加工过程中,分解出来的气体易积聚在抽油回路的死角处,遇电火花引燃会爆炸,因此一般用得较少。但在要求小间隙、精加工时也有使用的。

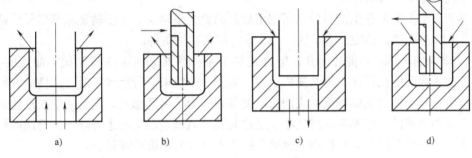

图 3-17　工作液循环方式

a)、b) 冲油方式　c)、d) 抽油方式

为了不使工作液越用越脏,影响加工性能,必须对其加以净化、过滤。具体方法有以下几种:

① 自然沉淀法。这种方法速度太慢,周期太长,只用于单件小用量或精微加工,否则需要很大体积的工作液槽。

② 介质过滤法。此法常用黄沙、木屑、棉纱头、过滤纸、硅藻土、活性炭等为过滤介质。这些介质各有优缺点。对中、小型工件,加工用量不大时,一般都能满足过滤要求,可就地取材。其中以过滤纸效率较高,性能较好,已有专用纸过滤装置生产。

③ 高压静电过滤、离心过滤法等。这些方法在技术上比较复杂,采用较少。

生产上应用的工作液循环系统形式很多,常用的工作液循环系统应可以冲油,也可以抽油。目前,国内已有多家专业工厂生产工作液循环装置。

（5）机床附件

1）平动头（图 3-18）。

① 平动头的结构。一般平动头都由两部分组成,即电动机驱动的偏心机构及平动轨迹保持机构。

偏心机构：国内生产的平动头，其偏心机构大都采用双偏心式（偏心轴、偏心套）。后来北京机床研究所设计的 DPDT 型平动头采用 45°斜滑轨机构，比原来的双偏心机构结构简单、动作可靠，可以三向伺服平动。一旦短路时，工具电极不是垂直回退，而是斜向向中心回退，很快就可消除短路，加工型孔、型腔有较好的效果。

平动轨迹保持机构：现在平动头的形式基本上取决于平动保持机构。国内最早生产的弹簧片式平动头，通过两对不同平面的弹簧片约束电极支承板，使之产生给

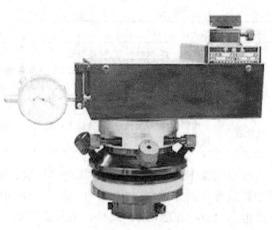

图 3-18　平动头

定轨迹半径的刚体圆周平移运动，由两对弹簧片和两块支承板组成平动轨迹保持机构。以后又有以四连杆、十字滚动溜板等组成的平动轨迹保持机构，它们分别被称为四连杆式平动头及十字滚动溜板平动头等。

近年来，有少数专业生产单位已研制出商品的数控平动头，平动轨迹除圆形外，还可作"×"、"＋"等平动，功能大有扩展，是非常有用的功能附件。

② 平动头的作用。由前述可知，电火花加工时，粗加工的火花间隙比中加工的要大，而中加工的火花间隙比精加工的又要大一些。当用一个电极进行粗加工时，工件的大部分余量蚀除掉后，其底面和侧壁四周的表面粗糙度很差。为了将其修光，需改变规准逐挡进行修整。由于后挡规准的放电间隙比前挡小，工件底面可通过主轴进给进行修光，而四周侧壁就无法修光了。平动头就是为解决修光侧壁和提高工件尺寸精度而设计的。

平动头是一个使装在其上的电极能产生向外机械补偿动作的工艺附件。它在电火花成形加工采用单电极加工型腔时，可以补偿上一个加工规准和下一个加工规准之间的放电间隙差和表面粗糙度之差。

平动头的动作原理是：利用偏心机构，将伺服电动机的旋转运动通过平动轨迹保持机构转化成电极上每一个质点都能围绕其原始位置在水平面内作平面小圆周运动，许多小圆的外包络线就形成加工表面，其运动半径 r 即平动量 Δ 通过调节可由零逐步扩大，以补偿粗、中、精加工的火花放电间隙 δ 之差，从而达到修光型腔的目的。其中每个质点运动轨迹的半径就称为平动量。

③ 对平动头的技术要求。

——精度要高，刚性要好。在最大偏心量平动时，圆度公差要求 <0.01mm，其回转平面与主轴头进给轴线的垂直度公差要求 <0.01mm/100mm，其扭摆公差要求 <0.01mm/100mm，最小偏心量（即回零精度）要求 <0.02mm。平动头在承受一定的电极质量和冲压力等外力作用下，变形要小，还要保证各项精度要求。

——偏心量调节方便，最好能微量调节，能在加工过程中不停机调节。

——平动回转速度可调，方向可变，中规准 $n = 10 \sim 100\text{r/min}$，精规准 $n = 30 \sim 120\text{r/min}$。

——结构简单，体积小，质量小，便于制造和维修保养。

④ 平动加工的特点。与一般电火花加工工艺相比较，采用平动头进行电火花加工有如下特点：

——可以通过改变轨迹半径来调整电极的作用尺寸，因此尺寸加工不再受放电间隙的限制。

——用同一尺寸的工具电极，通过轨迹半径的改变，可以实现换规准修整。即采用一个电极就能由粗至精直接加工出全部型腔。

——在加工过程中，工具电极的轴线与工件的轴线相偏移，除了电极处于放电区域的部分外，工具电极与工件的间隙都大于放电间隙，实际上减小了同时放电的面积，这有利于电蚀产物的排除，提高加工稳定性。

——工具电极移动方式的改变，可使加工表面的表面粗糙度大有改善，特别是底平面处。

——由于平动轨迹半径的存在，它无法加工有清角的型腔。只有采用数控平动头或数控工作台两轴或三轴联动进行摇动加工，才能加工出有清棱、清角的型孔和型腔。

2）电极夹具。电极夹具是装夹工具电极并将其固定在主轴上的机床附件。通过调节，它能使工具电极的轴线与主轴轴线重合或者平行。工具电极的装夹及调节装置的形式很多，常用的有十字铰链式和球面铰链式两种，如图 3-19 和图 3-20 所示。在十字铰链式夹具中，工具电极装在电极装夹套 10 内，用紧定螺钉 9 固定。电极夹好后，调整四个调节螺钉 4 的松紧，通过百分表找正，便可调节工具电极与工作台面的垂直度。在球面铰链式夹具中，工具电极装在弹性夹头 5 内，拧动四个调节螺钉 1，在钢球 4 的作用下，弹性夹头 5 的轴线相对连接板 3 的轴线发生偏转，通过百分表找正，从而调节工具电极对工作台的垂直度。

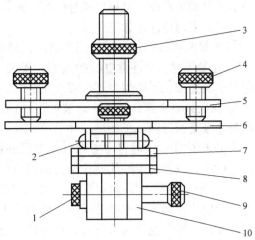

图 3-19　十字铰链式电极夹具调节装置
1—导线固定螺钉　2—圆柱销　3—紧固螺母
4—调节螺钉　5—上板　6—十字板　7—下板
8—绝缘板　9—紧定螺钉　10—电极装夹套

除上述两种夹具外，当工具电极的直径较小时，可直接采用钻夹头进行装夹。当工具电极较大时，可以采用图 3-21 所示的螺纹夹头进行装夹。其连接螺杆 1 是与主轴相连接的。

（6）工件与电极的装夹

1）工件的装夹。一般情况下，工件可直接安放在垫板、垫块或工作台面上，用压板压紧。工件在安装前，应将工作台面、垫板、垫块及工件安装面擦拭干净，有的还需用油石擦光，以确保工件底面与工作台面的良好接触。

工件定位时，先要将工件中心线（或侧面基准面）校正到与机床十字拖板移动的轴线相平行。工件外形已加工到尺寸时，定位时要借助量块、深度尺、百分表和专用工夹具。工件的百分表调整法如图 3-22 所示。

2）电极的装夹。安装电极的目的是把电极牢固地装夹在主轴的电极夹具上，并保证电极轴线与主轴进给轴线一致，使电极与工件垂直。安装电极时，由于在实际加工中经常碰到

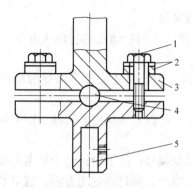

图 3-20　球面铰链式电极夹具调节装置
1—调节螺钉　2—球面垫圈　3—连接板
4—钢球　5—弹性夹头

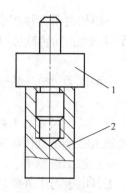

图 3-21　螺纹夹头装置
1—连接螺杆　2—工具电极

各种不同类型的电极，且要求条件不同，所以装夹方法和使用的电极夹具也不同。

电极装夹时应注意如下几点：

① 电极与夹具的接触面应保持清洁，接触良好，并保持滑动部位灵活。

② 在紧固时，要注意电极的变形，不要用力过大，特别是小型电极，应防止弯曲；松紧应以牢固为准，不能用力过大或过小。

③ 在电极装夹前，还要注意被加工件的图样要求，电极的位置和角度，所使用的电极夹具与电极是否影响加工深度。

④ 电极体积较大时，应考虑电极夹具的强度和位移，防止由于安装不牢而在加工过程中产生松动，或者由于冲油反作用力而使电极产生位移。

3）电极的调整、校正和找正。调整、校正的目的是使工具电极的轴线严格与工作台面垂直；定位找正则确保电极轴线与工件的位置正确。调整和校正这一工序是连贯的，调整在校正之前，一般在电极装夹完后，首先调整电极的角度和轴线，使其大概垂直于工作台面或工件，然后进行电极的校正。校正的工具主要是角尺和百分表等。电极的百分表调整法如图 3-23 所示。

图 3-22　工件的百分表调整法

图 3-23　电极的百分表调整法

常用的校正和找正方法有以下几种：

① 当电极直壁面较长时，可用精密角尺对光校正或百分表校正。

②　可以电极或电极的上固定板端面作辅助基准校正电极，使用百分表检验电极与工作台面的平行度。

③　对没有直壁面的电极，在校正时是比较困难的，只有采用精规准、小电流放电打印法，使电极与工件四周火花放电均匀，以完成校正和找正工作。

常见的电火花成形机床的结构如图 3-24 所示。

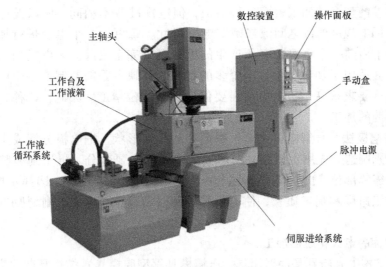

图 3-24　电火花成形机床

从 20 世纪 80 年代开始，晶体管脉冲电源被大量采用，电火花加工机床既可用作电火花穿孔加工，又可用作成形加工。因此从 1985 年开始，我国把电火花穿孔成形加工机床称为电火花穿孔、成形加工机床或统称为电火花成形加工机床，并定名为 D71 系列，机床的型号表示如下：

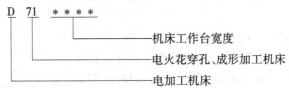

7. 电火花成形型腔加工方法

（1）单电极加工法　单电极加工法是指用一个电极加工出所需型腔。单电极加工法用于下列几种情况：

1）用于加工形状简单、精度要求不高的型腔。

2）用于加工经过预加工的型腔。为了提高电火花加工效率，型腔在电加工之前采用切削加工方法进行预加工，并留适当的电火花加工余量；在型腔淬火后用一个电极进行精加工，达到型腔的精度要求。一般型腔可用立式铣床进行预加工；复杂型腔或大型型腔可先用立式铣床去除大量的加工余量，再用仿形铣床精铣。在能保证加工成形的条件下，电加工余量越小越好。一般型腔的侧面余量单边留 0.1 ~ 0.5mm，底面余量为 0.2 ~ 0.7mm。对于多台阶复杂型腔，则余量应适当减小。电加工余量应均匀，否则将使电极损耗不均匀，影响成形精度。

3）用平动法加工型腔。对有平动功能的电火花机床，在型腔不预加工的情况下也可用一个电极加工出所需型腔。在加工过程中，先采用低损耗、高生产率的电规准进行粗加工，然后启动平动头带动电极（或数控坐标工作台带动工件）作平面圆周运动，同时按粗、中、精的加工顺序逐级转换电规准，并相应加大电极作平面圆周运动的回转半径，将型腔加工到所规定的尺寸及表面粗糙度要求。

（2）多电极加工法　多电极加工法是用多个电极，依次更换加工同一个型腔。每个电极都要对型腔的整个被加工表面进行加工，但电规准各不相同。所以设计电极时必须根据各电极所用电规准的放电间隙来确定电极尺寸。每更换一个电极进行加工，都必须将被加工表面上由前一个电极加工所产生的电蚀痕迹完全去除。多电极加工法加工的型腔精度高，尤其适用于加工尖角、窄缝多的型腔。其缺点是需要制造多个电极，并且对电极的制造精度要求很高，更换电极需要保证高的定位精度。因此，这种方法一般用于精密和复杂型腔的加工。

（3）分解电极法　分解电极法是根据型腔的几何形状，把电极分解成主型腔电极和副型腔电极分别制造。先用主型腔电极加工出型腔的主要部分，再用副型腔电极加工型腔的尖角、窄缝等部位。此法能根据主、副型腔的不同加工条件，选择不同的电规准，有利于提高加工速度和加工质量，使电极易于制造和修整。但主、副型腔电极的安装精度要求高。

8. 模具零件的电火花成形加工

对于模具结构中（特别是注射模具、压铸模具等型腔模具）结构复杂的窄缝、小而深的槽、不贯通式的异形型腔等，普通切削加工、数控加工及受到刀具等条件的限制无法完成的结构尺寸，电火花成形加工都具有非常明显的优势。由于不受材料硬度的影响，电火花成形加工可以在零件热处理工艺之后进行，这样更有利于保证零件的加工精度。图 3-1 所示转轴型腔滑块的成形型腔部位的特征就比较适合用电火花成形加工，这也体现了电火花成形加工的明显优点。

二、电火花穿孔加工

电火花穿孔加工一般是贯穿的二维型孔的电火花加工，它既可以是等截面通孔，也可以是变截面通孔。冲模的凹模、凸凹模、卸料板、凸模等上的各种小孔、微孔、深孔、多孔、异形小孔，注射模的各种型腔的小孔、穿丝孔等，采用电火花加工是相当实用、可行的。通常认为，小孔的直径范围为 0.1 ~ 3mm，微孔为小于 0.1mm 的孔，深径比大于 10 的为深孔，小孔的特点是直径小、深径比大。

与电火花成形加工原理相同，电火花穿孔加工也是利用放电腐蚀金属的原理，电火花穿孔机床如图 3-25 所示。

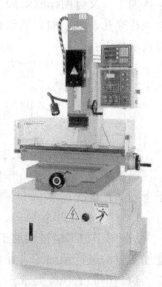

图 3-25　电火花穿孔机床

电火花穿孔机也称电火花打孔机、电火花小孔机、电火花细孔放电机，其工作原理是利用连续上下垂直运动的细铜管（称为电极丝）作电极，对工件进行脉冲火花放电蚀除金属。与电火花线切割机床、成形机不同的是，它的电脉冲电极是空心铜管，介质从铜管孔中间的细孔穿过，起冷却和排屑作用。电极与金属间放电产生高温而腐蚀金属，达到穿孔的目的，用于加工超硬钢材、硬质合金、铜、铝及任何可导电物质的细孔。最小可加工 $\phi0.015$mm 的小孔，也可加工带有锥度的小孔，被广泛使用在精密模具加工中。

根据应用的介质不同，穿孔机大致分为两种，一种是液体穿孔机，由于液体加工时要通过铜管小孔，可能堵塞铜管小孔，所以最小可加工 $\phi0.15$mm 的细孔，深度也只能达 20mm，应用普遍；另外一种是气体穿孔机，经过铜管小孔的介质采用的是气体，所以不易堵塞铜管，可加工更精密的小孔。

由于小孔加工的工具电极截面积小、容易变形、不易散热、排屑困难、损耗大，因而工具电极应当选择刚性好、容易矫直、加工稳定性好和损耗小的材料，如铜钨合金细杆、钨丝等。其他常用的工具电极材料还有纯铜、黄铜、钢丝等。

电火花穿孔加工的特点：

1）适用于加工不锈钢、淬火钢、硬质合金、铜、铝等各种导电材料。

2）加工孔径为 $\phi0.3 \sim \phi3.0$mm，最大深径比可达 200:1 以上。

3）加工速度最大可达 $20 \sim 60$mm/min。

4）可直接从斜面、曲面穿入；可直接使用自来水为工作液。

5）工作台 X、Y、Z 轴配有数显装置。

6）具有电极自动修整功能。

7）具有主轴快速升降功能。

8）具有加工电压可调功能。

9）具有靠边定位功能。

电火花加工工艺具有非常明显的优点，随着机床自动化程度的提高，以及加工精度的提高，电加工在模具零件的加工中应用越来越广；其缺点（效率低，特别是电火花成形加工）也比较明显，所以需要将电火花加工与其他加工方法进行优化组合，才能发挥电火花加工的最佳效果。通常电火花加工之前需要采用普通机械加工、数控加工等方法去除大量的加工余量，之后再利用电火花进行加工，以达到较好的经济加工精度和成本。

任务实施

一、转轴型腔滑块零件工艺分析

转轴型腔滑块零件是转轴注射模具的重要成形零件，滑块镶配在定模板的框中，周边需要与定模板的框进行小间隙的滑配，如图 3-1 中所示尺寸 $128_{-0.01}^{-0.005}$mm、$120_{-0.01}^{-0.005}$mm、$35_{-0.01}^{-0.005}$mm、$40_{-0.01}^{-0.005}$mm；滑块一侧的型孔与热流道喷嘴进行配合，如图 3-1 所示尺寸 $\phi12_{0}^{+0.01}$mm，型孔本身的尺寸及孔距的位置尺寸都有较高的要求。滑块型腔面用于成形零件的外表面结构，其结构形状比较复杂，特别是型腔的一些筋、槽等尺寸很小，而且槽底部都为清角，所以加工比较困难。

转轴型腔滑块零件所采用的材料为 H13，需要进行热处理（48 ~ 52HRC），该材料热处理变形小，且比较耐磨；材料相当于国产材料 4Cr5MoSiV1，属于铬系热作模具钢，具有良好的冷、热疲劳性，在使用温度不超过 600℃ 时，可代替 3Cr2W8V 钢，模具寿命有大幅度提高。零件的加工要点是成形型腔及其与热流道配合的型孔尺寸，尺寸 $\phi12_{0}^{+0.01}$mm 为配合孔，要求较高，$\phi38_{0}^{+0.01}$mm 是其后端部分，可适当放宽要求，根据实际情况配制；高精度尺寸型孔的加工可以采用坐标镗床。由于成形型腔的结构尺寸较小及型腔槽底部有清角，成形型腔的加工采用电火花成形加工,但是加工的效率较低,为了优化工艺过程,在电火花成形加工之前采用数控铣(加工中心)加工,去除电火花成形加工的大量余量。

　　根据上述分析,零件在加工过程中需作一些工艺处理,尺寸 $\phi12^{+0.01}_{0}$ mm 可在热处理前加工到位,但考虑到热处理后零件的变形情况,在热处理前先加工成 $\phi10^{+0.01}_{0}$ mm 的孔,再由线切割加工到位。为保证零件的外形尺寸,其外形加工也需进行线切割加工,其定位以孔 $\phi10^{+0.01}_{0}$ mm 为基准,外形与孔 $\phi12^{+0.01}_{0}$ mm 一次性加工完成。型腔成形面部分的加工,一般可由加工中心在热处理之前做好,但是槽中细小的清角等结构尺寸不利于用铣刀进行加工,而利用电火花成形加工比较合适;由于形状复杂,需要用多电极进行加工,采用数控电火花成形机床加工比较合适。

二、转轴型腔滑块零件工艺过程卡

　　根据上述分析,转轴型腔滑块零件的加工工艺过程卡见表3-6。

表 3-6　转轴型腔滑块零件的加工工艺过程卡　　　　　　　　　(单位:mm)

加工工艺过程卡		零件名称	转轴型腔滑块	材料	H13
		零件图号	ZZXQHK-01	数量	2
序号	工序名称	工序(工步)内容		工时	检验
1	备料	备锻件2件,尺寸为 $280 \times 95 \times 65$			
2	铣	铣外形六面尺寸,四周边尺寸不小于 270×85,高度尺寸为 55 ± 0.3			
3	平磨	两平面光面即可,侧面光面 A 作为基准面,如草图 			
4	坐标镗	按草图 $\phi10$ 处钻、铰 $\phi10^{+0.01}_{0}$ 作为基准孔,加工孔 $\phi38$、$\phi20$、$\phi40$ 达图样要求			
5	铣	在台阶型面处做预加工,每边留余量不小于1mm,如草图所示,"△"标注处为加工面 			
6	热处理	真空淬火,48~52HRC,微变形处理			
7	平磨	磨两面,保证表面粗糙度及尺寸 53(+0.02/0)			
8	线切割	以基准孔 $\phi10^{+0.01}_{0}$ 及 A 基准面定位,先切割孔达到图样要求($\phi12^{+0.01}_{0}$),然后切割外形			
9	电火花成形	校准 $\phi12^{+0.01}_{0}$ 及外形加工型腔面部分,顶面为 Z 轴基准,槽型应采用电极跳步加工			
10	钳工	研磨型腔面,保证表面粗糙度要求(Ra 值为 $0.2\mu m$)			

编制:　　　　　　审核:　　　　　　　　日期:

拓 展 任 务

型芯镶块零件加工与工艺卡编制

型芯镶块零件是注射模具中的重要成形零件，如图 3-26 所示。零件的基本结构简单，但是成形型腔面复杂，根据图样所示，其成形型腔尺寸较小，且多为细小的凹槽，底部为清角，比较符合电火花成形加工的特征，所以该部位考虑选用电火花成形加工。

零件外形比较规则，只有左端部位有两侧 100° 的倒角，考虑该型芯镶块零件的外形要与模具的模板或模座进行装配配合，若采用普通机械加工较难达到要求，而且需要专用的定位夹具等辅助工具，所以考虑采用线切割进行加工（线切割将在下一个工作任务中进行介绍）。

根据模具结构分析，零件分型面上的 4 个 $\phi20^{+0.021}_{0}$ mm 的孔是作为导套孔使用的，所以孔间距的尺寸精度要求较高，尺寸分别为（220±0.01）mm、（50±0.01）mm。针对孔本身及孔间距有较高的要求，可以采用坐标镗或高精度的加工中心进行加工。

型芯镶块零件采用表面渗氮，50～55HRC 的热处理形式，表面渗氮通常是在零件的最终试模合格后进行的，渗氮对零件几乎没有变形影响，而可以增加成形面的硬度和耐磨性。

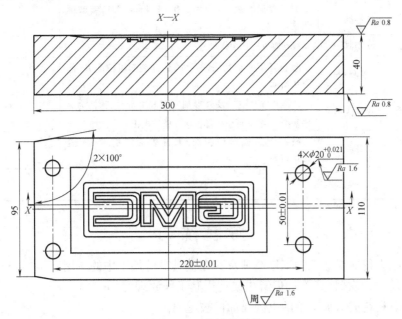

图 3-26 型芯镶块零件

型芯镶块零件的技术要求：材料为 P20（3CrMo）；数量为 2 个；热处理为表面渗氮，渗氮层厚度为 0.8～1.2mm，50～55HRC；型芯成形型腔面表面粗糙度 Ra 值为 0.2μm，分型面表面粗糙度 Ra 值为 0.8μm，其余表面的表面粗糙度 Ra 值为 1.6μm。

P20 是国际上广泛使用的预硬型塑料模具钢，属于低中碳钢，含碳量一般在 0.3%～0.5%（质量分数）范围内。预硬型塑料模具钢在供货状态下已经进行过调质处理，达到模具所要求的硬度和使用性能，加工成模具后不再需要淬火、回火处理，避免了热处理带来的变形、开裂、脱碳等缺陷。其综合力学性能好、淬透性高，钢材可在较大截面上获得均匀硬度，并具有良好的镜面加工性能。P20 预硬化后硬度为 28～35HRC，适合制造大中型精密的长寿命塑料模具。所以型芯镶块零件的热处理工艺只是进行表面渗氮，而不进行淬火热处理。型芯镶块零件的加工工艺过程卡见表 3-7。

表 3-7　型芯镶块零件加工工艺过程卡　　　　　　　（单位：mm）

加工工艺过程卡		零件名称	型芯镶块	材料	P20
		零件图号	XXXK-01	数量	2
序号	工序名称	工序(工步)内容		工时	检验
1	备料	备锻件 2 件，尺寸为 330×130×50			
2	铣	铣外形六面尺寸，四周边尺寸不小于 310×120，高度尺寸为 42±0.3			
3	平磨	磨上、下两平面，保证尺寸 41±0.1，磨一侧面光面作为基准面			
4	坐标镗	坐标镗床点孔 $4×\phi20^{+0.021}_{0}$			
5	钳工	钻 $4×\phi20^{+0.021}_{0}$ 的预孔 $\phi18$			
6	坐标镗	坐标镗床镗孔 $4×\phi20^{+0.021}_{0}$			
7	热处理	型腔表面渗氮，厚度为 1.0～1.4mm（含后续磨削余量）			
8	线切割	线切割外形达图样尺寸			
9	平磨	磨上、下两平面达图样尺寸，保证表面粗糙度 Ra 值为 0.8μm			
10	电火花成形	校准孔 $\phi20^{+0.021}_{0}$ 及外形加工型腔面部分，顶面为 Z 轴基准，型芯成形型腔部位应用整体电极一次性加工			
11	研磨	研磨型芯成形型腔，保证表面粗糙度 Ra 值为 0.2μm			

编制：　　　　　审核：　　　　　　　日期：

拓 展 练 习

1. 简述电火花成形加工的工作原理及其在模具零件加工中的应用。
2. 什么是"二次放电"？如何解决或利用其工作原理？
3. 简述电火花成形加工中的电蚀屑如何被抛出。
4. 简述常用电极材料的种类及其应用。
5. 简述电火花成形加工的工件与电极的装夹定位方式。
6. 编制零件加工工艺卡。

① 零件名称：滑块型芯，如图 3-27 所示；材料：SKD61；型腔面表面粗糙度 Ra 值为 0.2μm，外形配合面 Ra 值为 0.8μm，其余表面 Ra 值为 1.6μm；热处理：淬火，48～52HRC。

② 零件名称：支承板，如图 3-28 所示；材料：CrWMn；各型腔面表面粗糙度 Ra 值为 0.8μm，其余表面的表面粗糙度 Ra 值为 6.3μm；热处理：淬火，50～55HRC。

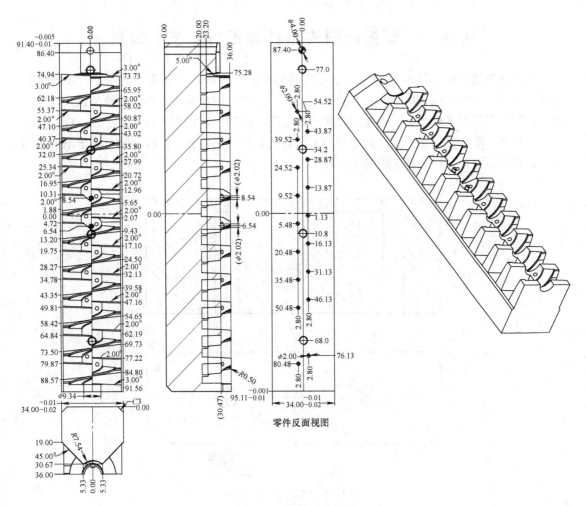

图 3-27　滑块型芯零件

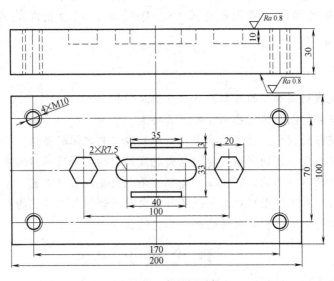

图 3-28　支承板零件

任务二　侧板凸凹模零件加工与工艺卡编制

侧板凸凹模零件如图 3-29 所示，该零件具有典型冲压模具凸凹零件的特征，零件外形为落料刃口，两个内孔 φ9.1mm 是冲孔凹模刃口。零件采用坐标法标注，零件的最大外形几何中心即为零件的坐标中心。根据前面所学制造工艺的知识，作为刃口工作零件，应选择锻件作为毛坯，零件经过粗加工、热处理等工艺后，进行线切割加工，线切割也属于电加工的范畴，其加工原理与电火花成形加工一样。

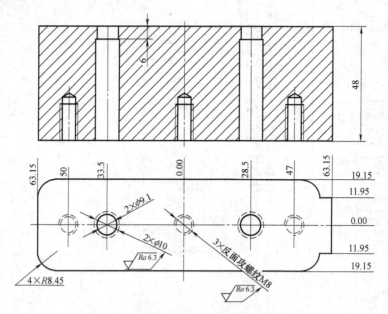

图 3-29　侧板凸凹模零件

侧板凸凹模零件的技术要求：材料为 Cr12MoV；热处理为淬火，58 ~ 62HRC；零件的刃口尺寸分别与冲头及凹模配双面间隙 0.08 ~ 0.12mm；其余表面的表面粗糙度 Ra 值为 0.8μm。

【任务目标】

1. 了解电火花线切割加工的基本流程及其加工特性。
2. 理解电火花线切割加工的基本分类及其特点。
3. 理解电火花线切割加工的工艺要求及与热处理工艺之间的关系。
4. 理解慢走丝电火花线切割与快走丝电火花线切割的区别及不同的应用。
5. 能针对模具的不同结构工艺特征，合理应用电火花线切割工艺。
6. 能分析相关模具零件图样的工艺性及与电火花线切割加工工艺的关系。
7. 能编制典型轮廓形状模具零件的加工工艺过程卡。

理 论 知 识

20 世纪中期，前苏联拉扎林科夫妇在研究开关触点受火花放电腐蚀损坏的现象和原因时，发现电火花的瞬时高温可以使局部的金属熔化、氧化而被腐蚀掉，从而开创和发明了电火花加工方法，线切割放电机也于 1960 年发明于前苏联。当时用投影器观看轮廓面，通过前后左右手动进给工作台面进行加工，加工速度虽慢，但却可加工传统机械方法不易加工的微细形状。典型的实例就是化织喷嘴的异形孔加工，当时使用的加工液是矿物质性油（灯油）。

电火花线切割加工简称线切割，是在电火花成形加工基础上发展起来的一种新的加工工艺，我国是第一个将线切割用于工业生产的国家。线切割是在电火花成形加工基础上用线状电极（钼丝或铜丝）靠火花放电对工件进行火花放电腐蚀切割，使工件达到预定形状的一种加工方法。线切割加工技术已经得到了迅速发展，并逐步成为一种高精度和高自动化的加工方法，在模具、各种难加工材料、成形刀具和复杂表面零件的加工等方面得到了广泛应用。近年来，由于数控技术、脉冲电源、机床设计等方面的不断进步，线切割机床的加工功能及加工工艺指标均比以前有了大幅度的提高。

一、电火花线切割加工

1. 加工原理

电火花线切割加工与电火花成形加工的原理基本一样。如图 3-30 所示，电火花线切割加工的基本原理是：利用一根连续移动的金属丝（称为电极丝）作为工具电极，在电极丝和工件间施加脉冲电流，产生放电腐蚀，对工件进行切割加工。线切割加工工件时，工件接高频脉冲的正极，电极丝接负接，即正极性加工，电极丝缠绕在贮丝筒上，电动机带动贮丝筒运动，致使电极丝不断地进入和离开放电区域，电极丝和工件间有绝缘工作液。当接通高频脉冲电源时，随着工作液的电离、击穿，形成放电通道，电子高速奔向正极，正离子奔向负极，于是电能转变为动能，粒子间的相互碰撞及粒子与电极材料的碰撞，又将动能转变为热能。

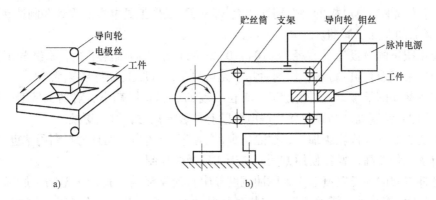

图 3-30　电火花线切割加工示意图
a）切割图形　b）加工示意图

在放电通道内，正极和负极的表面分别产生瞬时热流，达到很高的温度，使工作液汽化、剧烈分解，进而金属材料熔化、沸腾、汽化。在热膨胀、局部微爆炸、电动力、流体动力等结合作用下，蚀除下来的金属微粒随着电极丝的移动和工作液的冲洗而被抛出放电区，于是在金属表面形成凹坑；在脉冲间隔时间内工作液消电离，放电通道中的带电粒子复合为中性粒子，恢复了工作液的绝缘性。由于加工过程是连续的，步进电动机（伺服电动机）

受控制系统的控制，使工作台在水平面沿两个坐标方向伺服进给运动，于是工件就被切割成各种给定的形状。

利用脉冲放电原理进行线切割加工，需具备以下条件：

1）确保电极丝与工件间产生火花放电。当一个电脉冲出现时，为确保电极丝和工件之间产生的是火花放电而不是电弧放电，必须使两个脉冲之间具有足够的间隔时间，使放电间隙中的介质消电离，使放电通道中的带电粒子复合为中性粒子。恢复本次放电通道处间隙中介质的绝缘强度，以免总在同一处发生放电而形成电弧放电。一般脉冲间隔应为脉冲宽度的4倍以上。

2）保证放电时电极丝不被烧断。为此，必须向放电间隙注入大量的工作液，以使电极丝得到充分冷却。同时电极丝必须作相对的高速运动，以避免火花放电总是在电极丝的局部位置进行而烧断电极丝，高速运动的电极丝有利于不断往放电间隙带入新的工作液，同时也有利于将电蚀产物从间隙中排出。

3）工作台能作复杂的平面轨迹运动。在数控装置的控制下，线切割机床的工作台受控轴作伺服运动，从而使电极相对工件按照加工图形作轨迹运动。理论上，两轴联动线切割机床能加工任何图形的平面轨迹；更加复杂的图形，如"天圆地方"一类的复杂形状，则需采用三轴联动的线切割机床。

2. 线切割加工的特点

线切割用于加工精密细小、形状复杂、材料特殊的零件，解决了许多机械加工困难或根本无法解决的加工问题，效率一般可以成倍提高，越是形状复杂、精密细小的冲模，特别是硬质合金模具，其经济效果越为显著。实践证明，采用线切割新工艺是多快好省的。线切割加工的主要特点有以下几点：

1）不需要制作专门的工具电极，不同形状的图形只需编制不同的程序，采用线材作为电极，省掉了成形工具电极的制造周期，大大降低了成形工具电极的设计和制造费用，缩短了生产准备时间及加工周期。

2）能用很细的电极丝（直径为 0.04～0.20mm）加工微细异形孔、窄缝和复杂形状的工件。可切割高硬度导电材料，切割时几乎无切削力，可加工易变形零件。

3）采用移动的长金属丝进行加工，单位长度的金属丝损耗小，对加工精度的影响可以忽略不计，加工精度高。当重复使用的电极丝有显著损耗时，可以更换。

4）以切缝的形式按轮廓加工，蚀除量少，不仅生产率高，而且材料利用率也高。

5）自动化程度高，操作使用方便，易于实现微机控制。

6）脉冲电源的加工电流较小，脉冲宽度较窄，属于半精、精加工范畴，所以采用正极性加工，即工件接脉冲电源的正极，电极丝接脉冲电源的负极。电火花线切割加工通常一次完成，中途一般不转换电规准，缩短了模具零件的制造工时。

7）选用水基乳化液或去离子水作为工作液，加工过程中不易引发火灾，同时还可以节省资源。

电火花线切割的缺点是不能加工不通孔及纵向阶梯表面。

3. 线切割加工的应用与分类

线切割加工技术适合于小批量、多品种零件的加工，以减少模具制造费用，缩短生产周期。主要应用有以下几方面：

1）各种冲裁模具、挤压模具、粉末冶金模具、注射模具、拉丝模具等模具的加工。

2）可以加工微细异形孔、窄缝和形状复杂的工件样板等零件。

3）可加工高硬度材料，切割薄片、贵重金属材料等，也可用于加工各种成形刀具。

4）可加工凸轮，特殊齿轮等零件。

5）可加工电火花成形加工用的铜、铜钨、银铜合金等材料的电极。

目前电火花线切割加工按照加工精度等特点可以分为三种：快走丝线切割、慢走丝线切割和中走丝线切割。

4. 保证线切割质量的工艺措施

（1）选用合适的材料　线切割加工是在整块坯料热处理淬硬后才进行的，如果工件采用碳素工具钢（如 T8A，T10A）制造，由于其淬透性很差，线切割加工所得到的工件的淬硬层较浅，经过数次修磨后，硬度显著下降，使用寿命就短。另一方面，由于线切割加工时，加工区域的温度很高，又有工作液不断进行冷却，相当于在进行局部热处理淬火，会使切割出来的工件柱面产生变形，直接影响工件的加工精度。

为了提高线切割工件的使用寿命和加工精度，工件应选用淬透性良好的合金工具钢或硬质合金。合金工具钢淬火后，钢块表面层到中心的硬度没有显著的降低，因此，切割时不会使工件柱面产生变形。常用的合金工具钢有 Cr12、CrWMn、Cr12MoV 等。

（2）积极采取减小残余应力影响的工艺措施　以线切割加工为主要工艺时，钢质材料的加工路线是：下料→锻造→退火→机械粗加工→淬火与回火→磨削加工→线切割加工→钳工修整。

上述工艺路线的特点是：工件在加工的全过程中会出现两次较大的变形。一次是退火后经机械粗加工，材料内部的残余应力会显著增加；另一次是淬硬后线切割去除大面积金属或切断，使材料的内部残余应力的相对平衡状态受到破坏而产生第二次较大的变形。例如对已淬硬的钢坯件进行线切割，在割开过程中，由于材料内部残余着拉应力，使切割完的工件与电极丝轨迹有较大差异。

残余应力有时比机床精度等因素对加工精度的影响还严重，可使变形达到宏观可见的程度，甚至在切割过程中材料会炸裂。为减小残余应力引起的变形，可采取如下措施：

1）除选用合适的模具材料外，还应正确选择热加工方法和严格执行热处理规范。

2）在线切割加工之前，可安排时效处理。

3）由于毛坯边缘处的内应力较大，因此工件轮廓应离开毛坯边缘 8～10mm。

4）切割凸模类外形工件时，若从毛坯边缘切入加工，则由于存在切口，容易引起加工过程中的变形。因此，应正确选择起始切割位置和加工顺序，如图 3-31 所示。

5）线切割加工型孔类工件时，可采用二次切割法。第一次粗切割型孔，各边留精切余量 0.1～0.5mm，

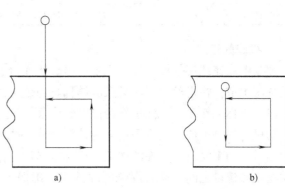

图 3-31　电极丝切入点选择
a）错误的切入点　b）正确的切入点

先让材料应力平衡状态受到破坏而变形，在达到新的平衡后，再作第二次精切割。如果数控装置有间隙补偿功能，采用二次切割法加工就更为方便。

6）可在淬火前进行预加工，以去除大部分余量，仅留较小的精切余量；待淬硬后，再进行一次精切成形。

二、快走丝线切割加工

快走丝线切割加工时，电极丝进行高速往复走丝运动，俗称"快走丝"。往复走丝电火花线切割机床的走丝速度为 $8 \sim 12\text{m/s}$，这种线切割加工机床是我国独创的机种，一般快走丝线切割使用的电极丝为钼丝或钨钼合金丝，常用电极丝直径为 $\phi 0.10 \sim \phi 0.30\text{mm}$，通常电极丝重复利用，直到断丝为止；工作液采用皂化液。

快走丝线切割加工主要应用于各类中、低档模具制造和特殊零件的加工，但由于快走丝线切割机床不能对电极丝实施恒张力控制，故电极丝抖动大，在加工过程中易断丝。由于电极丝往复使用，所以会造成加工过程中电极丝损耗，即加工中电极丝的尺寸一直是减小的，致使零件的加工精度和表面质量降低，公差一般为 $0.01 \sim 0.02\text{mm}$，表面粗糙度 Ra 值一般为 $1.6 \sim 3.2\mu\text{m}$。

1. 机床型号与规格

国标规定的数控电火花线切割机床的型号，如 DK7740，其基本含义为：D 为机床的类别代号，表示电加工机床；K 为机床的特性代号，表示数控机床；第一个 7 为组别代号，表示电火花加工机床，第二个 7 为型别代号，表示线切割机床；40 为基本参数代号，表示工作台的横向行程为 400mm。

常用国产数控电火花线切割机床的规格见表 3-8。

表 3-8　国产数控电火花线切割机床的规格

机床型号	DK7712	DK7716	DK7720	DK7725	DK7732	DK7740	DK7750	DK7763
工作台行程 /mm	160 × 120	200 × 160	250 × 200	320 × 250	500 × 320	500 × 400	800 × 500	800 × 630
最大切割厚度 /mm	60	100	200	140	300	400	300	150
切割速度 /(mm²/min)	60	70	80	80	100	120	120	120
切割锥度	0°,3°,6°,9°,12°,15°,18°(18°以上按每 6°一挡增加)							

2. 机床的组成

数控电火花线切割加工机床主要由坐标工作台、走丝机构、脉冲电源、数控装置、工作液系统等组成。快走丝线切割机床的结构与组成示意图如图 3-32 所示。

（1）坐标工作台　坐标工作台由安装台面，X、Y 向滑板，导轨，进给丝杠，X、Y 向驱动电动机等部分组成。无论采用何种控制方式，线切割机床最终都需要通过坐标工作台与丝架的相对运动来完成对工件的加工。线切割坐标工作台运动灵敏、轻巧，大都采用导轨，且传动丝杠和螺母之间设置有间隙消除部件，确保了坐标工作台具有很高的坐标精度和运动精度。

（2）走丝机构　图 3-33 所示是快速走丝线切割机床的走丝机构。电极丝被排列整齐地绕在由一只电动机单独驱动的贮丝筒上，电极丝经丝架由导轮穿过工件，然后再经过导轮回到贮丝筒。

电火花线切割机床的走丝系统是能使电极丝具有一定的张力和直线度，以给定的速度稳定运动，并可以传递给定的电能的机构。主要由电极丝，贮丝筒或收、放丝卷筒，导轮部件张力机构，导电块和电动机组成。

电极丝是电火花线切割时，用来导电和放电的金属丝，其质量直接影响切割工件的质量。如在放电条件一定的情况下，电极丝的直径尺寸精度，直接反映到切割工件的尺寸精度上。

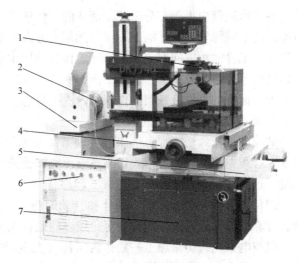

图 3-32　快走丝线切割机床的结构与组成
1—丝架　2—卷丝筒　3—走丝溜板　4—上滑板
5—下滑板　6—电源控制箱　7—床身

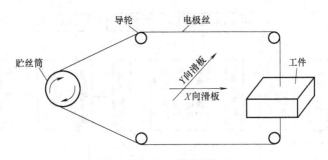

图 3-33　快走丝机构示意图

导轮部件是确定电极丝直线位置的部件。导轮部件主要由导轮、轴承和调整座组成。导轮和轴承由于长期高速运转很容易因磨损而松动，造成电极丝直线位置的不确定，影响线切割的精度，所以需要经常更换导轮和轴承。

在快走丝线切割中，贮丝筒有收、放丝卷筒的功能。贮丝筒一般用轻金属制成，工作时将电极丝的一端固定在贮丝筒的一端柱面上，然后再按一个方向有序、密排地缠绕在贮丝筒上，将电极丝的另一端头穿过整个走丝系统回到贮丝筒，按缠绕方向将电极丝头固定在贮丝筒的另一柱面上。这样缠绕的电极丝，不论贮丝筒向哪个方向旋转，电极丝都会有序地一边放一边收。贮丝筒通过联轴器与驱动电动机连接，电动机由专门的换向装置控制其正、反交替运动，从而使电极丝往复运动，反复使用电极丝。

（3）脉冲电源　电火花线切割机床的脉冲电源的输出电压为 100V 左右，快走丝线切割机床的最大加工电流为 5A 左右，脉冲宽度 T_{on} 小于 $60\mu s$。为了适应各种加工的要求，脉冲宽度 T_{on}、脉冲峰值电流 I_p，及脉冲间隔 T_{off} 都应可调。

（4）控制系统　电火花线切割控制系统是电火花线切割机床的中枢，由输入输出连接线路、控制器、运算器和存储器四大部分组成。

（5）工作液系统　线切割加工必须在工作液中进行，通常采用与电极丝同轴冲液的方式。在工作液箱内得到充分过滤，清洁的工作液由工作液泵抽取，经软皮管运送到电极丝垂直割入的上端导轮处，并沿上端点对准割入方向冲液，于是工作液就沿着电极丝外表面冲向电极丝与工件的放电间隙中。在坐标工作台的回水系统中装有射流吸水装置，使回水管具有一定的流速，并造成负压，这样工作台面的工作液就可畅通地流入管内而不外溢，回水管又将工作台面上的工作液送回工作液箱内进行过滤、清洁。

3. 电火花线切割机床的程序编制

数控电火花线切割加工机床的控制系统根据"指令"进行零件加工，零件线切割加工之前，必须先将零件图形用线切割系统所能接受的"语言"编好"命令"，并输入机床控制系统，这种"命令"就是线切割加工程序。

线切割编程方法分为手工编程和自动编程，手工编程需要操作者能进行各种计算和编程，计算工作比较繁杂；现在应用比较多的是自动编程。

数控电火花线切割加工一般作为工件（尤其是模具）加工的最后工序。要达到加工零件的精度及表面粗糙度的要求，应合理控制线切割加工时的各种工艺参数，同时应安排好零件的工艺路线及线切割加工前的准备工作，模具零件的线切割加工工艺及准备过程如图 3-34 所示。

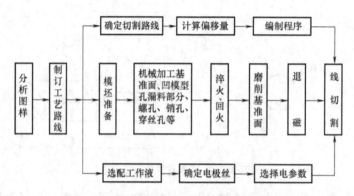

图 3-34　电火花线切割加工工艺和准备过程

（1）模坯准备　模具零件一般采用锻造毛坯，其线切割加工常在淬火与回火后进行，为了减少材料受淬透性的影响，设计时零件应选用锻造性能好、淬透性好、热处理变形小的合金工具钢（如 Cr12、Cr12MoV、CrWMn 等）作为模具材料，同时注意正确选择模具毛坯的锻造及热处理工艺。

加工型孔部分时，若凹模较大，为减少线切割加工量，需将型孔漏料部分铣（或车）出，只对刃口高度部分进行线切割加工；对淬透性差的材料，可将型孔的部分材料去除，留 3~5mm 切割余量。凸模零件的加工可参照凹模进行，但需要注意几点：①为了便于加工和装夹，一般都将毛坯锻造成平行六面体，线切割加工之前先平磨。②凸模的线切割轮廓线与毛坯侧面之间应留有足够切割余量（一般不小于 5mm）；毛坯上还要留出装夹部分。③有些情况下，为防止线切割加工时模坯产生变形等缺陷，要在模坯上加工出穿丝孔。

（2）工件的装夹与调整　工件装夹的一般要求为如下几点：

① 工件的基准面应清洁，无毛刺；经热处理的工件，在穿丝孔内及扩孔的台阶处，要清除热处理残物及氧化皮。

② 夹具应具有必要的精度，将其稳固地固定在工作台上，拧紧螺母时用力要均匀。

③ 工件装夹的位置应有利于工件找正，并应与机床行程相适应；工作台移动时，工件不得与丝架相碰。

④ 对工件的夹紧力要均匀，不得使工件变形或翘起。

⑤ 大批零件加工时，最好采用专用夹具，以提高生产效率。

⑥ 细小、精密、薄壁的工件应固定在不易变形的辅助夹具上。

1) 工件的装夹。装夹工件时，必须保证工件的切割部位位于机床工作台纵向、横向进给的允许范围内，避免超出极限。同时还要考虑切割时电极丝运动的空间。夹具应尽可能选择通用或标准件，便于安装与调整。在加工大型模具时，要特别注意工件的定位方式，尤其在加工快结束时，工件的变形、重力作用等会使电极丝被夹紧，从而影响加工。

① 悬臂式装夹。如图 3-35 所示为悬臂式装夹工件，这种方式装夹方便、通用性强。但是由于工件是一端悬伸的，容易出现切割表面与工件上、下平面间的垂直度误差。悬臂式装夹仅用于加工要求不高或悬臂较短的零件。

② 两端支承式装夹。如图 3-36 所示为两端支承式装夹工件，这种方式装夹方便、稳定，定位精度高，但不适于装夹较大的零件。

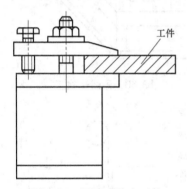

图 3-35　悬臂式装夹工件

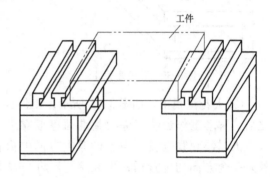

图 3-36　两端支承式装夹工件

③ 桥式支承式装夹。如图 3-37 所示，这种方式是在通用夹具上放置垫块后再装夹工件，装夹方便，大、中、小型工件都能采用。

④ 板式支承式装夹。如图 3-38 所示，这种方式根据常用的工件形状和尺寸，采用有通孔的支承板装夹工件，装夹精度高，但通用性差。

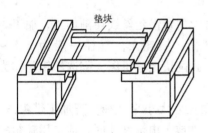

图 3-37　桥式支承式装夹工件

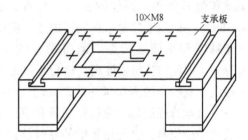

图 3-38　板式支承式装夹工件

2) 工件的调整。采用上述方式装夹工件后，还必须配合找正法进行调整，才能使工件的定位基准面分别与机床的工作台面和工作台的进给方向（X、Y）保持平行，以保证所切割的表面与基准面之间的相对位置精度。常用的找正方法有以下几种：

① 百分表找正。如图 3-39 所示，用磁力表架将百分表固定在丝架或机床上的合适位置，百分表的测量头与工件基准面接触；往复移动工作台，按百分表指示值调整工件的位置，直到百分表指针的摆动范围达到加工所要求的数值。找正应在相互垂直的三个方向上进行，实际加工时一般只找正 X、Y 两个方向。

② 画线法找正。如图 3-40 所示，工件的切割图形与定位基准之间的相互位置精度要求不高时，可采用画线法找正。利用固定在丝架上的划针对准工件上划出的基准线，往复移动工作台，目测划针、基准间的偏离情况，将工件调整到正确位置。

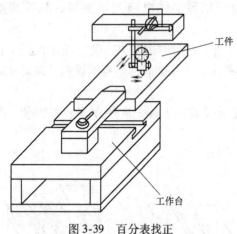

图 3-39　百分表找正

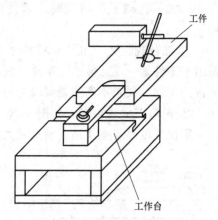

图 3-40　画线法找正

③ 火花法找正。如图 3-41 所示，工件在工作台上装夹好之后，移动工作台使工件的基准面逐渐靠近电极丝，在出现火花的时候观察电极丝与工件厚度方向的火花均匀程度，调整好一个方向的位置后，再在 X、Y 两个方向分别移动工作台，观察电极丝与工件接触基准面的火花情况，将工件调整到正确位置。

（3）电极丝的选择与调整

1）电极丝的选择。电极丝应具有良好的导电性和耐电蚀性、抗拉强度，且材质均匀。常用电极丝有钼丝、钨丝、黄铜丝和包芯丝等。钨丝的抗拉强度高，直径一般为 0.03 ~

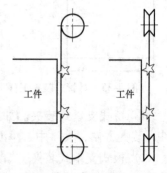

图 3-41　火花法找正

0.1mm，一般用于各种窄缝的精加工，但价格昂贵。黄铜丝适合慢走丝线切割加工，加工表面粗糙度和平面度较好，蚀屑附着较少，但抗拉强度低，损耗大，直径一般为 0.1 ~ 0.3mm。钼丝的抗拉强度高，适合于快走丝线切割加工，我国快走丝机床大都选用钼丝作为电极丝，直径一般为 0.08 ~ 0.25mm。

电极丝直径的选择应根据切缝宽窄、工件厚度和拐角尺寸大小来选择。若加工带尖角、窄缝的小型模具，宜选用较细的电极丝；若加工大厚度工件或大电流切割时，应选用较粗的电极丝。

2）穿丝孔和电极丝切入位置的选择。穿丝孔是电极丝相对工件运动的起点，同时也是程序执行的起点，一般选在工件的基准点处。为缩短开始切割时的切入长度，穿丝孔也可选在距离型孔边缘约 10mm 处，如图 3-42a 所示；加工凸模时，为减小变形，电极丝切割时的运动轨迹的起始点与边缘的距离应大于 10mm，如图 3-42b 所示。

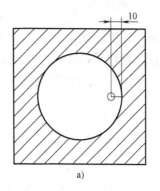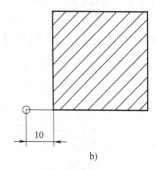

图 3-42　切入位置的选择
a）凹模　b）凸模

3）电极丝位置的调整。线切割加工之前，应将电极丝调整到切割的起始坐标位置上，其调整主要有以下几种方法：

① 目测法。对于加工要求较低的工件，在确定电极丝与工件基准间的相对位置时，可以直接用目测或借助放大镜来进行观察。图 3-43 是利用穿丝处画出的十字基准线，分别沿画线方向观察电极丝与基准线的相对位置，根据两者的偏离情况移动工作台，当电极丝中心分别与纵、横方向基准线重合时，工作台纵、横方向上的读数就确定了电极丝的中心位置。

② 火花法。如图 3-44 所示，移动工作台使工件的基准面逐渐靠近电极丝，在出现火花的瞬间，记下工作台的相应坐标值，再根据放电间隙推算电极丝中心的坐标。此方法简单易行，但往往因电极丝靠近基准面时产生的放电间隙，与正常切割条件下的放电间隙不完全相同而产生误差。

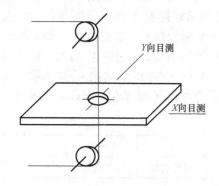

图 3-43　目测法调整电极丝位置

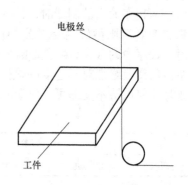

图 3-44　火花法调整电极丝位置

③ 自动找中心。所谓自动找中心，就是让电极丝在工件孔的中心自动定位。此法是根据线电极与工件的短路信号来确定电极丝的中心位置，数控线切割机床常采用这种方法。如图 3-45 所示，首先让线电极在 X 轴方向移动至与孔壁接触，则此时当前点的 X 坐标为 X_1，接着线电极往相反方向移动至与孔壁接触，此时当前点的 X 坐标为 X_2，然后系统自动计算 X 方向中点坐标 X_0，并使线电极到达 X 方向中点 X_0；接着在 Y 轴方向进行上述过程，进而线电极到达 Y 方向中点 Y_0。这样重复几次，就可以找到孔的中心位置。通常，数控线切割机床

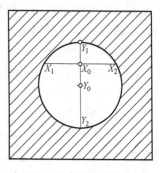

图 3-45　自动找中心

都带有自动找中心的程序。

（4）线切割加工补偿方向与计算　线切割加工时，需要根据加工零件不同而采用不同的补偿方向并进行加工补偿计算。设线切割加工时选定的电极丝半径为 r，放电间隙为 d；加工凹模时，为内补偿，如图 3-46a 所示；加工凸模时，为外补偿，如图 3-46b 所示，补偿尺寸 $\Delta R = d + r$。

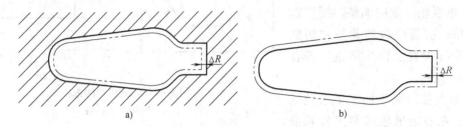

图 3-46　补偿方向与计算
a）凹模　b）凸模

（5）数控电火花线切割机床的基本编程方法　要使数控电火花线切割机床按照预定的要求自动完成切割加工，就要把零件的切割顺序、切割方向、切割尺寸等一系列加工信息，按数控系统要求的格式编制成加工程序，以实现加工。数控电火花线切割机床的编程格式主要有：3B、4B、5B 格式程序，ISO 代码程序、EIA 程序等。目前快走丝线切割机床一般采用3B（个别扩充为 4B 或 5B）格式，而慢走丝线切割机床通常采用国际上通用的 ISO 或 EIA（美国电子工业协会）格式。

3B 程序格式见表 3-9，表中的 B 为分隔符号，它在程序单上的作用是分隔 X、Y 和 J 数值。当程序输入控制器时，读入第一个 B 后，它使控制器做好接受 X 坐标值的准备，读入第二个 B 后则做好接受 Y 坐标值的准备，读入第三个 B 后做好接受 J 值的准备。加工圆弧时，程序中的 X、Y 必须是圆弧起点对其圆心的坐标值；加工斜线时，程序中的 X、Y 必须是该斜线段终点对其起点的坐标值，斜线段程序中的 X、Y 值允许同时缩小相同的倍数，只要其比值保持不变即可；对于与坐标轴重合的线段，其程序中的 X 或 Y 值，均不必写出 0。

表 3-9　3B 程序格式

B	X	B	Y	B	J	G	Z
分隔符号	X 坐标值	分隔符号	Y 坐标值	分隔符号	计数长度	计数方向	加工指令

（6）线切割自动编程　随着软件技术的发展与应用，现在线切割加工编程多使用软件自动编程。当零件的形状比较复杂或具有非圆曲线时，人工编程工作量大，而且容易出错，此时自动编程就显示了强大的功能，同时，利用计算机进行自动编程也是必然趋势。这里主要介绍"CAXA 线切割 V2"软件的应用。

CAXA 线切割 V2 软件的用户界面如图 3-47 所示，主要包括三大部分：绘图功能区、菜单系统和状态显示与提示。

CAXA 线切割 V2 软件的基础知识在这里不做介绍（略），其绘图功能类似于 AutoCAD。该软件具有特有的线切割编程处理功能，其线切割下拉菜单栏如图 3-48 所示，其中包括轨迹生成、轨迹仿真、生成 3B 代码等命令。

"CAXA 线切割 V2"软件的线切割功能应用比较简单易学，主要分为以下几步。

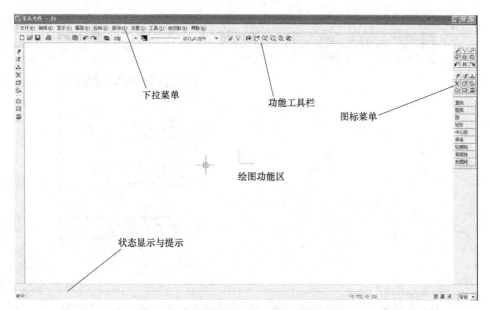

图 3-47 CAXA 线切割 V2 软件的用户界面

图 3-48 CAXA 线切割 V2 软件的线切割下拉菜单栏

1) 轨迹生成。即生成沿轮廓切削的线切割加工轨迹，它是在已有轮廓线的基础上生成的。具体操作分为拾取轮廓、选择链拾取方向、选择加工补偿方向、输入穿丝点位置、输入推出点位置、输入切入点位置。轨迹生成时需要输入切割参数和补偿值等具体数值，如图3-49a、b 所示。

2) 轨迹仿真。轨迹生成之后可以通过软件进行仿真切割加工，以检验零件线切割加工的设置及程序的正确性。

3) 生成 3B 代码。前两步工作完成后，软件可以自动生成 3B 代码程序，并将生成的3B 代码程序传输到线切割机床中进行加工。图 3-49 所示图形的线切割加工的 3B 代码程序

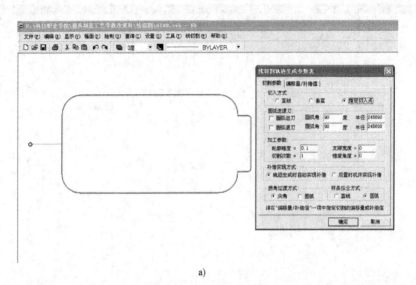

a)

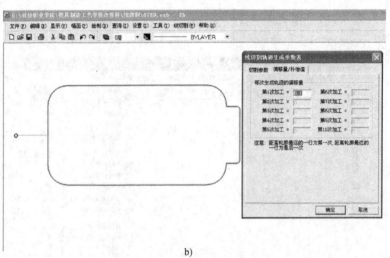

b)

图 3-49　轨迹生成步骤

a) 轨迹生成切割参数　b) 轨迹生成补偿值

如下:

****

CAXAWEDM － Version 2. 0 , Name : 1234. 3B

Conner R = 0. 00000 , Offset F = 0. 10000 , Length = 94. 078 mm

****

Start Point = 14260. 10172 , － 96. 91135 ; X , Y

N	1: B	5100 B	0 B	5100 GX	L1	14265. 202 ,	－ 96. 911
N	2: B	0 B	4500 B	4500 GY	L2	14265. 202 ,	－ 92. 411
N	3: B	2900 B	0 B	2900 GX	SR2	14268. 102 ,	－ 89. 511

N　4：B　21907 B　　　　0 B　21907 GX　　L1 ；　14290.009 ，　－89.511

N　5：B　　0 B　　2900 B　2900 GY　　SR1 ；　14292.909 ，　－92.411

N　6：B　　0 B　　300 B　300 GY　　L4 ；　14292.909 ，　－92.711

N　7：B　1693 B　　　0 B　1693 GX　　L1 ；　14294.602 ，　－92.711

N　8：B　　0 B　　400 B　400 GY　　SR1 ；　14295.002 ，　－93.111

N　9：B　　0 B　　2150 B　2150 GY　　L4 ；　14295.002 ，　－95.261

N　10：B　　0 B　　5450 B　5450 GY　　L4 ；　14295.002 ，　－100.711

N　11：B　400 B　　　0 B　400 GX　　SR4 ；　14294.602 ，　－101.111

N　12：B　1693 B　　　0 B　1693 GX　　L3 ；　14292.909 ，　－101.111

N　13：B　　0 B　　300 B　300 GY　　L4 ；　14292.909 ，　－101.411

N　14：B　2900 B　　　0 B　2900 GX　　SR4 ；　14290.009 ，　－104.311

N　15：B21907 B　　　0 B　21907 GX　　L3 ；　14268.102 ，　－104.311

N　16：B　　0 B　　2900 B　2900 GY　　SR3 ；　14265.202 ，　－101.411

N　17：B　　0 B　　4500 B　4500 GY　　L2 ；　14265.202 ，　－96.911

N　18：B　5100 B　　　0 B　5100 GX　　L3 ；　14260.102 ，　－96.911

N　19：DD

　　目前，快走丝线切割加工应用较广，特别是在模具加工中得到了普及应用，其加工自动化程度较高，编程简单易学。图 3-29 所示侧板凸凹模零件，根据零件的精度要求及结构特点，选用快走丝线切割加工工艺比较合适。

三、慢走丝线切割加工

　　慢走丝线切割机床是低速单向走丝电火花线切割机床，俗称"慢走丝"，一般电极丝为低于 0.2m/s 的速度作单向运动，电极丝为铜线，在电极丝与铜、钢或超硬合金等被加工材料之间施加 60～300V 的脉冲电压，并保持 5～50μm 间隙，工作液一般为去离子水。慢走丝线切割机床加工的零件具有较高的表面粗糙度，表面粗糙度 Ra 值为 0.04～0.8μm，最高可达到 0.005μm，表面质量也接近磨削水平。电极丝放电后不再使用，而且采用无电阻防电解电源，一般均带有自动穿丝和恒张力装置。工作平稳、均匀、抖动小、加工精度高、表面质量好，但不宜加工大厚度工件。由于机床结构精密，技术含量高，机床价格高，因此使用成本也高。

　　慢走丝电火花线切割机床早期是国外公司的独有机种。在慢走丝线切割机床技术方面，近几年我国也取得了一定的进展，开发出了一些种类的慢走丝线切割机床。由于慢走丝线切割采取线电极丝连续供丝的方式，即电极丝在运动过程中完成加工，因此即使电极丝发生损耗，也能连续地予以补充，相当于电极无损耗的加工形式，故能提高零件的加工精度。慢走丝线切割所加工的工件表面粗糙度 Ra 值通常可达到 0.8μm 以下，且慢走丝线切割机床的圆度误差、直线度误差和尺寸误差都较快走丝线切割机床好很多，所以在加工高精度零件时，慢走丝线切割机床得到了广泛应用。慢走丝线切割的机构示意图如图 3-50 所示。

1. 慢走丝线切割加工工艺

　　(1) 工艺准备

　　1) 工件材料的技术性能分析。不同的工件材料，其熔点、汽化点、导热系数等性能指标都不一样，即使按同样方式加工，所获得的工件质量也不相同。因此，必须根据实际需要的表面质量对工件材料作相应的选择。例如要达到高精度，就必须选择硬质合金类材料，而不适合不锈钢或未淬火的高碳钢等，否则很难达到精度要求，因为硬质合金类材料的内部残余应力对加工的影响较小，加工精度和表面质量较好。

2）工作液的选配。火花放电必须在具有一定绝缘性能的液体介质中进行，工作液的绝缘性能可使击穿后的放电通道压缩，从而局限在较小的通道半径内火花放电，形成瞬时和局部高温来熔化并汽化金属，放电结束后又迅速恢复放电间隙成为绝缘状态。绝缘性能太低，将产生电解而不能形成击穿火花放电；绝缘性能太高，则放电间隙小，排屑难，切割速度降低。

自来水具有流动性好、不易燃、冷却速度较快等优势。但直接用自来

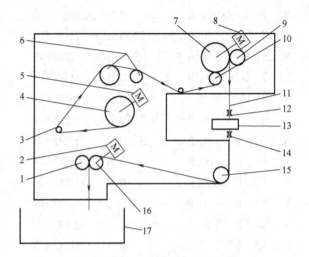

图 3-50　慢走丝线切割的机构示意图

1、9、10—压紧卷筒　2—电极丝自动卷绕电动机　3—滚筒
4—供丝绕线轴　5—预张力电动机　6、15—导轮
7—恒张力控制轮　8—恒张力控制伺服电动机　11—电极丝
12—上部电极丝导向器　13—工件　14—下部电极丝导向器
16—拉丝卷筒　17—废电极丝回收箱

水作为工作液时，由于水中离子的导电作用，其电阻率较低，约为 $5k\Omega \cdot cm$，不仅影响放电间隙消电离、延长恢复绝缘的时间，而且还会产生电解作用。因此，慢走丝电火花线切割加工的工作液一般都用去离子水，其电阻率一般为 $10 \sim 100k\Omega \cdot cm$，具体数值视工件材料、厚度及加工精度而定。如用黄铜丝加工钢时，工作液的电阻率宜低，可提高切割速度，但加工硬质合金时则相反。

加工前，必须观察电阻率表的显示，特别是机床刚起动时，往往会发现工作液的电阻率不在适用范围内，这时不要急于加工，让机床先运转一段时间，达到所要的电阻率时才开始正式加工。为了保证加工精度，有必要提高工作液的电阻率，当发现水的电阻率不再提高时，应更换离子交换树脂。

其次，必须检查与工作液有关的条件。慢走丝电火花线切割加工中，送至加工区域的工作液通常采用浇注式供液方式，也可采用工件全浸泡式供液方式，所以要检查工作液的液量及过滤压力表。当工作液从污浊槽向清洗槽逆向流动时，需要更换过滤器，以保证工作液的绝缘性能、洗涤性能、冷却性能达到要求。在用慢走丝电火花线切割机床进行特殊精加工时，也可采用绝缘性能较高的煤油作为工作液。

3）电极丝的选择及校正。慢走丝电火花线切割加工电极丝多用铜丝、黄铜丝、黄铜加铝、黄铜加锌、黄铜镀锌等。对于精密电火花线切割加工，应在不断丝的前提下尽可能提高电极丝的张力，也可采用钼丝或钨丝。

目前，国产电极丝的丝径规格有 0.10mm、0.15mm、0.20mm、0.25mm、0.30mm、0.33mm、0.35mm 等。国外生产的电极丝，丝径最小可达 0.03mm，甚至 $0.01 \sim 0.003mm$，用于完成清角和窄缝的精密微细电火花线切割加工等。长期暴露在空气中的电极丝表面与空

气接触而易被氧化，不能用于加工高精度的零件。因此，保管电极丝时应注意不要损坏电极丝的包装膜。在加工前，必须检查电极丝的质量。有以下情况之一时，必须重新进行电极丝的垂直度校正：①慢走丝线切割机一般在加工了 $50 \sim 100h$ 后，必须考虑更换导轮或其轴承；②改变导电块的切割位置或者更换导电块；③有脏污时需用洗涤液清洗。

4）穿丝孔的加工。在实际生产加工中，为防止工件毛坯内部的残余应力变形及放电产生的热应力变形，无论是加工凹模类封闭形工件，还是凸模类工件，都应首先在合适位置加工一定直径的穿丝孔，进行封闭式切割，而避免开放式切割。若工件已在快走丝电火花线切割机床上进行过粗切割，再在慢走丝电火花线切割机床上进一步加工时，可不打穿丝孔。

5）工件的装夹与找正。准备利用慢走丝电火花线切割机床加工的工件，在前面的工序中应加工出准确的基准面，以便在慢走丝电火花线切割机床上装夹和找正。应充分利用机床附件装夹工件。对于某些结构形状复杂、容易变形工件的装夹，必要时可设计和制造专用的夹具。

工件在机床上装夹好后，可利用机床的接触感知、自动找正圆心等功能或利用千分表找正，确定工件的准确位置，以便设定坐标系的原点，确定编程的起始点。找正时，应注意多操作几遍，力求位置准确，将误差控制到最小。

当工件将切割完毕时，其与母体材料的连接强度势必下降，此时要注意固定好工件，防止因工作液的冲击而使工件发生偏斜，从而改变切割间隙，轻者影响工件表面质量，重者使工件报废。

(2) 实施少量多次切割　少量、多次切割方式是指利用同一直径电极丝对同一表面先后进行两次或两次以上的切割，第一次切割加工前预先留出精加工余量，然后针对留下的精加工余量，改用精加工条件，利用同一轨迹程序将偏置量分阶段地缩小，再进行切割加工。一般可分为 $1 \sim 4$ 次切割，除第一次加工外，加工量一般由几十微米逐渐递减到几微米，特别是加工次数较多的最后一次，加工量应较小，即几微米。少量、多次切割可使工件具有单次切割不可比拟的表面质量，并且加工次数越多，工件的表面质量越好。具体数值一般由机床的加工参数决定。

采用少量、多次切割方式，可减少线切割加工时工件材料的变形，可有效提高工件的加工精度并改善表面质量。在粗加工或半精加工时可留一定余量，以补偿材料因应力平衡状态被破坏所产生的变形和最后一次精加工时所需的加工余量，最后精加工即可获得较为满意的加工效果。这是控制和改善加工表面质量的简便易行的方法和措施，但生产率有所降低。

(3) 合理安排切割路线　该措施的指导思想是尽量避免破坏工件材料原有的内部应力平衡，防止工件材料在切割过程中因在夹具等作用下，由于切割路线安排不合理而产生显著变形，致使切割表面质量和精度下降。一般情况下，合理的切割路线应将工件与夹持部位分离的切割段安排在总的切割程序末端，将暂停点设在靠近毛坯夹持端的部位。

(4) 正确选择切割参数　慢走丝电火花线切割加工时，应合理控制与调配丝参数、水参数和电参数。电极丝张力大时，其振动的振幅减小，放电效率相对提高，可提高切割速度。丝速高可减少断丝和短路的机会，提高切割速度；但过高会使电极丝的振动增加，又会影响切割速度。为了保证工件具有更高的加工精度和表面质量，可以适当调高机床厂家提供的丝速和丝张力参数。

增大工作液的压力与流速，则排出蚀除物容易，可提高切割速度；但过高反而会引起电极丝振动，影响切割速度，应以维持层流为限。粗加工时，广泛采用短脉宽、高峰值电流、正极性加工。精加工时，采用极短脉宽（百纳秒级）和单个脉冲能量（几微焦耳），可显著改善加工表面质量。

此外，应保持稳定的电源电压。电源电压不稳定会造成电极与工件两端不稳定，从而引起击穿放电过程不稳定，影响工件的加工质量。

（5）控制上部电极丝导向器与工件的距离 慢走丝电火花线切割加工时，可以采用距离密近加工，即上部电极丝导向器与工件的距离尽量靠近（约0.05~0.10mm），避免因距离较远而使电极丝振幅过大，进而影响工件加工质量。

2. 慢走丝线切割加工的技术发展

随着相关技术领域的发展，慢走丝线切割的加工精度也日益提高，主要体现在如下几个方面：

（1）多次切割技术 多次切割技术是提高慢走丝电火花线切割加工精度及表面质量的根本手段。它是设计制造技术、数控技术、智能化技术、脉冲电源技术、精密传动及控制技术的科学整合。一般是通过一次切割成形，二次切割提高精度，三次以上切割提高表面质量。以前为获得高质量的表面，多次切割的次数可高达7~9次，现在只需3~4次。

（2）拐角加工技术不断优化完善 在切割拐角时，由于电极丝的滞后，会造成角部塌陷。为了提高拐角切割精度，采取了更多的动态拐角处理策略。如改变走丝路径；改变加工速度（薄板）；自动调节水压；控制加工能量等。通过采用综合的拐角控制策略，粗加工时角部的形状误差可减少70%，可一次切割达5级的配合公差等级。

（3）采用提高平直度的技术 高精度精加工回路都是提高平直度的技术，对厚件加工意义重大。

（4）机床结构更加精密 为了保证高精度的加工，采用了许多技术措施来提高主机精度：①控制温度。采用水温冷却装置，使机床内部温度与水温相同，减小了机床的热变形。②采用直线电动机，响应度高，精密定位可实现0.1μm当量的控制，进给无振动，无噪声，可提高放电频率，保持稳定放电，两次切割 Ry 值可达5μm。③采用陶瓷、聚合物人造花岗岩材料，其热惯性比铸铁大25倍，可降低温度变化对切割精度的影响。④采用固定工作台、立柱移动结构，提高工作台承重，不受浸入加工和工件质量变化的影响。⑤采用浸入式加工，降低工件热变形。⑥采用电动机伺服、闭环电极丝张力控制。⑦为了高精度对刀，采用电压调制对刀电源。对刀精度可达±0.005mm，不损伤工件，不论干湿。

（5）细丝切割 为了进行小圆角、窄缝、窄槽及微细零件的微精加工，各制造企业都花大力气进行细丝切割技术的研究。目前，世界主要电加工机床的制造企业都可以采用φ0.02~φ0.03mm的电极丝进行切割。

瑞士阿奇夏米尔公司的ROBOFIL 240型的慢走丝线切割机床总体外形结构如图3-51所示。

四、中走丝线切割加工

中走丝电火花线切割机床属往复高速走丝电火花线切割机床范畴，是在高速往复走丝电火花线切割机上实现多次切割功能，俗称为"中走丝线切割"。

所谓"中走丝"，并非指走丝速度介于高速与低速之间，而是复合走丝线切割，即走丝原理是在粗加工时采用高速（8~12m/s）走丝，精加工时采用低速（1~3m/s）走丝，这样工作相对平稳、抖动小，并通过多次切割减少材料变形及钼丝（电极丝）损耗带来的误差，使加工质量相对提高，加工质量可介于快走丝机床与慢走丝机床之间。可以说，"中走丝"实际上是往复快走丝电火花线切割机借鉴了一些慢走丝机的加工工艺技术，并实现了无条纹切割和多次切割。从实践工作中得出，在多次切割中，第一次切割任务主要是高速稳定切割，可选用高峰值电流、较长脉宽的规准进行大电流切割，以获得较高的切割速度；第二次切割的任务是精修，保证加工尺寸精度，可选用中等规准，使第二次切割后的粗糙度 Ra 值在$1.4 \sim 1.7 \mu m$之间。为了达到精修的目的，通常采用低速走丝方式（走丝速度为 $1 \sim 3m/s$），

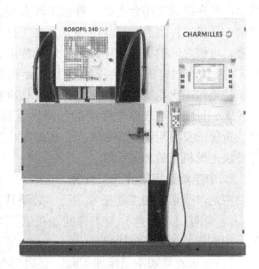

图 3-51 慢走丝线切割机床

并将跟踪进给速度限制在一定范围内，以消除往返切割条纹，获得所需的加工尺寸精度；第三次、第四次或更多次切割（目前中走丝控制软件最多可以实现七次切割）的任务是抛光修磨，可用最小脉宽（目前最小可以分频到$1\mu s$）进行修光，而峰值电流随加工表面质量要求而异，实际上精修过程是一种电火花磨削，加工量甚微，不会改变工件的尺寸大小，走丝方式则像第二次切割那样采用低速走丝限速进给即可。在加工过程中，多次切割还需注意变形处理。工件在线切割加工时，随着原有内应力的作用及火花放电所产生的加工热应力的影响，将产生不定向、无规则的变形，使后面的切割吃刀量厚薄不均，影响加工质量和加工精度，因此需根据不同材料预留不同的加工余量，以使工件充分释放内应力及完全扭转变形，进而在后面多次切割中能够有足够余量进行精割加工，使工件的最后尺寸得到保证。

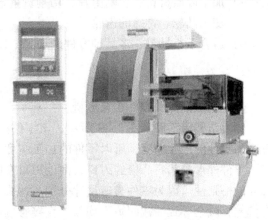

图 3-52 中走丝线切割机床

中走丝线切割机床（图 3-52）主要由以下几部分组成：

1）机床主体。包括床身、丝架、走丝机构、X—Y数控工作台。

2）工作液系统。

3）高频电源。产生高频矩形脉冲，脉冲信号的幅值、脉冲宽度可以根据不同的工作状况进行调节。

4）数控和伺服系统。

1. 中走丝线切割的加工原理

中走丝线切割加工技术是在电火花穿孔、成形加工的基础上发展起来的。

中走丝线切割的工作原理是：绕在运丝筒上的电极丝沿运丝筒的回转方向以一定的速度

移动，装在机床工作台上的工件由工作台按预定控制轨迹相对于电极丝作成形运动。脉冲电源的一极接工件，另一极接电极丝。在工件与电极丝之间总是保持一定的放电间隙且喷洒工作液，电极之间的火花放电蚀出一定的缝隙，连续不断的脉冲放电就切出了所需形状和尺寸的工件。中走丝电火花线切割加工比快走丝电火花线切割的加工质量有明显提高，但它仍然属于快走丝电火花线切割加工的范畴，切割精度和表面粗糙度仍与慢走丝线切割加工存在较大差距，且精度和表面粗糙度的保持性也需要进一步提高。中走丝线切割机床具有结构简单、造价低及使用消耗少等特点，因此其应用也较广。目前中走丝线切割机床执行的标准仍然是快走丝机床的相关标准。

2. 中走丝线切割的加工条件

中走丝线切割加工能正常运行，必须具备下列条件：

1）钼丝（电极丝）与工件的加工表面之间必须保持一定间隙，间隙的宽度由工作电压、加工量等加工条件决定。

2）电火花线切割机床加工时，必须在有一定绝缘性能的液体介质中进行，如煤油、皂化油、去离子水等，以利于产生脉冲性的火花放电；同时，液体介质还有排除间隙内电蚀产物和冷却电极的作用。

3）必须采用脉冲电源，即火花放电必须是脉冲性、间歇性的，在脉冲间隔内，使间隙介质消除电离，从而使下一个脉冲能在两极间击穿放电。

3. 中走丝线切割的应用

1）可以加工微细异形孔、窄缝和复杂形状的工件。

2）加工样板和成形刀具。

3）加工粉末冶金模、镶拼型腔模、拉丝模、波纹板成形模等模具。

4）加工硬质材料、切割薄片、切割贵重金属材料。

5）加工凸轮、特殊的齿轮。

6）适合于小批量、多品种零件的加工，以减少模具制作费用，缩短生产周期。

任 务 实 施

一、侧板凸凹模零件工艺分析

侧板凸凹模零件如图 3-29 所示，该零件是冲压模具的工作零件，其尺寸精度直接决定着产品零件的尺寸精度，所以零件的加工精度要求较高。两个内孔 $\phi9.1mm$ 是冲孔凹模的刃口，零件外形是落料凸模的刃口；两处刃口在同一零件上，需要通过加工工艺保证两处刃口尺寸的一致性。因为零件刃口尺寸分别与冲头及凹模配双面间隙 0.08 ~ 0.12mm，如果刃口有偏差，就会导致冲裁间隙不均匀，直接影响产品零件的尺寸精度。

侧板凸凹模零件采用 Cr12MoV 钢，热处理为淬火，58 ~ 62HRC。Cr12MoV 钢有高淬透性，截面为 $300 \sim 400mm^2$ 以下时可以完全淬透，在 300 ~ 400℃时仍可保持良好的硬度和耐磨性，韧性较 Cr12 钢高，淬火时体积变化最小，可用来制造断面较大、形状复杂、经受较大冲击负荷的各种模具和工具等；刃口工作面的表面粗糙度 Ra 值为 0.8μm。零件的外形比较规则，零件的右侧部位由两处小直线段与过渡连接的圆弧组成；由于零件的外形是直壁的刃口，一些普通的加工方法难以加工，根据线切割加工工艺的特点，选用线切割加工比较合适（快走丝线切割）。

侧板凸凹模零件尺寸精度要求较高的是 2 个 $\phi9.1$mm 的孔，零件周边及上、下两平面的表面粗糙度 Ra 值为 $0.8\mu m$。由于外形局部不规则，不容易进行磨削加工，所以零件外形刃口的表面粗糙度通过线切割精加工来保证，线切割后不进行磨削加工。零件图样的尺寸标注采用了坐标法，技术要求的内容也与常规的写法有些不同。

二、侧板凸凹模零件工艺过程卡

根据上述工艺分析，侧板凸凹模零件需先经过普通粗加工，再使用精基准进行后续的精加工。侧板凸凹模零件的加工工艺过程卡见表 3-10，加工工序图如图 3-53 所示。

表 3-10　侧板凸凹模零件的加工工艺过程卡　　　　　　（单位：mm）

加工工艺过程卡		零件名称	侧板凸凹模	材　料	Cr12MoV
		零件图号	CBTAM-01	数　量	1
序号	工序名称	工序（工步）内容		工　时	检　验
1	备料	备 Cr12MoV 锻料, $170\times60\times53$			
2	铣	铣六面去粗，工序图中 B 基准一侧留余量 $0.3\sim0.5$，上、下两面各留余量 0.5			
3	平磨	磨上、下两面，尺寸保证 48.5；保证表面粗糙度，磨侧面 B 基准，光面即可			
4	加工中心	点孔（$\phi9.1$，$3\times$M8 螺纹孔，穿丝孔），钻、铰基准孔 $\phi6$（深10）			
5	钳工	钻 $3\times$M8 螺纹底孔，攻螺纹 $3\times$M8、深 20，扩 $2\times\phi10$ 的孔，钻穿丝孔，钻孔 $\phi5.8$、铰孔 $\phi6$，钻 $\phi9.1$ 的穿丝孔 $\phi5$			
6	热处理	淬火，$58\sim62$HRC			
7	平磨	磨上、下两面，保证表面粗糙度及尺寸，磨侧面基准 B			
8	线切割	基于 A、B 基准，线切割零件外形及孔 $2\times\phi9.1$（与凹模及冲头配间隙）			

编制：　　　　　　　审核：　　　　　　　日期：

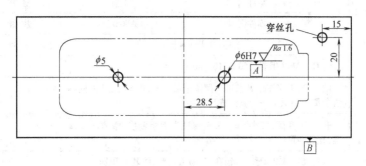

图 3-53　加工工序图（侧板凸凹模）

拓 展 任 务

凹模零件加工与工艺卡编制

凹模零件是冲裁模具中的重要刃口成形零件，如图 3-54 所示。零件属于板类零件，但是零件需要进行热处理淬火，零件的刃口形状由不规则的线段与圆弧组成，刃口成形型腔比较复杂,刃口为上下直通式的结构形式。

凹模零件尺寸精度要求较高的分别有凹模刃口周边,两个销钉定位孔 $\phi 10^{+0.015}_{0}$ mm,以及凹模零件上、下两平面要求表面粗糙度 Ra 值为 $0.8\,\mu\text{m}$。零件上的销孔、螺纹孔的加工与侧板凸凹模中的孔的加工工艺过程相同。根据刃口线切割加工的工艺特点,刃口的表面粗糙度通过线切割加工直接保证,不进行磨削加工。

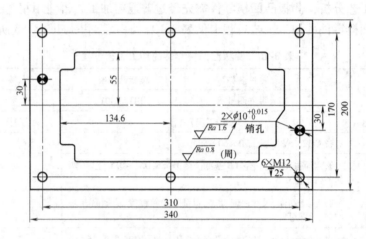

图 3-54 凹模零件图

凹模零件的技术要求:材料为 Cr12MoV;热处理为淬火,58~62HRC;凹模板厚度为 35mm;凹模板上、下两平面表面粗糙度 Ra 值为 $0.8\,\mu\text{m}$,其余表面的表面粗糙度 Ra 值为 $6.3\,\mu\text{m}$;刃口型腔的尺寸按设计的电子图加工,公差为 ± 0.02mm。

根据上述零件工艺分析,凹模零件的加工工艺过程卡见表 3-11,零件的加工工序图如图 3-55 所示。

表 3-11 凹模零件的加工工艺过程卡 　　　　　　　　　　(单位:mm)

加工工艺过程卡		零件名称	凹　模	材料	Cr12MoV
		零件图号	AM-01	数量	1
序号	工序名称	工序(工步)内容		工　时	检验
1	备料	备 Cr12MoV 锻料,350×210×40			
2	铣	铣六面,工序图中 B 基准一侧留余量 0.3~0.5;上、下两面各留余量 0.5;其余各边到图样尺寸			
3	平磨	磨上、下两面,尺寸保证 35.5,保证表面粗糙度;磨侧面 B 基准,光面即可			
4	加工中心	点孔(6×M12 螺纹孔,销孔 2×ϕ10),钻、铰基准孔 ϕ6			
5	钳工	钻 6×M12 的螺纹底孔,攻螺纹 6×M12、深 25;钻两个销孔的穿丝孔 ϕ5			
6	热处理	淬火,58~62HRC			
7	平磨	磨上、下两面,保证表面粗糙度及尺寸,磨侧面基准 B			
8	线切割	基于 A、B 基准,线切割凹模型腔及两个销孔 ϕ10			

编制: 　　　　　　审核: 　　　　　　日期:

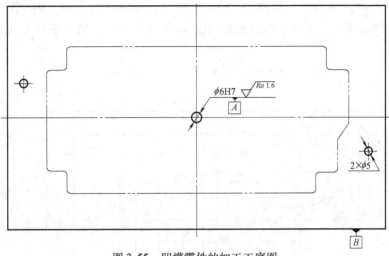

图 3-55　凹模零件的加工工序图

拓 展 练 习

1. 简述电火花线切割加工的工作原理及与电火花成形加工的区别。
2. 简述电火花线切割加工的分类及各种类型的加工特点。
3. 简述快走丝电火花线切割加工在模具零件加工中的应用。
4. 简述慢走丝电火花线切割加工的精度特点及其在模具零件加工中的应用。
5. 简述快走丝电火花线切割应用 CAXA 软件编程的基本过程及工艺参数的设置。
6、编制下列零件的加工工艺卡。

① 零件名称：凸凹模，如图 3-56 所示；材料：SKD11；热处理：淬火，58 ~ 62HRC；刃口尺寸与冲头及凹模配双面间隙 0.10 ~ 0.15mm；其余表面的表面粗糙度 Ra 值为 6.3μm。

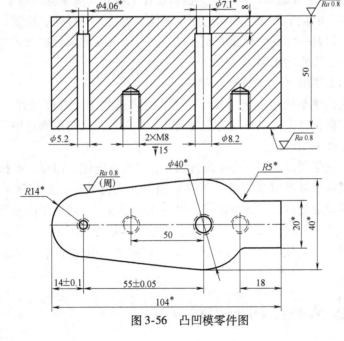

图 3-56　凸凹模零件图

② 零件名称：固定板零件，如图 3-57 所示；材料：45 钢；热处理：调质，28～32HRC；固定板上、下两平面表面粗糙度 Ra 值为 1.6μm，其余表面 Ra 值为 6.3μm。

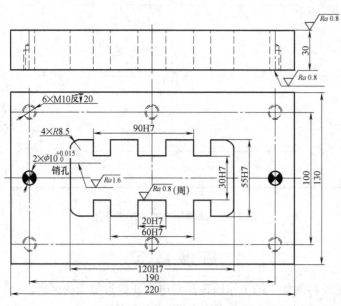

图 3-57　固定板零件图

任务三　其他特种加工方法简介

一、电化学加工

电化学加工是利用电化学原理实现从工件上去除金属或向工件上沉积金属的加工方式。虽然有关的基本理论在 19 世纪末已经建立，但真正在工业上大规模应用还是 20 世纪30～50 年代以后的事。目前，电化学加工已成功应用于涡轮、齿轮、异形孔、花键、模具型腔等复杂型面的成形加工，以及一些零件表面的光整加工。由于现在环境保护意识的增强，电化学加工的应用也受到一定程度的限制。

电化学加工按加工原理可大致划分为三类。

第一类是利用电化学阳极溶解进行加工，主要有电解加工、电解抛光等。在加工过程中，工件为阳极，阳极材料失去电子变为金属离子，金属离子又与电解液中的氢氧根离子化合、沉淀，逐渐将工件一层层蚀除。

第二类是利用电化学阴极沉积、涂覆进行加工，主要有电镀、涂覆、电铸等。工件为阴极，电解液中的金属离子被吸引到阴极（工件）表面而获得电子，金属离子沉积到工件表面，阳极失去电子变成金属离子进入电解液，以补充电解液中金属离子的消耗。

第三类是电化学加工与其他加工方法相结合的电化学复合加工工艺，目前主要有电化学加工与机械加工相结合，电化学加工与电火花加工相结合，电化学加工与超声波加工相结合等。

1. 电解加工

（1）电解加工的基本原理、特点及适用范围

1）电解加工的基本原理。电解加工是利用金属在电解液中发生电化学阳极溶解的原理，将工件加工成形的一种工艺方法，如图 3-58 所示。加工时，工具电极接直流稳压电源（6~24V）的负极（阴极），工件接正极（阳极），两极之间保持一定的间隙（0.1~1mm），具有一定的压力（0.49~1.96MPa）的电解液从极间隙之间高速流过。接通电源后（电流可达 1000~10000A），工件表面产生阳极溶解，由于两极之间各点的距离不等，其电流密度也不相等，两极间距离最近的地方，通过的电流密度最大，可达 10~70A/cm²。

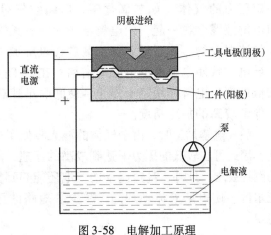

图 3-58　电解加工原理

2）电解加工的特点。电解加工与其他加工方法比较具有以下特点。

① 可加工高硬度、高强度、高韧性等难切削的金属，适用范围广。

② 生产效率高。

③ 适用于加工易变形的零件。

④ 加工后的表面无残留应力和毛刺，Ra 值可达 1.25~0.2μm，平均加工精度可达 0.1mm。

⑤ 加工过程中工具电极损耗极小，可长期使用。

3）电解加工的适用范围。电解加工模具型腔时，加工效率高，表面粗糙度值较小，但尺寸精度不高，电极设计与制造周期长，投资大。主要适用于大型模具型腔的加工，如锻造模具型腔、压铸模具型腔及注射模具型腔等批量较大且要求不高的表面的加工。

（2）电解液

1）电解液在电解过程中的主要作用

① 作为导电介质传递电流。

② 在电场作用下进行电化学反应，使阳极溶解。

③ 可及时排除加工间隙中的电蚀物，并带走加工区产生的热量，起到更新与冷却的作用。

2）对电解液的基本要求

① 电解液应具有足够的腐蚀速度，以提高生产率。

② 为得到较高的加工精度和表面质量，电解液中的金属阳离子不应在阴极上产生放电反应而沉积到电极上，以免改变电极的形状和尺寸。

③ 阳极反应的最终产物是不溶性的化合物，以便于排除，阳极溶解下来的金属阳离子不应沉积在阴极上。

④ 电解液应性能稳定、操作安全、腐蚀性小、配制成本低。

3）常用电解液。电解液可分为中性盐溶液、酸性溶液和碱性溶液。目前实际生产中常用的电解液是氯化钠（NaCl）、硝酸钠（$NaNO_3$）和氯酸钠（$NaClO_3$）三种中性盐溶液。

（3）混气电解加工　混气电解加工的生产效率高，表面粗糙度数值小，加工精度为 0.1mm，可加工形状复杂的型腔，广泛应用于精度要求不太高、批量大的大型型腔的加工，如锻模、压铸模、塑料模等的型腔加工。如图 3-59 所示，混气电解加工是将一定压力的气体（如二氧化碳、压缩空气等）经气液混合腔与电解液混合在一起，使电解液成为含有无数的水和气体的均匀气液混合物，然后送入加工区进行电解加工。因气液混合物不导电，致使电解液的电阻率增加；在加工间隙中，电流密度较低的部位电解作用趋于停止，使间隙迅速趋于均匀，从而可以保证较高的加工精度。

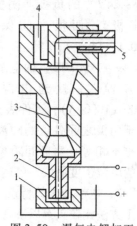

图 3-59　混气电解加工
1—工件　2—电极
3—气液混合腔
4—电解液入口
5—气源入口

混气电解加工时，由于气体的混入降低了电解液的密度和粘度，因此可在较低的压力下达到较高的流速，降低了对工艺装备的刚性要求。此外，高速流动的气泡还能起到搅拌作用，消除了死水区，使电解液流动均匀，减少了短路的可能性，因此加工稳定。

由于混气电解加工时电解液的电阻率较大，在相同的加工电压和加工间隙的情况下，其电流密度比不混气的电解液有所下降，因而加工时速度下降 1/3 ~ 1/2。但从全部生产过程看，它缩短了电极设计、制造周期，提高了加工精度，减少了钳工修整的工作量，所以总的生产速度还是加快了。混气电解加工需增加一套附属的供气设备、管道、抽风设备，故投资较大。

用作电解加工的电极材料应具备下列性能：①电阻小；②导热性好；③熔点高；④有一定的刚性；⑤机械加工性能好；⑥耐蚀性好。目前常用的电极材料有铜、黄铜、不锈钢等。

（4）电解加工技术在模具加工中的应用

1）模具电解加工的发展及应用概况。随着科技、新兴工业及精密毛坯的发展，模具制造在现代制造业中的重要性和所占比重越来越大，模具结构越来越复杂，材料的性能也不断提高。难加工材料，如淬硬钢、不锈钢、高镍合金钢、粉末合金、硬质合金、超塑合金，在模具材料中所占的比重日趋加大。电解加工由于具有能适应难加工材料及复杂结构的优势，已在模具制造业中占据重要地位。20 世纪 70 年代，随着电解加工从军工生产向民用生产扩展，电解加工模具几乎在模具制造业各领域全面展开，然而也随即暴露出一些缺点，即精度和棱边质量不够、工具阴极设计制造复杂、劳动量大、设备投资大等。

锻模具有硬度高、形状复杂、表面质量要求高、精度中等、批量较大等特点，适宜采用电解加工。其特点首先是高效、低成本，由于电解模具是全型加工、一次成形且进给速度快，因而机动时间较仿形铣、电火花加工大为减少；其次，由于电解加工表面粗糙度值低，无坚硬的热再铸层及冷作硬化层，后续的手工打磨抛光劳动量较仿形铣及电火花均大幅度下降；另外，由于电解加工可直接从淬硬的模坯一次加工到尺寸，工序高度集中，工艺流程短，且工具不需经常修复和更换，模具生产周期大为缩减。

2）模具电解加工的类型、特点及应用范围。表 3-12 是对国内外的模具电解加工的类型、特点及应用范围的一个简要介绍，可供选用时参考；选用时还应根据具体的加工要求及工厂的具体条件确定。

表 3-12　模具电解加工的类型、特点及应用范围

分类	类型	细目	特　点	应　用　范　围
按加工对象分	锻模	一般锻模	模具的精度中等,各面之间圆滑过渡,表面质量要求较高,材料硬度高,批量较大,适应电解加工当前发展水平,可以全面发挥电解加工的优势	生产中应用较为广泛,特别是小倾角浅型腔模具
		精密锻模	精锻模的精度、表面质量要求均高,批量更大,只能采用精密电解加工	正在开发中
	玻璃模		型腔的表面粗糙度要求较高,而精度则要求不高;由于轴对称,因而流场分布均匀,较适应电解加工的特点	国外较多使用
	压铸模	整体式/分体式	形状较复杂,尺寸较大,流场控制及工具电极设计制造均较复杂、难度较大,但分体式压铸模较为简便	国外局部应用
	冷镦模		受力较大,对表面质量要求较高,精度则不甚高,可发挥电解加工的优势	中、小零件
	其他	橡胶轮胎模注射模	此类模具的合模精度要求较高,且批量很小,材料可加工性尚可,一般不采用电解加工	少量应用
按加工工艺分	常规电解(直流电流,溶液电解液)	NaCl 电解液	高效、低成本,但复制性较差,杂散腐蚀大,电极设计、制造复杂,作业量大	1. 预加工 2. 精度要求不高的锻模、煤矿机械等
		NaNO₃ 及低浓度复合电解液	加工精度高,杂散腐蚀小,极间间隙较均匀、稳定,电极设计、制造较简便,但加工效率低	1. 光整加工 2. 用于精度要求高的锻模
	混气电解(直流电流,气液混合雾状电解液)	NaCl 低压混气	整平比及复制精度较高,杂散腐蚀较小,但尺寸精度不够稳定,加工效率较低,混气系统较稳定	一般锻模应用较多
		NaNO₃ 高压混气	加工精度较高,杂散腐蚀较少,但加工效率低,混气系统复杂	用于精度要求高的锻模
	脉冲电流电解(脉冲电流,水溶液电解液)	低频、宽脉冲,准正弦波	整平比高,杂散腐蚀小,极间间隙较均匀,但加工效率较低	用于精度要求高的锻模
		高频、窄脉冲,方波电流	加工精度较高,无杂散腐蚀,极间间隙小而均匀,电极设计、制造较简便,加工效率较高	正在开发,尚未用于生产,有望近期用于精密模具加工
	复合工艺	EDM-ECM ECM-EDM-ECM	综合技术经济效果好,但工艺过程较繁,机床设备较复杂	国外应用较多
按工具电极分	材料 金属电极	铸铁,铜,铜钨合金,不锈钢	强度好,结构简单,但制造修整复杂	广为应用
	材料 石墨电极		强度稍差,结构较复杂,流道形式受限,制造、修整简便,耐烧蚀	国外应用较多
	设计制造方式	反向、反复多次试加工修正	设计简便,但试加工后修正工作复杂,工作量较大,且受工艺条件影响,稳定性较差;加工中经常要修正,使生产准备工作量大,周期长	国内广泛采用,国外少用
	设计制造方式	CAD/CAM	设计工作复杂,技术难度高,但加工较简便,周期较短	国外多用,但首次加工仍要试修

2. 电解磨削加工

电解磨削又称电化学磨削,英文简称 ECG,是将金属的电化学阳极溶解作用和机械磨削作用相结合的一种复合磨削工艺,其工作原理如图 3-60 所示。

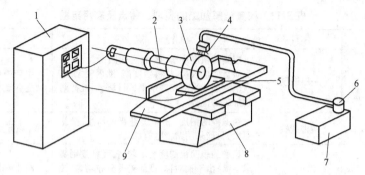

图 3-60　电解磨削原理图

1—直流电源　2—绝缘主轴　3—导电磨轮　4—电解液喷嘴　5—工件
6—电解液泵　7—电解液箱　8—机床本体　9—工作台

工件接直流电源的正极，导电磨轮接直流电源的负极。磨削时，两者之间保持一定的磨削压力，凸出于磨轮表面的非导电性磨料使工件表面与磨轮导电基体之间形成一定的电解间隙（0.02 ~ 0.05mm），同时向间隙中供给电解液，工件表面金属由于电解作用生成一层极薄的氧化膜或氢氧化膜（统称为阳极钝化膜），这层阳极钝化膜相对较软而又有很高的电阻，在加工过程中，极易被旋转的磨轮所刮除，并被电解液带走，使新的金属表面露出，继续产生电解作用，如此交替循环，对工件进行连续加工，直至达到所需要的尺寸和表面粗糙度。

在电解磨削过程中，工件的加工余量大部分（占95% ~ 98%）由电解作用去除；同时，电解磨轮也参加少量的机械磨削（占2% ~ 5%）。电解磨削主要用于粗、半精加工，若切断电源，停止电解作用，可单独使用磨轮继续进行精加工，最后达到的加工精度与一般机械磨削相同。

与一般磨削加工相比，电解磨削具有如下特点。

① 加工范围广，加工效率高。可以加工任何高硬度、高韧性的金属材料，如硬质合金、不锈钢、耐热合金等；磨削硬质合金时，与用一般金刚石砂轮相比，电解磨削的效率可提高3 ~ 5 倍。

② 磨削后的表面质量好。电解磨轮磨削的主要是电解过程中产生的硬度较低的阳极钝化膜，因而磨削力和磨削热很小，不会产生磨削毛刺、裂纹、烧伤等缺陷。一般电解磨削加工精度可达 0.01mm，表面粗糙度 Ra 值可小于 0.16μm。

③ 砂轮损耗小。由于电解磨削主要靠电解作用去除金属材料，磨料的主要作用是保持电解加工间隙与刮除硬度较低的阳极钝化膜，切削力极小，因此砂轮磨损量小，寿命长。例如磨削硬质合金时，与普通金刚石砂轮相比，电解磨削用的金刚石砂轮的消耗速度可降低80% ~ 90%。砂轮磨损量小，也有助于提高加工精度，还可降低砂轮成本。

④ 与普通磨削相比，电解磨削也存在不足，如磨削刀具类带有刃口的零件时，不易磨得非常锋利；机床、夹具等需要采取防腐防锈措施，并需增加电解液循环过滤、直流电源等附件，工作环境差。

（1）电解磨削机床　电解磨削机床由机床主体、电解电源和电解液循环过滤系统等组成。

电解磨削机床主体的机械结构和普通磨床基本相同，但增加了直流电源、电解液循环过滤系统等装置，同时主轴、工作台等进行了绝缘、防腐处理。无专用电解磨床时，可用普通磨床进行改造。

电解电源一般选用直流电源或直流脉冲电源，只有在采用石墨磨轮磨削硬质合金时才使用交流电源。直流电源一般采用硅整流电源，工作电压为 8～12V，要求具有无级调压、过载保护和稳压等功能。

电解液循环过滤系统由电解液、电解液喷嘴、电解液泵、电解液箱及过滤系统等组成。电解液的性质对加工效率和工件的表面质量有很大影响，电解液要求导电性能好，能在金属表面快速生成阳极钝化膜，能溶解反应生成物，同时具有防腐蚀、不影响人体健康、价格便宜等特点。不同的工件材料需要使用不同的电解液，由于单一成分的电解液难以满足上述五个方面的要求，在实际生产中，常采用复合电解液。

磨削硬质合金的电解液成分（质量分数）为：$NaNO_2$（9.6%），$NaNO_3$（1.5%），Na_2HPO_4（0.3%），K_2CrO_7（0.3%），其余为 H_2O。

合金与钢焊接在一起后同时磨削的电解液成分（质量分数）为：$NaNO_2$（5%），$NaNO_3$（1.5%），KNO_3（0.3%），$Na_2B_4O_7$（0.3%），其余为 H_2O。

（2）导电磨轮　导电磨轮的种类很多，主要有以下几种。

① 金刚石导电磨轮。金刚石导电磨轮强度高，使用寿命长，磨削效率高。金刚石导电磨轮有金属粘结型和电镀型两种。金属粘结型是用铜合金粉作粘结剂，与金刚石磨粉混合，加压成形，烧结而成的，制造比较困难，因而适合于规则的表面（如平面和圆柱面）及大批量生产的电解磨削。电镀型是采用电镀法将金刚石磨料沉积在预成形的铜或铜制的磨轮基体圆周上，由于电镀的金刚石磨料是单层的，使用寿命比较短，但可以制成形状复杂的成形磨轮，因而适合于单一形状、大批量生产及小孔、内圆工件的电解磨削。

② 树脂结合剂导电磨轮。树脂结合剂导电磨轮是用树脂作粘结剂，与石墨粉、磨料混合，热压成形、烧结而成。这种磨轮机械强度较差，同时磨轮内部无气孔，磨削效率也较低，一般用于内、外圆或简单形状的电解磨削。

③ 氧化铝（碳化硅）导电磨轮。氧化铝（碳化硅）导电磨轮是将普通的氧化铝（碳化硅）砂轮经导电处理（如电镀法、渗透法等），再用金刚石工具修整成形。这种磨轮具有良好的导电性和电解磨削能力，适合于各种钢件的电解磨削，但不适合于电解磨削硬质合金。

④ 石墨导电磨轮。石墨导电磨轮是用石墨作粘结剂，分为含磨料和不含磨料两种类型。不含磨料的纯石墨磨轮可以用普通刀具修整成形，但是在磨削硬质合金时，必须使用交流电源，通过火花放电去除氧化膜来实现电解磨削。含磨料的石墨导电磨轮具有机械磨削作用，使用直流电源。石墨导电磨轮的电解磨削加工精度较低，常用于成形表面的粗磨削加工。

（3）电解磨削的应用

1）平面电解磨削。平面电解磨削有立式和卧式两种方式，如图 3-61 所示。立式电解磨削效率高，适合于电解磨削大的平

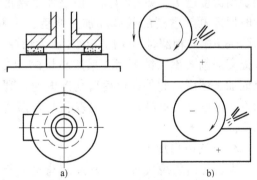

图 3-61　平面电解磨削示意图

a）立式电解磨削　b）卧式电解磨削

面；卧式电解磨削工件表面质量好，适合于电解磨削质量要求高的平面。

平面电解磨削的工艺要求见表3-13。

表 3-13　平面电解磨削的工艺要求

电规准	粗 磨	精 磨	最后短时间磨削
电压/V	8 ~ 9	3 ~ 4	2
电流	根据工件与磨轮接触面积选择		
	立轴矩台平面磨削	卧轴矩台平面磨削	
工艺说明	1. 进给速度要根据电流大小来选择，不可太快，以防短路 2. 工作台往复移动时，工件应退出磨轮，否则会影响工件的平面度。当工件退出磨轮时，应停止磨轮进给	1. 尽可能将磨轮一次（或几次）进给到加工深度。如工件留0.03 ~ 0.05mm 精磨余量，工作台慢速移动1 ~ 2 个行程将其余量全部磨去 2. 按一般机械磨削方法进行精磨	

2）内、外圆电解磨削。外圆电解磨削的方法有切入式磨削、纵向式磨削、一次切深式磨削和附加阴极式磨削，见表3-14。内圆电解磨削的方法有纵向式磨削和一次切深式磨削。内圆电解磨削要注意磨轮直径的选择，磨轮直径越大，磨削效率越高，但电解作用也增强，影响加工质量，一般取 $D_{磨轮}/D_{工件} = 0.6 \sim 0.7$ 为宜。

表 3-14　外圆电解磨削方式

磨削方式	切入式磨削	纵向式磨削	一次切深式磨削	附加阴极式磨削
磨削示意图				
工艺说明	当工件长度小于磨轮宽度时，一般采用切入式磨削	当工件长度大于磨轮宽度时，一般采用纵向式磨削	开始磨削时工件不转，磨轮旋转并向工件进给至要求达到的切深；然后工件缓慢旋转，一次去除磨削余量	为提高电解作用，增加一个附加阴极，使工件同时受到磨轮和附加阴极的电解作用

3）电解成形磨削。电解成形磨削是先将电解磨轮外圆周面按需要的形状修形，再进行电解磨削，其加工原理如图 3-62 所示。电解成形磨削的切削深度越大，效率越高，但是加工精度差。为了同时保证电解磨削的效率和加工精度，一般采用粗、精两道工序。粗磨时，采用高电压、大切深、小进给，以提高磨削效率；精磨时，采用小切深、大进给，以保证加工精度。此外，最后可切断电源，利用普通磨削方式进行最后的精加工，可获得与普通磨削一样的精度。

3. 电铸成形加工

电铸工艺属现代技术，其原理与电镀相同。在铸液中，阴模为铸件，表面活化处理后有导电层；接通电流，在电场中发生电泳，使金属逐渐沉积在阴模的

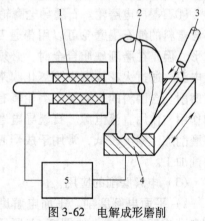

图 3-62　电解成形磨削
1—绝缘层　2—磨轮　3—喷嘴
4—工件　5—加工电源

铸件上，达到一定厚度即可取出；然后打磨、焊接，进行表面处理，即成为一件漂亮的电铸产品。电铸与电镀的最大不同是，电镀的产品是镀层和产品的复合体，而电铸则只是以电沉积层为所需要的制品，即最终要将镀层与原型脱离。电铸与电镀的区别见表3-15。

表 3-15　电铸与电镀的区别

区 别 项 目	电 铸	电 镀
电沉积金属的结合力	要求可以从基体剥离	要求与基体有强的结合力
电沉积层的厚度	0.005 ~ 0.2mm 以上	0.001 ~ 0.05mm
目的	原型、样品的复制，以利精密成形	制品的防蚀，制品的装饰
沉积层的种类	镍、铜、金、铂、银、铁、铅、镍钴合金等	所有可以电镀的金属和合金、复合层

（1）电铸成形的原理　电铸成形是利用电化学过程中的阴极沉积现象来进行成形加工的，也就是原型上通过电化学方法沉积金属，然后分离以制造或复制金属制品。

电铸时用可导电的原型作阴极，用作电铸材料的金属板作阳极，金属盐溶液作电铸溶液，即阳极金属材料与金属溶液中的金属离子的种类必须相同。在直流电源的作用下，电铸溶液中的金属离子在阴极还原成金属，沉积于原型表面，而阳极的金属则源源不断地变成离子溶解到电铸液中进行补充，使溶液中金属离子的浓度保持不变。电铸成形原理如图 3-63所示。

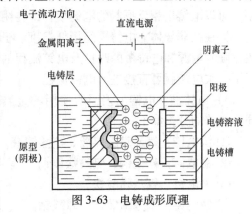

图 3-63　电铸成形原理

（2）电铸的特点　利用电铸技术可以制作其他方法无法实现的复制高精度和细致的模具，可以复制高价值和复杂的造型。另外，电铸还可以制作其他方法不能做到的制品，特别是那些制作原型很困难的制品。如图 3-63 所示的电铸过程中，金属沉积层从原型上剥离时，根据材料的不同，原型可以是一次性的，也可以是重复使用的。而重复使用的原型可以多次使用，从而降低了电铸加工的成本，也提高了效率。电铸技术的水准与材料学、物理化学，以及电化学的进步和设备的改进都有着密切的关系。

电铸加工的主要技术和经济特征如下。

① 与制品的形状、大小无关，只要有电铸槽就可以加工。

② 电沉积物的物理、化学性质可以在较宽的范围变化。

③ 可以复制 50 ~ 100nm 的精密造型。

④ 可以制作中空制品和合金制品。

⑤ 对于大量复制产品，与其他方法相比，在高精度和制作成本方面有优势。

⑥ 生产效率高，对环境保护有利。

（3）电铸系统的构成　电铸过程与原型的制作，与导电层的获得方法（化学的或物理的）、利用酸和碱的剥离方法、电沉积金属的性质、设备和装置都有关系。主要的系统包括电沉积的金属、电解液、模型、设备等。系统原型的制作与原型所用的材料有关，非导体的电铸、导体的电铸有不同的电铸液和工艺。

1）原型的制作。原型的制作有金属、石蜡、石膏、树脂原型法。蜡的加工有机械加工法、手工法、模压法、雕刻法等；金属、树脂、玻璃有化学加工法、蚀刻法等。

原型的材料，现在主要采用金属、树脂、玻璃等，电铸制品的精度和细微化可以利用光学和化学的方法获得，这种方法多用于非导体原型。经过研磨的玻璃板涂覆感光涂料，经感光后制作成树脂图形，可以经蚀刻而制成原型。另外，也可通过在金属或玻璃基材表面制作塑料图形后再进行化学蚀刻来制作原型。这种用光化学方法制作的原型用于进行光碟（CD、MD、DVD 等）模的电铸。还有用机械加工方法制作的原型，用来进行反射镜的电铸。

2）非导体的电铸。原型的材料是树脂或玻璃时，由于原型是非导体，在电铸前必须进行表面的导电化。导电化有湿法的化学镀和干法的真空镀等，镀层有银、铜、镍等金属膜。化学镀方法有利用不同金属的电位差的置换法和利用还原剂的还原法，但多数是利用还原剂法。真空镀是在真空条件下使放电离子向阴极靶电极冲击而将金属溅射到被镀件上去的方法。

非导体表面导电化后，就可以根据工艺流程进行电铸。以这种方法所得到的电铸模做原型，可以电铸出相反形状的电铸模，即在阴模上电铸出阳模，在阳模上电铸出阴模。

以往在非导体上电铸要经历低温度、低浓度、低电流密度（$2A/dm^2$）的第一层膜的电镀，随着电源和电铸槽的改良及电铸流程的电子化、表面金属化的改良，现在已经不需要进行第一次电镀就可直接进入电铸流程。

3）电铸液。电铸工艺因所使用的金属材料的不同和所使用的电铸液的不同而有所不同。电铸的分类如下：

① 镍电铸：氨基磺酸镍液、硫酸镍液。

② 铜电铸：氰化铜、硫酸盐镀铜、焦磷酸盐镀铜。

③ 铁电铸：氨基磺酸铁。

④ 钴电铸：氨基磺酸钴，硫酸钴。

⑤ 金电铸：氰化液。

⑥ 银电铸：焦磷酸盐镀液，氰化液。

对电铸来说，影响电铸金属质量的是电铸的结晶过程，最终受电铸液的物理、化学性质的影响。电铸金属离子的浓度对最大电流密度有影响；电铸液的密度和粘度对过滤的效率也有影响；电导率对金属离子的迁移、热容对电铸液的温度、离子扩散系数对极限电流密度、电导率对电流密度、表面张力对气体的逸出和针孔的形成等都有影响。对这些影响因素的综合考虑，决定电铸液的组成。

由于电铸需要稳定的直流电流，现在已经采用了交流因素极少的直流电源设备；同时，在电铸液分析、挂具改进、计算技术的引进等方面都有新的进展，使电铸金属的性能有进一步的改进。随着电铸应用领域的扩大，传统上靠机械加工方法加工的齿轮、高尔夫球的模具、眼镜等，都已经开始采用电铸法制造模具，并且电铸的精密度也进入了纳米级的时代。例如，光刻原盘或微电子制品和 TEM 用的电镜等，都要用到微电铸技术。电铸可以从原型上非常精密地复制出模型，可以制作表面粗糙度 Ra 值为 $0.2\mu m$ 的镜面模具。

二、超声波加工

超声波加工不仅能加工硬质合金、淬火钢等硬脆金属材料，而且更适合于不导电的非金属硬脆材料（如半导体硅片、锗片，以及陶瓷、玻璃等）的精密加工和成形加工。超声波还可以用于清洗、探伤和焊接等工作，在农业、国防、医疗等方面的用途十分广泛。

1. 超声波加工的原理

声波是人耳能感受的一种纵波，它的频率在 $16 \sim 16000\text{Hz}$ 范围内，频率超过 16000Hz 的波就称为超声波。超声波具有波长短，能量大，传播过程中反射、折射、共振、损耗等现象显著的特点。

超声波加工是利用工具端面作超声频振动，通过磨料悬浮液加工脆性材料的一种成形加工方法，其加工原理如图 3-64 所示。超声波发生器产生 1.6 万 Hz 以上的高频交流电源，然

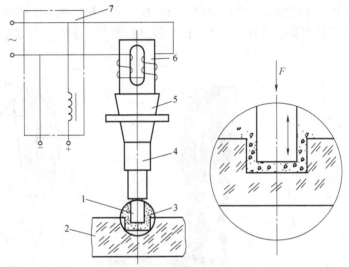

后输送给超声换能器，产生超声波振动，并借助变幅杆将振幅放大到 $0.05 \sim 0.1\text{mm}$ 左右，使变幅杆下端的工具产生强烈振动。含有水与磨料的悬浮液由工具带动也产生强烈振动，并冲击工件表面。加工时，工具以很小的力压在工件上。为了冷却超声换能器，还需接通冷却水。工件表面受到磨料很大速度和加速度的不断撞击，被粉碎成很细的微粒，并从工件表面上脱落下来。虽然每次打击下来的材料很少，但由于每秒钟打击的次数多达 1.6 万次以上，所以仍能获得一定的

图 3-64　超声波加工原理

1—工具　2—工件　3—磨料悬浮液　4、5—变幅杆

6—超声换能器　7—超声波发生器

加工速度。循环流动的悬浮液带走脱落下来的微粒，并使磨料不断更新。同时，悬浮液受工具端部的超声振动作用而产生液压冲击和空化现象，也加速了工件表面被机械破坏的效果。工具连续进给，加工持续进行，工具的形状便"复印"在工件上，直到达到要求的尺寸。

所谓空化作用，是指当工具端面以很大的加速度离开工件表面时，加工间隙内形成负压和局部真空，在工作液体内形成很多微空腔，促使工作液钻入被加工工件表面材料的微裂纹处。当工具端面以很大的加速度接近工件表面时，空腔闭合，引起极强的液压冲击波，加速了磨料对工件表面的破碎作用。

综上所述，超声波加工是磨料在超声振动作用下的机械撞击、抛磨作用与超声波空化作用的综合结果，其中磨粒的撞击作用是主要的。超声波加工特别适合加工硬脆材料，而工具材料一般需选用韧性材料（如 45 钢、65Mn、40Cr）。

2. 超声波加工的特点

1）特别适合加工各种硬脆材料，尤其是电火花加工等无法加工的不导电非金属材料，如玻璃、陶瓷、人造宝石、半导体等。

2）加工精度高，加工表面质量好。尺寸精度可达 0.01mm，表面粗糙度 Ra 值可达 $0.63 \sim 0.08\mu\text{m}$，加工表面无组织改变、残留应力及烧伤等现象。

3）工件在加工过程中受力较小，对于加工薄壁、窄缝等低刚度工件非常有利。

4）加工出的工件形状与工具形状一致，只要将工具做成不同的形状和尺寸，就可以加工出各种复杂形状的型芯、型腔、成形表面，不需要工具和工件作较复杂的相对运动。因此，超声波加工机床结构比较简单，操作维修方便。

5）与电火花加工、电解加工相比，超声波加工硬质金属材料的效率较低。

3. 超声波加工机床

图 3-65a 所示为超声波加工机床的外形示意图。图 3-65b 所示为超声波加工机床的结构示意图，其结构比较简单。声学部件（图中件 4、5、6）安装在能上下移动的导轨 7 上。导轨由上下两组滚动导轮定位，可实现灵活、精确地上下移动。工具向下进给及施加压力靠声学部件本身的自重。为了能调节压力的大小，在机床后部有可加可减的平衡重锤 2。

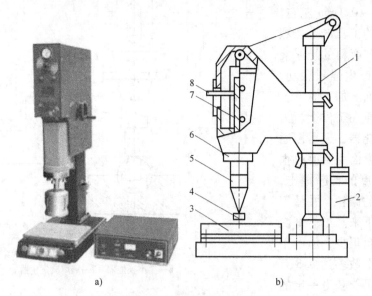

图 3-65　超声波加工机床

a）外形示意图　b）结构图

1—支架　2—平衡重锤　3—工作台　4—工具

5—变幅杆　6—换能器　7—导轨　8—标尺

4. 超声波加工的应用

超声波的应用范围很广，这里只叙述有关加工工业的部分应用。

1）超声波加工型腔、型孔，具有精度高，表面质量好的优点。加工某些冲模、型腔模、拉丝模时，先经过电火花、电解及激光加工（粗加工）后，再用超声波研磨抛光，可减小表面粗糙度值，提高表面质量。如拉深模、拉丝模多用合金工具钢（如 CrWMn、5CrNiTi、Cr12、Cr12MoV 等）制造，若改用硬质合金，以超声波加工（电火花加工常会产生微裂纹），则模具寿命可提高 80 ~ 100 倍。

图 3-66 所示为硬质合金下料凹模加工示意图。其工艺过程是：

① 电火花加工出预制孔，孔壁大约 1mm，作为超声波加工余量。

② 超声波粗加工用磨料，粒度为 F4 ~ F220；工具直径按比工件孔径最终尺寸小 0.5mm 设计，如图 3-66a 所示。由于超声波加工后孔有扩大量及锥度，故在入口端单面留有 0.15mm 的加工余量，在出口端单面留有 0.21mm 的加工余量，如图 3-66b 所示。

③ 超声波精加工用微粉，粒度为 F230 ~ F2000；工具直径按比工件孔径最终尺寸减小 0.08mm 设计，如图 3-66c 所示。由于加工后的孔有扩大量及锥度，因此入口端已达到工件最终尺寸时，出口端单面仍留有 0.025mm 的加工余量，如图 3-66d 所示。

④ 用超声波加工研磨修整内孔，将原来约 40′ 的锥度修正为 4′，如图 3-66e 所示。

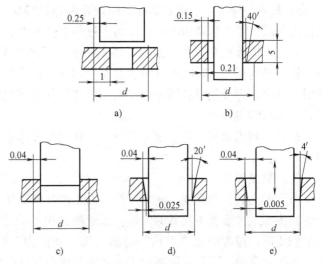

图 3-66　硬质合金下料凹模加工示意图

2）用超声波切割脆硬的半导体材料。用普通机械加工切割脆硬的半导体材料是很困难的，采用超声波切割则较为有效。例如用超声波切割单晶硅片。

3）复合加工。

① 超声波电解复合加工。单纯用超声波加工，工具损耗较大；单纯电解加工，加工速度又太慢。若二者结合起来，则不但可降低工具损耗，而且可提高加工速度。超声波电解加工与单纯超声波加工的加工速度及工具损耗比较见表 3-16。

表 3-16　超声波电解加工与单纯超声波加工的加工速度及工具损耗比较

加工材料	超声波电解加工					超声波加工			
	频率/kHz	振幅/μm	电流密度/(A/cm^2)	加工速度/(mm/min)	工具损耗/(%)	频率/kHz	振幅/μm	加工速度/(mm/min)	工具损耗/(%)
5CrNiW 淬火钢	17.3	100	32	0.3	46	17.5	100	0.1	206
耐热合金 1	17.9	98	32	0.25	57	17.5	98	0.12	171
耐热合金 2	18.1	100	32	0.24	51	18.1	100	0.13	209
耐热合金 3	18.5	53	32	0.08	57	18.7	53	0.04	180
T15K6 硬质合金	18.8	53	30	0.2	50	18.8	53	0.08	100

注：实验条件：加工面积为 22mm²；磨料为 240# 碳化硼；静压力为 0.67N/mm²；磨料悬浮液的质量分数为 1.25%；电解液为 30%（质量分数）的食盐水溶液。

② 超声波电火花复合加工。超声波与电火花复合加工小孔、窄缝及精微异形孔时，也可获得较好的加工效果。其方法是在普通电火花加工时引入超声波，使电极工具端面作超声振动。

③ 超声波切削复合加工。即在车、钻、攻螺纹中引入超声波。超声波振动切削可用于切削难加工材料，能有效地降低切削力，降低表面粗糙度值，延长刀具使用寿命，提高生产率等。

4）超声波清洗。在清洗溶液（煤油、汽油、四氯化碳）中引入超声波，可使精微零件（如喷油嘴、微型轴承、手表机芯、印制电路板、集成电路微电子器件等）中的细小孔、窄缝、夹缝中的脏物加速溶解、扩散，清洗干净。

5）超声波焊接。超声波焊接的原理是利用高频振动产生的撞击能量，去除工件表面的氧化膜杂质，露出新鲜的本体，在两个被焊工件表面分子的撞击下，亲和、熔化并粘结在一起。它可以焊接尼龙、塑料制品，特别是表面易产生氧化层的难焊接金属材料，如铝制品等。超声波焊接时，时间短且薄表面层冷却快，因此获得的接头焊接区是由细晶粒组成的连续层。超声波焊接主要应用于焊接电子电器元件及集成电路的接引线、金属包装件的密封及食品、药品的包装等。

此外，利用超声波化学镀工艺也可以在陶瓷等非金属表面镀锡、镀银及涂覆熔化的金属薄层。

三、激光加工

由于激光具有高亮度、高方向性、高单色性和高相干性四大特性，因此给激光加工带来一些其他加工方法所不具备的特性。由于激光加工是无接触加工，对工件无直接冲击，因此无机械变形；过程中无"刀具"磨损，无"切削力"作用于工件；同时，激光束能量密度高，加工速度快，并且是局部加工，对非激光照射部位没有或影响极小，因此，其热影响区小，工件热变形小，后续加工量小；由于激光束易于导向、聚焦，可实现方向变换，极易与数控系统配合对复杂工件进行加工，因此它是一种极为灵活的加工方法，且生产效率高，加工质量稳定可靠，经济效益和社会效益好。

激光加工作为先进制造技术已广泛应用于汽车、电子、电器、航空、冶金、机械制造等国民经济重要部门，对提高产品质量、劳动生产率，自动化，无污染，减少材料消耗等起到越来越重要的作用。

1. 激光加工的优点

① 激光功率密度大，工件吸收激光后温度迅速升高而熔化或汽化，即使熔点高、硬度大和质脆的材料（如陶瓷、金刚石等）也可用激光加工。

② 激光头与工件不接触，不存在加工工具磨损的问题。

③ 工件不受应力，不易污染。

④ 可以对运动的工件或密封在玻璃壳内的材料进行加工。

⑤ 激光束的发散角可小于1mrad（毫弧），光斑直径可小到微米量级，作用时间可以短到纳秒和皮秒，同时，大功率激光器的连续输出功率可达千瓦至十千瓦量级，因而激光加工既适于精密微细加工，又适于大型材料加工。

⑥ 激光束容易控制，易于与精密机械、精密测量技术和计算机相结合，实现加工的高度自动化，并达到很高的加工精度。

⑦ 在恶劣环境或其他人难以接近的地方，可用机器人进行激光加工。

2. 激光加工的应用

（1）激光切割 激光切割技术广泛应用于金属和非金属材料的加工中，可大大减少加工时间，降低加工成本，提高工件质量。激光切割是应用激光聚焦后产生的高功率密度能量来实现切割的。与传统的板材加工方法相比，激光切割具有高的切割质量、高的切割速度、高的柔性（可随意切割任意形状）、广泛的材料适应性等优点。在模具零件及试模料片的切割工艺中，激光加工应用比较多。

（2）激光焊接 激光焊接是激光材料加工技术应用的重要方面之一。焊接过程属热传导型，激光焊接即激光辐射加热工件表面，表面热量通过热传导向内部扩散，通过控制激光脉冲的宽度、能量、峰功率和重复频率等参数，使工件熔化，形成特定的熔池。由于其独特的优点，已成功应用于微、小型零件的焊接中。与其他焊接技术比较，激光焊接的主要优点是焊接速度快、深度大、变形小，能在室温或特殊的条件下进行焊接，焊接设备装置简单。

（3）激光钻孔　电子产品便携式、小型化的发展趋势，对电路板小型化提出了越来越高的需求，其关键技术涉及越来越小的微型通孔和不通孔的加工。传统的机械钻孔最小的尺寸仅为100μm，目前用 CO_2 激光器加工可获得通孔直径达 $30\sim40\mu m$ 的小孔或用 UV 激光加工 $10\mu m$ 左右的小孔。目前，激光在电路板微孔制作和电路板直接成形方面的研究成为激光加工应用的热点，具有极大的商业价值。

（4）激光热处理　激光热处理是利用高功率密度的激光束对金属进行表面处理的方法，可对材料实现相变硬化、表面合金化等表面改性处理，产生用其他表面淬火达不到的表面成分、组织、性能的改变。其基本原理是用高能激光束对工件表面进行扫描，被扫描的材料表面急骤升温到相变温度；激光束离开后，被加热的部分又很快通过母体冷却而形成自淬火，其淬火部分呈超细化的组织结构，硬度比淬火前提高约2.5倍，并可得到 $0.2\sim1mm$ 的淬火层深，从而可将工件的耐磨性能提高 $3\sim5$ 倍。

激光束能量密度高，加热及冷却速度快，工件淬火处理后硬度极高，并仍保持原有的尺寸精度和表面粗糙度；且激光束的强度、大小易于实现电子自动控制等，因而可用于对汽车气缸、活塞环、轮轴等关键零件进行激光淬火处理，以大幅度提高其使用性能。经激光热处理后的零件，不必再进行后处理，可直接送到装配线上安装。

随着科学技术的发展和社会需求的多样化，产品的竞争越来越激烈，更新换代的周期也越来越短。为此，要求不但能根据市场的要求尽快设计出新产品，而且能在尽可能短的时间内制造出原型，进而进行性能测试和修改，最终形成定型产品。在传统的制造系统中，需要进行大量的模具设计、制造和调试等工作，成本高，周期长，已不能适应日新月异的市场变化。工业激光器价格的不断下降和工业激光加工技术的日益成熟，给模具制造和产品生产工艺带来了重大变革。

任务四　快速成形制造

快速成形（RP 或 RPM）技术是20世纪90年代发展起来的一项先进制造技术，是为制造业新产品开发服务的一项关键性技术，对促进企业产品创新、缩短新产品开发周期、提高产品竞争力有积极的推动作用。该技术自问世以来，已经在制造业中得到了广泛应用，并由此产生了一个新兴的技术领域。快速成形技术是在现代 CAD/CAM 技术、激光技术、计算机数控技术、精密伺服驱动技术及新材料技术的基础上集成发展起来的，不同种类的快速成形系统因所用成形材料不同，成形原理和系统特点也各有不同；但是，其基本原理都是一样的，即"分层制造，逐层叠加"。形象地讲，快速成形系统就像是一台"立体打印机"，快速成形技术可以在无需准备任何模具、刀具和工装夹具的情况下，直接接受产品设计（CAD）数模的数据，每次制作一个具有一定微小厚度和特定形状的截面，然后再把它们逐层粘结起来，就得到了所需制造的立体的零件；整个过程是在计算机的控制下，自动完成的，快速制造出新产品的样件、模具或模型等。这种工艺可以形象地叫做"增长法"或"加法"。

自美国 3D 公司 1988 年推出第一台商品 SLA 快速成形机以来，现在已经有了十几种不同的成形系统，其中比较成熟的有 SLA、SLS、LOM 和 FDM 等方法。快速成形技术具有提高制造复杂零件的能力、提高新产品投产的一次成功率、支持同步（并行）工程的实施、支持技术创新并改进产品外观设计、大幅度降低新产品研发成本等优点，可迅速实现单件及小批量生产，使新产品上市时间大大提前，迅速占领市场。

一、快速成形在模具制造中的应用

传统模具制造的方法有很多，如数控铣削加工、成形磨削、电火花加工、线切割加工、铸造模具、电解加工、电铸加工等，由于这些工艺复杂，加工周期长，费用高而影响了新产品对于市场的响应速度；而传统的快速模具（如中低熔点合金模具、电铸模、喷涂模具等）因工艺粗糙，精度低，寿命短，很难完全满足用户的要求。

快速模具制造（Rapid Tooling, RT）技术是用快速成形技术及相应的后续加工来快速制作模具的技术。应用快速模具制造技术制造模具，可以大大提高产品开发的一次成功率，制造周期仅为原来的 1/3 ~ 1/10，生产成本仅为原来的 1/3 ~ 1/5，具有很好的发展条件。由于市场需求旺盛，许多公司都研制出 RT 新工艺、新设备，并且取得了良好的经济效益。由于这些技术中高新技术的含量高，并且涉及许多科技领域，解决了以前难以解决甚至认为是不可能解决的技术难题，所以得到了广泛的关注。快速模具制造技术在快速成形技术领域中发展最迅速，产值增长最明显。

RP + RT 技术提供了一种从模具的 CAD 模型直接制造模具的新概念和新方法，它将模具的概念设计和加工工艺集成在一个 CAD/CAM 系统内，为并行工程的应用创造了良好的条件。RT 技术采用 RP 早期多回路、快速信息反馈的设计与制造方法，结合各种计算机模拟与分析手段，形成了一整套全新的模具设计与制造系统。RT 技术能够解决大量传统加工方法（如切削加工）难以解决甚至不能解决的问题，可以获得一般切削加工不能获得的复杂形状，可以根据 CAD 模型无需数控切削加工而直接将复杂的型腔曲面制造出来，使模具制造在提高质量、缩短研制周期、提高制造柔性等方面取得了明显的效果。

利用快速成形技术制造快速模具可以分为直接模具制造与间接模具制造两大类。主要用于制造塑料模、冲压模和铸模等。把熔模铸造、喷涂法、陶瓷模法、研磨法、电铸法等先进模具制造技术和快速模具制造技术结合起来，就可以快速地制造出各种简易模具和永久性钢模。

1. 直接快速模具制造

直接快速模具制造指的是利用不同类型的快速成形技术（SLA、SLS、LOM 等）直接制造出模具，然后进行一些必要的后处理和机械加工，以获得模具所要求的力学性能、尺寸精度和表面粗糙度。直接快速模具制造方法可制造出树脂模、陶瓷模、金属模等模具。

（1）SLA 工艺直接制模　SLA 即光固化成形。利用 SLA 工艺制造的树脂模，可作为小批量塑料零件的制造模具。这项技术已在实际生产中得到应用。杜邦（Dupont）公司开发出了一种高温下工作的光固化树脂，用 SLA 工艺直接制模，用于注射成型工艺，生产的产品数量可达 22 件。

SLA 制模的特点是：

1）可以直接得到塑料模具。

2）模具的表面粗糙度值低，尺寸精度高。

3）适用小型模具的生产。

4）模具易发生翘曲，在成形过程中需设计支撑结构，尺寸精度不易保证。

5）成形时间长，往往需要二次固化。

（2）LOM 工艺直接制模　LOM 即分层实体制造。采用特殊的纸质材料，利用 LOM 工艺方法可直接从模具的三维 CAD 模型制成纸质模具，其坚如硬木，并可耐 200℃的高温，经表面打磨处理可用作低熔点合金的模具，还可代替砂型铸造用的木模。

LOM 制模的特点是：

1）模具翘曲变形小，成形过程无需设计和制作支撑结构。

2）有较高的强度和良好的力学性能，但薄壁件的抗拉强度和弹性不够好。

3）适用于制造中、大型模具。

4）后续打磨处理耗时费力，模具制造周期增加，成本提高。

（3）SLS 工艺直接制模　SLS 即选择性激光烧结。SLS 工艺采用树脂、陶瓷和金属粉末等多种材料直接制造模具，这也是 SLS 技术的一大优势。DTM 公司提供了较广的材料选择范围，其中 Nylon 和 Tureform 两种成形材料可被用来制作树脂模，用该材料在快速成形机上制造出的模具，在注射模的模座上组合可用于实际的注射成型。

SLS 利用高功率激光（1000W 以上）对金属粉末进行扫描烧结，逐层叠加成形，成形件经表面处理后即完成模具的制作。制作的模具可作为压铸模、锻模使用。DMT 公司开发了一种在钢粉外表面包裹薄膜层聚酯的 RapidSteel 2.0 快速成形烧结材料，金属粉末已由碳钢变为不锈钢，所渗的合金由黄铜变为青铜。Optomec 公司于 1998 年和 1999 年分别推出 LENS—50、LENS—1500 机型，以钢合金、铁镍合金、钛镍合金和镍铝合金为原料，采用激光技术，将金属熔化并沉积成形，生产的模具强度可达到传统方法生产的金属零件强度。

在金属和树脂混合粉末烧结成形方面，美国 DTM 公司的 COPPER PA 材料（一种类似聚酰胺的复合材料），经 SLS 工艺制作中空的金属模具，然后灌注金属树脂，强化其内部结构，并在模具表面渗上一层树脂进行表面结构强化，即可承受注射成型的压力、温度。在混合金属粉末激光烧结成形技术方面，德国 Electrolux RP 公司的 Eosint M 系统利用不同熔点的几种金属粉末，通过 SLS 工艺制作金属模具，使制品的总收缩量＜0.1%，而且烧结时不需要特殊气体环境。比利时的 Schueren 等人选用 Fe-Sn、Fe-Cu 混合粉末，美国 Ausin 大学的 Agarwala 等人选用 Cu-Sn、Ni-Sn 混合粉末，Bourell 等人选用 Cu-(70Pb-30S) 粉末材料，利用低功率的快速成形机对混合金属粉末进行激光烧结，即可制作金属模具。这种方法用于批量较大的塑料零件和蜡模生产。

SLS 制模的特点：

1）模具的强度高，在成形过程中无需设计、制作支撑结构。

2）能直接成形塑料、陶瓷和金属模具。

3）适合中、小模具的制作。

4）模具结构疏松、多孔，且有内应力，易变形。

2. 间接快速模具制造

间接快速模具制造是指利用快速成形制造技术首先制作模芯，然后用此模芯复制硬模具（如铸造模具或采用喷涂金属法获得轮廓形状），或者制作母模复制软模具（如硅橡胶模）等。对快速成形制造技术得到的原型表面进行特殊处理后可代替木模，可直接制造石膏型或陶瓷型，或者由原型经硅橡胶模过渡转换得到石膏型或陶瓷型，再由石膏型或陶瓷型浇注出金属模。

随着原型制造精度的提高，各种间接制模工艺已基本成熟，其方法则根据零件生产批量的大小而不同。常用的有硅橡胶模（批量50件以下）、环氧树脂模（1000件以下）、金属冷喷涂模（3000件以下）、快速制作EDM电极加工钢模（5000件以上）等。

根据材质不同，间接制模法生产出来的模具一般又分为软质模具和硬质模具两大类。

（1）软质模具　软质模具因其所使用的软质材料（如硅橡胶、环氧树脂、低熔点合金、锌合金、铝等）有别于传统的钢质材料，也可称为简易钢模。如果零件批量较小（几十到几千件），或者用于产品的试生产，则可以用非钢铁材料制造成本相对较低的软质模具。这类模具一般用快速成形技术制作零件原型，然后根据该原型翻制成硅橡胶模、金属树脂模和石膏模。

1）硅橡胶模具。以原型为样件，采用硫化的有机硅橡胶浇注制作硅橡胶模，即软模。由于硅橡胶模具有很好的弹性、复印性和一定的强度，便于脱模，能够制作结构复杂、花纹精细、无脱模斜度甚至具有倒脱模斜度及具有深凹槽类的零件，浇注完成后可直接取出，这是相对于其他材料制造模具的独特之处。硅橡胶可用作试制小批量生产用注射模、熔模铸造蜡模和其他间接快速模具制造技术的中间过渡模。

2）环氧树脂模具。环氧树脂模具是将液态的环氧树脂与有机或无机复合材料作为基体材料，以原型为基准浇注模具的一种间接制模方法，也称桥模制作方法，通常可直接进行注射成型生产。其工艺过程为：制作原型→表面处理→设计及制作模框→选择设计分型面→在原型表面及分型面刷脱模剂→刷胶衣树脂→浇注凹模→浇注凸模。

与传统注射模具相比，环氧树脂模具成本只有传统方法的几分之一，生产周期大大减少。模具寿命不及钢模，但比硅橡胶模高，可满足中、小批量生产的需要。

3）金属树脂模具。金属树脂模具在实际生产中是用环氧树脂加金属粉（铁粉或铝粉）作填充材料，也有的用水泥、石膏或加强纤维作填料。这种简易模具也是利用快速成形技术由原型翻制而成，强度和耐温性比高温硅橡胶模具更好。

4）金属喷涂模具。金属喷涂制模技术有金属冷喷涂和金属热喷涂两类。

金属喷涂制模技术的应用领域非常广泛，包括注射模（塑料或蜡）、吹塑模、旋转模、反应注射模（RIM）、吸塑模、浇铸模等。金属喷涂模尤其适合于低压成形过程，如反应注射、吹塑、浇铸等，如用于聚氨酯制品生产时，产品数量能达到10万件以上。用金属喷涂制模技术已生产出了尼龙、ABS、PVC等的注射成型件。模具的寿命视注射压力大小可从几十到几千件，对于小批量塑料件是一个极为经济而有效的生产方法。

5）电铸制模法。电铸制模法是一种结合快速成形和传统电铸的快速模具制造技术。其基本过程为：首先对快速成形原型表面进行必要的处理，如打磨、抛光、涂敷导电层等；然后置入电铸槽中，通过常温电铸获得金属壳层，该壳层的内表面精确地复制出了快速成形原型的外表面；再通过中高温烧结去除金属壳内的原型；最后在模具框和金属壳外侧之间浇铸低熔点合金或铝粉与树脂的混合材料背衬，即可得到电铸模。用该方法制作的模具复制性好且尺寸精度高，适用于精度要求较高、形态均匀一致和形状花纹不规则的型腔模具，如人物造型模具、儿童玩具模具和鞋模等。

（2）硬质模具　软质模具生产产品的数量一般为 50～5000 件，对于上万件乃至几十万件的产品，需要传统的钢质模具。硬质模具属于钢质模具，利用快速成形原型制作钢质模具的主要方法有陶瓷型精密铸造法、熔模精密铸造法、电火花加工法等。

1）陶瓷型精密铸造法。在单件生产或小批量生产钢模时可采用此法。其基本原理是以快速成形系统制作的模型为原型，用特制的陶瓷浆料制成陶瓷铸型，然后利用铸造方法制作钢质模具。

其制造工艺过程为：制造快速成形原型母模→浸挂陶瓷浆→在焙烧炉中固化模壳→烧去母模→预热模壳→浇铸钢（铁）型腔→抛光→加入浇注、冷却系统→制成生产注射模。可以用化学粘结陶瓷浇注陶瓷型腔、用陶瓷或石膏浇注钢型腔、用覆膜陶瓷粉直接制造钢型腔。

另外一种方法是用 SLA、LOM、FDM 或 SLS 等快速成形工艺制造出母体的树脂或木质原型，并在原型表面直接涂挂陶瓷浆料制出陶瓷壳型，焙烧后用工具钢作为浇注材质进行铸造，即可得到模具的型芯和型腔。该方法的制作周期不超过 4 周，制造的模具可生产 25000 个塑料产品。

2）熔模精密铸造法。在批量生产金属模具时可采用此法。先利用快速成形原型或根据原型翻制的硅橡胶、金属树脂复合材料或聚氨酯制成蜡模或树脂模的压型，然后用该压型批量制造蜡模和树脂消失模，再结合熔模精铸工艺制成金属模具；另外，在复杂模具的单件生产中，可也直接利用快速成形原型代替蜡模或树脂消失模直接制造金属模具。

3）用化学粘结钢粉浇注型腔。即用快速成形系统制作纸质或树脂的母模原型，然后浇注硅橡胶、环氧树脂、聚氨酯等软质材料，构成软模，移去母模，在软模中浇注化学粘结钢粉的型腔，之后在焙烧炉中烧去型腔材料中的粘结剂并烧结钢粉；随后在型腔内渗铜，抛光型腔表面，加入浇注系统和冷却系统等就可批量生产注射模。

4）砂型铸造法。即使用专用覆膜砂，利用 SLS 成形技术可以直接制造砂型（芯），通过浇注得到形状复杂的金属模具。美国 DTM 公司新近开发的 SolidForm Zr 是一种覆有树脂粘结剂的锆砂，用该种材料制成的原型在 100℃ 的烘箱中保温 2h 进行硬化后，可以直接用作铸造砂型。

5）电火花加工法。用电火花（EDM）技术加工模具正成为一种常规的方法，但是电火花电极的加工往往又成为"瓶颈"过程。电火花加工法是利用快速成形原型制作 EDM 电极，然后利用电火花加工制作钢模，其制作过程一般为：快速成形原型→三位砂轮→石墨电极→钢模。

6）NCC 制模法。NCC 制模法首先在 SLA 方法生成的原型上镀上一层厚约 1～5mm 的镍，然后在镍质镀层上用化学反应凝固陶瓷材料（Chemically Bonded Ceramic，CBC），原型分离后得到最终模具。该方法适合制作较大的模具，具有与 SLA 工艺同等的精度，制造的注射模可以生产上万件产品。

7）RSP 制模法。RSP 制模法是采用快速成形技术制作的样件作为母体样板，通过喷涂到母体样板的金属或合金熔滴的沉积制造模具，实现了注射模的快速经济制造。其工艺过程为：熔融的工具钢或其他合金钢被压入喷嘴，与高速流动的惰性气体相遇而形成直径约0.05mm 的雾状熔滴，喷向并沉积到母体样板上，复制出母样的表面结构形状，再借助脱模剂使沉积形成的钢制模具与母样分离，即可制出所需模具。此方法可制作注射模具和冲压模具。

3. 直接快速模具技术与间接快速模具技术的比较

直接快速模具制造工艺简单，工期短，特别是与计算机技术密切结合，能够快速完成模具制造，对于具有复杂形状的内流道冷却的模具与零件，采用直接快速制模有着其他方法不能替代的独特优势。但是，它在模具精度和性能控制方面比较困难，特殊的后处理设备与工艺使其成本提高较大，模具的尺寸也受到较大的限制。

间接快速模具制造通过快速成形技术与传统的模具翻制技术相结合制造模具，由于这些传统翻制技术的多样性，可以根据不同的应用要求选择不同复杂程度和成本的工艺，一方面可以较好地控制模具的精度、表面质量、力学性能与使用寿命，另一方面也可以满足经济性的要求。因此，目前工业界多数使用间接快速模具制造技术。应用这类技术的模具有喷涂模具、中低熔点合金模具、表面沉积模具、电铸模、铝颗粒增强环氧树脂模具、硅橡胶模及快速精密铸造模具。

二、快速成形的数据处理

快速成形的数据处理是从零件的 CAD 模型或其他数据模型出发，用分层处理软件将三维数据模型离散成截面数据，再输送到快速成形系统的过程。从 CAD 系统、反求工程（逆向工程）、CT 或 MRI 获得的几何数据以快速成形分层软件能接受的数据格式保存，分层软件通过对三维模型的工艺处理、STL 文件的处理、层片文件处理等生成各层面的扫描信息，然后以快速成形设备能够接受的数据格式输出到相应的快速成形机。

1. 快速成形的数据来源

快速成形的数据来源主要有以下几类：

（1）三维 CAD 模型 这是一种最重要也是应用最广泛的数据来源。即由三维造型软件生成产品的三维 CAD 模型或实体模型，然后对实体模型或表面模型直接分层而得到精确的截面轮廓。最常用的方法是将 CAD 实体模型先转换为三角网格模型（STL 文件），然后分层得到加工路径。STL 格式是快速成形行业公认的标准文件格式，现在商用的 CAD 软件均带有 STL 文件的输出功能模块，且快速成形设备大多是基于 STL 文件进行操作的。

（2）逆向工程数据 这种数据来源于逆向工程对已有零件的数字化。即利用逆向测量设备采集零件表面点的数据，形成零件的表面数据点。这些表面数据点的处理方法有两种：一种是对数据点进行三角化，生成 STL 文件，然后进行分层数据处理；另一种是对数据点直接进行分层数据处理。

（3）医学/体素数据 通过人体断层扫描（CT）和核磁共振（MRI）获得的数据都是三维的，即物体的内部和表面都有数据。这种数据一般要经过三维 CAD 模型的重构、分层数据处理后，才能进行成形加工。

2. 快速成形的数据接口

快速成形系统软件常用的数据接口格式有：三维面片模型格式（如 STL、CFL 格式）、CAD 三维数据格式（如 IGES、DXF、STEP 格式）、二维层片数据格式（如 CLI、SLC 格式）。

（1）三维面片模型格式　三维面片模型格式主要有 STL 格式和 CFL 格式。目前国际市场中的几十种 CAD 软件都配有 STL 文件接口，STL 文件是快速成形系统用得最多的数据转换形式。

三维面片模型就是用小三角形面片去逼近自由曲面。STL 文件就是对 CAD 实体模型或曲面模型进行表面三角形网格化得到的，它是若干空间小三角形面片的集合，每个三角形面片用三角形的三个顶点和指向模型外部的三角形面片的法矢量组成。

（2）CAD 三维数据格式　CAD 三维数据格式主要有实体模型格式（IGES）和表面模型格式（DXF）两种。IGES、DXF 常用于不同 CAD/CAM 系统间数据的交换。与 STL 相比，这种数据文件能精确表示 CAD 模型，为多数 CAD 系统支持，但却有如下的缺点：

1）转换数据时，定义的数据会部分丢失，即不能完全精确地转换数据。

2）不能把两个零件的信息放在同一个文件中。

3）产生的数据量太大。

4）必须经过分层，分层处理不如 STL 文件格式简单方便。在快速成形软件分层时，STL 文件利用 Z 平面与三角形求交的方法很容易求得三维实体层片的边界线，而采用其他格式，工作量则要增大许多。

5）难以对模型自动加支撑。支撑必须在 CAD 模型中添加，然后采用转换的方式才能生成到 IGES 文件中。

STEP 文件格式是产品数据交换的国际标准，是产品数据交换的完全描述，被大多数 CAD 系统所接受，文件的大小也比较适合。将 STEP 文件格式引入到快速成形工艺中是将来发展的方向，但目前还不多见，这种格式还不是很成熟。

（3）二维层片数据格式　CLI、SLC 均是二维层片数据格式。层片文件只是 STL 文件的补充，是一种中性文件，与快速成形设备和工艺无关，它的出现使三维模型与快速成形设备之间的联系方式更为丰富，对逆向工程与快速成形技术的集成具有重要意义。

与 STL 文件相比，层片文件具有以下优点：

1）大大降低了文件的数据量。

2）由于直接在 CAD 系统内分层，因而模型精度大大提高。

3）省略了 STL 分层，降低了快速成形系统的前处理时间。

4）由于层片文件是二维文件，因此其错误较少，错误类型单一，不需要复杂的检验和修复程序。

5）层片文件可从某些逆向工程（如 CT，MRI）中得到。

与 STL 文件相比，层片文件具有以下缺点：

1）不易添加支撑，因为文件只有单个层的信息，没有体的概念。

2）零件无法重新定位，无法旋转。

3）对设计者的要求更高。因为加支撑、选择最优的成形方向均要在分层之前在 CAD 系统内由设计者完成。

4）分层厚度固定，这对某些快速成形系统不太合适。分层是所有快速成形系统所共有的过程，但是 CAD 系统并没有提供统一的分层接口。

从目前的应用情况来看，STL 文件是三维模型离散分层处理前广泛使用的数据格式文件，CLI 文件是三维模型分层处理后与快速成形设备间广泛采用的数据格式文件。

三、快速成形制造的几种典型工艺

自 1988 年世界上第一台快速成形机问世以来，各种不同的快速成形工艺相继出现并逐渐成熟。迄今为止，比较成熟的快速成形工艺方法已有十余种，应用较广泛的有光固化成形（SLA）、分层实体制造（LOM）、选择性激光烧结（SLS）、熔融沉积制造（FDM）、三维打印（3DP）等。它们的原理都基于"增材"加工法，差别在于使用的成形原材料及每层轮廓的成形方法。下面介绍这几种常用的快速成形工艺。

1. 光固化成形（SLA）

光固化成形，也常被称为立体光刻成形、立体印刷成形。该工艺于 1984 年获美国专利，是最早出现的一种快速成形技术（RP）。自 1986 年美国 3D Systems 公司推出商品化样机 SLA-1 以来，光固化成形已成为最为成熟和广泛应用的快速成形典型技术之一。目前，SLA 系列成形机仍占据着快速成形设备市场的较大份额。

（1）SLA 的基本原理　SLA 的工艺原理如图 3-67 所示，液槽中盛满了液态光敏树脂（有环氧树脂和丙烯酸树脂等），在控制系统的控制下，一定波长和强度的紫外激光按零件的各分层截面信息，在光敏树脂表面进行逐点扫描，被扫描区域的树脂薄层产生光聚合反应而固化，形成零件的一个薄层；一层固化完毕后，升降台下移一个层厚的距离，使固化好的树脂表面再上一层新的液态树脂，然后用刮平器将粘度较大的树脂液面刮平，进行下一层的扫描加工，新固化的一层牢固地粘接在前一层上；如此重复直至整个零件制造完毕，得到一个三维实体原型。当实体原型完成后，取出实体，并将多余的树脂排净。

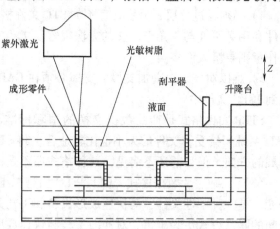

图 3-67　SLA 的工艺原理图

（2）SLA 的特点　SLA 适合于制作中、小型工件，其制作的原型可以达到机械磨削加工的表面效果，能直接得到树脂或类似工程塑料的产品。

SLA 方法具体有以下优点。

1）SLA 原型的尺寸精度高，可以达到 0.1mm。

2）表面质量较好。虽然在每层固化时，侧面及曲面可能出现台阶，但上表面仍可得到玻璃状的效果。

3）可以制作结构十分复杂的模型。

4）可以直接制作面向熔模精密铸造的具有中空结构的消失型。

和其他几种快速成形工艺相比，SLA 工艺也存在着许多缺点，主要有：

1）尺寸稳定性差。成形过程中伴随着物理和化学变化，导致软薄部分易产生翘曲变形，因而极大地影响成形件的整体尺寸精度。

2）需要设计成形件的支撑结构，否则会引起成形件变形，支撑结构需在成形件未完全固化时手工去除，容易破坏成形件。

3）设备运转及维护成本较高。由于液态树脂材料和激光器的价格较高，并且为了使光学元件处于理想的工作状态，需要进行定期的调整和维护，费用较高。

4）可使用的材料种类较少。目前可用的材料主要为感光性液态树脂材料，并且在大多数情况下，不能对成形件进行抗力和热量的测试。

5）液态树脂具有气味和毒性，并且需要避光保护，以防止其提前发生聚合反应，选择时有局限性。

6）需要二次固化。在很多情况下，经快速成形系统光固化后的原型树脂并未完全被激光固化，所以通常需要二次固化。

7）液态树脂固化后的性能不如常用的工业塑料，一般较脆、易断裂，不便进行机械加工。

2. 分层实体制造（LOM）

分层实体制造又称叠层实体制造，是几种最成熟的快速成形方法之一，于1986年研制成功，自1991年问世以来，发展迅速。LOM法采用薄片材料，如纸、金属箔、塑料薄膜等，由计算机控制激光束，按模型每层的内、外轮廓线切割薄片材料，得到该层的平面形状，并逐层堆放成零件原型。在堆放时，层与层之间以粘结剂粘牢，因此成形模型无内应力，无变形，成形速度快，不需支撑，成本低廉，制件精度高；而且制造出来的原型具有外在的美感和一些特殊的品质，受到较为广泛的关注。

（1）LOM的基本原理　LOM的工艺原理如图3-68所示。片材表面事先涂覆上一层热熔胶，加工时，热压辊热压片材，使之与下面已成形的原型粘接；用CO_2激光器在刚粘接的新层上切割出零件的截面轮廓和工件外框，并在无轮廓区切割成上下对齐的正方形网格，以便在成形后能剔除废料。网格越小，越容易剔除废料，但花费的时间也越长。激光切割完成后，升降台带动已成形的原型下降，与带状片材（料带）分离；供料机构转动收料轴和供料轴，料带移动，使新层移到加工区域；升降台上升到加工

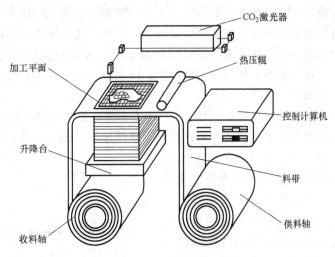

图3-68　LOM的工艺原理图

平面；热压辊热压，原型的层数增加一层，高度增加一个料厚；再在新层上切割截面轮廓；如此反复直至零件的所有截面粘接、切割完毕，得到分层制造的实体零件。

（2）LOM的特点　LOM方法有如下优点：

1）成形速度较快。由于只需要使激光束沿着物体的轮廓进行切割，无需扫描整个断面，所以成形速度很快，因而常用于加工内部结构简单的大型零件。

2）原型精度高，翘曲变形较小。

3）原型能承受高达200℃的温度，有较高的硬度和较好的力学性能。

4）无需设计和制作支撑结构。

5）可进行切削加工。

6）废料易剥离，无需后固化处理。

7）可制作尺寸大的原型。

8）原材料价格便宜，原型制作成本低。

LOM 成形技术也有不足之处：

1）不能直接制作塑料原型。

2）原型（特别是薄壁件）的抗拉强度和弹性不够好。

3）原型易吸湿膨胀，因此，成形后应尽快进行表面防潮处理（树脂、防潮漆涂覆等）。

4）原型表面有台阶纹理，难以构建形状精细、多曲面的零件，仅限于结构简单的零件，因此，成形后需进行表面打磨。

LOM 方法适合制作结构简单的大、中型原型，翘曲变形较小，成形时间较短，原型有良好的机械性能，适用于产品设计的概念建模和功能性测试零件的造型，且由于制成的原型具有木质属性，特别适合于直接制作砂型铸造模，具有广阔的应用前景。

3. 选择性激光烧结（SLS）

选择性激光烧结又称为选区激光烧结、粉末材料选择性激光烧结等，于 1989 年研制成功。与其他快速成形工艺相比，SLS 最突出的优点在于它所使用的成形材料十分广泛。目前，可成功进行 SLS 成形加工的材料有石蜡、高分子材料、金属粉末、陶瓷粉末和它们的复合粉末材料。SLS 的原理与 SLA 十分相似，主要区别在于所使用的材料及形状。SLA 所用的材料是液态的紫外光敏可凝固树脂，而 SLS 则使用粉末状的材料。采用该技术不仅可以制造出精确的模型和原型，还可以成形金属零件作为直接功能件使用。由于 SLS 成形材料品种多、用料节省、成形件性能广泛，以及 SLS 成形无需设计和制造复杂的支撑系统，SLS 的应用越来越广泛。

（1）SLS 的基本原理　SLS 的工艺原理是利用粉末材料（金属粉末或非金属粉末）在激光照射下的烧结，在计算机控制下层层堆积成形。图 3-69 所示的成形装置由粉末缸和成形缸组成，工作时供粉活塞（送粉活塞）上升，由铺粉辊筒将粉末在成形活塞上均匀铺上一层，计算机根据原型的片模型控制激光束的二维扫描轨迹，有选择地烧结固体粉末材料，以形成零件的一个层面；粉末完成一层后，成形活塞下降一个层厚，铺粉系统铺上新粉，控制激光束再扫描烧结新层；如此循环往复，层层叠加，直到三维零件成形。最后，将未

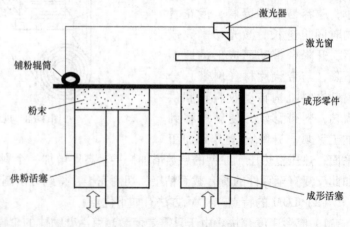

图 3-69　SLS 的工艺原理图

烧结的粉末回收到粉末缸中，并取出原型。对于金属粉末激光烧结，在烧结之前，整个工作台被加热至一定温度，可减少成形中的热变形，并利于层与层之间的结合。

粉末受热要产生收缩、汽化和变形，激光加工参数对制件的性能及精度会产生很大的影响。激光烧结成形的质量主要包括成形强度与成形精度，在 SLS 中，成形强度由制件的烧结密度来决定，制件烧结密度也直接影响着制件后处理质量。

（2）SLS 的特点　SLS 快速成形工艺适合于产品设计的可视化和制作功能测试零件。由于它可采用各种不同成分的金属粉末进行烧结，并可进行渗铜等后处理，因而其制成的产品具有与金属零件相近的力学性能。

SLS 成形的优点主要有：

1）可以采用多种材料。从理论上说，任何加热后能够形成原子间粘接的粉末材料都可以作为 SLS 的成形材料（包括类工程塑料、蜡、金属、陶瓷等）。

2）过程与零件的复杂程度无关，制件的强度高。

3）材料利用率高，未烧结的粉末可重复使用，材料无浪费。

4）无需支撑结构。

5）与其他成形方法相比，能生产较硬的模具。

SLS 成形的缺点主要有：

1）原型结构疏松、多孔，且有内应力，制件易变形。

2）生成陶瓷、金属制件的后处理较难。

3）需要预热和冷却。

4）成形表面粗糙多孔，并受粉末颗粒大小及激光光斑的限制。

5）成形过程会产生有毒气体和粉尘，污染环境。

4. 熔融沉积制造（FDM）

熔融沉积制造也称熔融挤出成形，是继光固化成形和分层实体制造后的另一种应用比较广泛的快速成形方法。其工艺是一种不依靠激光作为成形能源，而将各种丝材加热熔化进而堆积成形的方法。使用的材料一般是热塑性材料，如蜡、ABS、PC、尼龙等，以丝状供料。

（1）FDM 的基本原理　FDM 的工艺原理如图 3-70 所示。喷头在计算机的控制下，根据产品零件的截面轮廓信息作 X、Y 平面运动；热塑性丝材由供丝机构送至喷头，并在喷头中被加热熔化成半液态，然后被挤压出来，有选择性地涂覆在工作台上，快速冷却后形成一层薄片轮廓；一层截面成形完成后，工作台下降一定高度，再进行下一层的涂覆，好像一层层"画出"截面轮廓；如此循环，最终形成三维产品零件。当形状发生较大的变化时，上层轮廓就不能给当前层提供充分的定位和支撑作用，这就需要设计支撑结构，为后续层提供定位和支撑，以保证成形过程顺利实现。

为了节省材料成本，提高沉积效率，新型 FDM 设备采用了双喷头。一个喷头专用于沉积原型材料丝，另一个喷头用于沉积支撑材料丝。一般来说，原型材料丝精细而且成本较高，沉积的效率也较低；而支撑材料丝较粗且成本较低，沉积的效率也较高。双喷头的优点除了沉积过程中具有较高的沉积效率和较低的模型制作成本以外，还可以灵活地选择具有特殊性能的支撑材料，以便后处理过程中支撑材料的去除，如采用水溶性材料、低于模型材料熔点的热熔材料等。

（2）FDM 的特点　FDM 之所以被广泛应用，是因为它有其他成形方法不具有的许多优点。具体如下：

1）成本低。FDM 技术用液化器代替了激光器，设备费用低；另外，原材料的利用率高

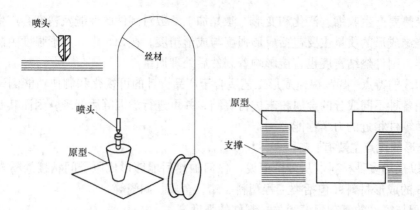

图 3-70　FDM 的工艺原理图

且没有毒气或化学物质的污染，使成形成本大大降低。

2）可采用水溶性支撑材料，使得去除支撑结构简单易行，可快速构建复杂的内腔、中空零件及一次成形的装配结构件。

3）原材料以材料卷的形式提供，易于搬运和快速更换。

4）可选用多种材料，如各种色彩的工程塑料 ABS、PC、PPSF 及医用 ABS 等。

5）原材料在成形过程中无化学变化，制件的翘曲变形小。

6）用蜡成形的原型零件，可直接用于熔模铸造。

与其他快速成形方法相比，FDM 也存在着许多缺点，主要如下：

1）原型的表面有较明显的条纹。

2）沿成形轴垂直方向的强度比较弱。

3）需要设计与制作支撑结构。

4）需要对整个截面进行扫描涂覆，成形时间较长。

5）原材料价格昂贵。

项目四　模具零件数控加工

【任务目标】

1. 了解数控加工的基本原理及其技术的发展与应用状况。
2. 了解数控加工机床的分类与区别。
3. 了解数控车削加工的特点及其应用。
4. 了解数控铣削加工的特点及其应用。
5. 了解数控加工工艺在模具加工中的应用。
6. 能分析相关模具零件的图样,分析零件的数控加工工艺。
7. 能分析数控加工与模具零件制造工艺环节的关系,并合理应用。
8. 能分析典型的具有复杂曲面的模具零件的加工工艺。
9. 能编制需采用数控加工的典型模具零件的加工工艺过程卡。

理 论 知 识

一、数控加工基础知识

1. 数控加工的特点

数控技术(Numerical Control, NC)是用数字信息对机械运动和工作过程进行控制的技术,是现代化工业生产中一门新型的、发展十分迅速的高新技术。数控机床是用数字化信号对机床的运动及其加工过程进行控制的机床,是一种技术密集度及自动化程度很高的机电一体化加工设备。数控加工则是根据被加工零件的图样和工艺要求,编制成以数码表示的程序,并输入到机床的数控装置或控制计算机中,以控制工件和刀具的相对运动,使之加工出合格零件的方法。概括起来,数控加工有如下特点。

① 适应性强。在数控机床上改变加工零件时,除了更换刀具和解决毛坯装夹方式外,只需重新编制程序,输入新程序后就能实现对新零件的加工,且生产过程是自动完成的。特别适合于加工形状复杂、改型频繁、小批量零件的生产及新产品的试制,即具有非常强的适应性。

② 精度高,质量稳定。数控机床是按照数字形式给出指令进行加工的,大部分操作都由机器自动完成,消除了人为操作误差,再配合高精度的传动机构及反馈装置,数控加工的尺寸精度一般在 0.005 ~ 0.010mm 之间,重复定位精度可达 0.005mm 以上。同时,不受零件复杂程度的影响,加工的零件尺寸的一致性好,质量稳定。

③ 生产效率高。一般数控机床的主轴转速和进给量的调节范围比普通机床宽,且数控机床一般刚度好,可以选择更合理的切削用量,缩短加工时间;在数控机床上重新装夹工件时,几乎不需要重新调整机床,换刀也快,所以辅助时间大大缩短,同时减轻了操作者的劳动强度,改善了劳动条件;数控加工质量稳定,一般只需要首件检查和工序间关键尺寸检查,缩短了停机时间。

④ 经济效益好。虽然数控机床价格较高,但在单件、小批量生产的情况下,使用数控机床可节省画线、调整、检查工时,一般不需要专用夹具,且加工精度稳定,废品率低,这

些都降低了生产成本；同时，数控机床还可一机多用。所以，数控加工具有良好的经济效益。

⑤ 有利于现代化管理。数控机床采用数字信息与标准代码处理、传递信息，为计算机辅助设计、制造及管理一体化奠定了基础。

数控加工技术作为先进生产力的代表，在汽车、模具、航空航天、机械电子等制造领域发挥着重要的作用，在科研和生产上极大地促进了生产力的发展。数控加工技术的应用从整体上改善了传统制造业的发展面貌。

2. 数控加工原理

数控加工是把刀具与工件的运动坐标分割成一些最小的单位量，即最小位移量，由数控系统按照零件程序的要求，使坐标移动若干个最小位移量（即控制刀具运动轨迹），从而实现刀具与工件的相对运动，完成对零件的加工。这个最小位移量常称为"脉冲当量"或"分辨率"。

与传统的加工方式不同，数控加工的本质实际上是以微小的直线段去逼近曲线，只不过逼近误差（弦高差）要小于工件所要求的形位公差。生成这些微小直线段的过程即是对轨迹起点和终点之间的数据"密化"的过程，这个过程称为插补。使用步进电动机或伺服电动机的脉冲控制方式（或称为位置控制方式）驱动时，采用脉冲增量插补方法（如逐点比较法和 DDA 方法）；使用伺服电动机的模拟量控制方式（或称为速度控制方式）驱动时，采用时间分割插补方法（或称为数据采样插补方法）。

3. 数控机床的组成

典型的数控机床由数控系统、伺服系统、反馈部件和机床本体构成。

（1）数控系统　数控系统是数控机床的控制核心部件，自 20 世纪 50 年代开始，经历了电子管控制、晶体管控制、集成电路控制、专用 CPU 控制、开放式 PC 控制等几个阶段，高速度、高精度、智能化、网络化是数控系统的主要发展方向。世界上知名的数控系统有德国西门子公司的 SINUMERIK 系列和日本的 FANUC 系列。

（2）伺服系统　伺服系统是数控机床的位置驱动部件，目前多采用全数字交流伺服系统，简易数控机床多安装步进电动机系统，超高速数控机床上多采用直线电动机系统。全数字交流伺服系统可以采用模拟量、脉冲或总线方式进行控制。

（3）反馈部件　反馈部件是保证采用闭环（或半闭环）控制方式的数控机床加工精度的重要部件，用来实时反馈机床的实际位移，从而保证机床快速而精确地到达指令位置。目前，数控机床的反馈部件主要有脉冲编码器和直线光栅尺两种，前者用来检测角位移，后者用来检测直线位移。其信号传送方式有增量式（相对式）和绝对式两种。反馈部件的分辨率是整个机床分辨率的重要决定因素。

（4）机床本体　机床本体指数控机床的机械部件部分，要求具有较高的动态刚度、良好的热稳定性和较高的精度。滚珠丝杠副、直线滚动导轨等高效传动部件在数控机床上得到了广泛的应用，加工中心还采用了刀库和自动换刀装置，以提高机床的工作效率。

4. 数控机床的分类

目前，数控机床品种齐全，规格繁多，可以从不同角度、按照多种原则进行分类。

（1）按照加工方式分类　可分为数控车床、钻床、铣床、镗床、磨床和加工中心等金属切削类数控机床，还有数控折弯机、弯管机、回转头压力机等金属成形类数控机床，以及数控线切割机、电火花加工机床及激光切割机等特种加工类数控机床等。

（2）按照控制运动的方式分类 数控机床可以分为点位控制数控机床和轮廓控制数控机床两类。

点位控制又称点到点控制。这类数控机床的数控装置只要求精确地控制一个坐标点到另一坐标点的定位精度，而不考虑从一点到另一点是按照什么轨迹运动的。这类数控机床主要有数控钻床、数控坐标镗床、数控冲剪床和数控测量机等。

轮廓控制又称为连续轨迹控制。这类数控机床的数控装置能同时控制两个或两个以上坐标轴，并具有插补功能。对位移和速度进行严格的不间断控制，即可加工曲线或者曲面零件，如凸轮及叶片等。轮廓控制数控机床有两坐标及两坐标以上的数控铣床、可加工曲面的数控车床、加工中心等。按照联动（同时控制）轴数分，可以分为两轴联动、两轴半联动、三轴联动、四轴联动、五轴联动等数控机床。两轴半联动是三个坐标轴（X、Y、Z）中任意两轴联动，另一个是点位或直线控制。

（3）按伺服系统的类型分类 根据有无检测反馈元件及其检测装置，机床的伺服系统可分为开环伺服、闭环伺服和半闭环伺服。

开环控制数控机床没有反馈检测装置，多使用步进电动机为驱动电机，系统分辨率取决于步进电动机的步距角、丝杠的导程和传动比，工作台的移动速度和位移量是由输入脉冲的频率和脉冲数决定的。这类数控机床结构简单、成本低、工作比较稳定、调试方便，适用于精度、速度要求不高的场合，如经济型、简易型机床。

数控机床的闭环控制常有全闭环和半闭环系统两种。全闭环控制数控机床在直线进给轴安装有直线位移检测装置或者在回转工作台上安装角位移检测装置，用来向数控系统反馈机床的实际位置值。数控系统将插补器发出的指令信号与反馈的实际位置信号进行比较，根据其差值（跟随误差）不断控制运动，进行误差修正，直至差值在允许的误差范围内为止。采用闭环控制的数控机床的单轴控制精度理论上只取决于反馈部件的精度，可以消除由于传动部件在制造中存在的误差给工件加工带来的影响，从而得到很高的加工精度。由于很多机械传动环节（尤其是惯量较大的工作台等）包括在闭环控制的环路内，各部件的摩擦特性、刚性及间隙等都是非线性量，直接影响伺服系统的调节参数，故闭环系统的设计和调整都有较大的难度，该类型数控机床的成本也较高。

为了降低数控机床的制造成本、克服开环系统容易"丢步"等问题，常规精度的数控机床多采用半闭环控制方式，其检测元件（如光电式脉冲编码器）装在电动机或丝杠的端头，即整个进给环节中的滚珠丝杠导程误差和减速机构的传动比误差不在反馈环路中。由于这种系统的闭环控制环路内不包括机械传动环节，因此可获得稳定的控制特性。采用高分辨率的测量元件和反向间隙及螺距误差补偿技术，可以获得比较满意的精度和速度。

5. 数控机床的坐标定义

为了方便编程和交换程序，国际上已采用统一的标准规定了数控机床的坐标轴名称及运动的正、负方向，我国也已确定了标准 JB/T 3051—1999《数控机床坐标和运动方向的命名》，它与国际标准 ISO 841 等效。

标准中所规定的坐标系是右手笛卡儿坐标系，旋转方向采用右手定则。如图 4-1 所示，右手拇指、食指和中指相互成直角，分别代表 X、Y、Z 三个直线坐标轴的正方向。以右手拇指为平动坐标轴的正方向，其余四指握的方向就是绕该直线轴旋转的回转轴正方向，分别

以 A、B、C 表示。

凡与主轴平行的轴定为 Z 轴，多主轴的机床选一个垂直于工件装夹面的主轴作为主要主轴，从而确定 Z 轴。刀具远离工件的方向为 Z 轴正向。对于没有主轴的机床（如刨床），确定 Z 轴垂直于工件的装夹面。

平行于工件装夹面的水平方向定义为 X 轴。在刀具旋转的机床上（如铣床、镗床等），如果 Z 轴是水平的（如卧铣），沿主轴向工件看时，向右的方向为 X 轴正向；如果 Z 轴是垂直的（如立铣），面对立柱向主轴方向看，向右为 X 轴正向。在工件旋转的机床上（如车床、磨床等），主刀架上的刀具离开工件旋转中心的方向是 X 轴正向。

Y 轴的正方向根据右手定则由 X 和 Z 的方向确定。

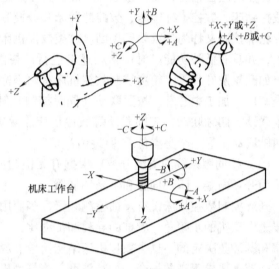

图 4-1　右手笛卡儿坐标系

如果在机床上除了 X、Y、Z 坐标外，还有第二组平行于它们的坐标，可用 U、V、W 命名，第三组坐标可用 P、Q、R 命名。同样，除了 A、B、C 旋转坐标外，附加的旋转运动可用 D、E 命名。

上述的机床坐标轴正方向是在假定刀具移动的情况下确定的。刀具固定、工件移动时，坐标轴表示为 X'、Y'、Z' 等，其正方向按照工件相对于刀具的运动原则定义，与 XYZ 坐标系的方向相反。

6. 模具数控加工工艺

模具数控加工工艺设计是模具零件数控加工前的工艺准备工作。只有在数控加工工艺确定以后，编程才有依据，程序编制工作才能得以顺利进行。工艺方面考虑不周是影响数控加工质量、生产效率及加工成本的主要原因之一。为充分发挥数控加工高精度、高效率的优点，保证模具零件的加工质量，获取良好的经济效益，一定要做好模具数控加工的工艺设计。

（1）模具零件数控加工内容的选择　在确定某个模具零件进行数控加工前，必须对模具零件图样进行仔细的工艺分析，并根据数控加工的适应性，选择那些最适合且最需要的内容和工序进行数控加工。在选择模具数控加工的内容时，应结合工厂的实际情况，着重于解决模具生产中的要点，攻克模具制造中的难关和提高生产效率，充分发挥数控加工的优势。

通常按下列顺序选择模具数控加工的内容：

1）优先选择普通机床无法加工的内容。

2）重点选择普通机床难以加工，或加工质量很难保证的内容。

3）在数控设备尚有富余能力时，可选择普通机床上加工效率低、手工操作劳动强度大的内容。

一般来讲，模具零件的上述加工内容采用数控加工后，其产品质量、生产率和综合经济效益等各方面都会得到显著提高。相比之下，下列加工内容则不宜采用数控加工：

1）以毛坯的粗基准定位来加工第一个精基准等需要占机调整较长时间的加工内容。

2）必须按专用工装协调的孔及其他加工内容（主要原因是采集编程用的数据有困难，协调效果也不一定理想）。

3）按样板、样件、模胎等特定的制造依据加工的型面轮廓（主要原因是获取加工数据困难，与检验依据难以协调，容易发生矛盾，编程难度大）。

4）不能在一次安装中加工完成的其他加工部位。由于采用数控加工麻烦、费时，效果也不明显，因此可安排普通机床补充加工。

另外，在选择和决定模具数控加工的内容时，还应考虑生产批量、生产周期及工序间周转等情况，尽量做到安排合理有序，扬长避短，防止将数控机床降格为通用机床使用。

（2）数控加工零件的结构工艺性分析　零件的结构工艺性是指所设计的零件在能满足使用要求的前提下制造的可行性和经济性。零件的结构工艺性好，加工就容易，同时还可节省加工工时与零件材料；零件的结构工艺性差，加工就困难，且费时费料，甚至无法加工。在对模具零件进行数控加工工艺性分析时，应根据数控加工的特点，认真审视模具零件结构的合理性。

1）零件各加工面的凹圆弧不应过于凌乱。零件内腔和外形上的凹圆弧半径不要过于凌乱，最好能够采用统一的几何尺寸，以减少刀具规格和换刀次数，使编程简单方便，有利于生产效益的提高，同时还可提高零件表面质量。如无法统一半径尺寸，一般情况下，可通过将圆弧半径进行分组的方法来达到减少刀具规格的目的。

2）内槽圆角半径不应太小。内槽圆角半径的大小决定着刀具直径的大小。受刀具直径的限制，内槽圆角的半径不应太小。零件结构工艺性的好坏与被加工轮廓面的最大高度 H 和内槽圆角半径 R 的大小有关，如图 4-2 所示，在被加工轮廓面的最大高度相同的情况下，图4-2a 所示结构的内槽圆角半径较图 4-2b 所示的大，因而可以采用较大直径的铣刀来加工，且加工其内槽平面时，铣削的进给次数相应减少，表面质量相应提

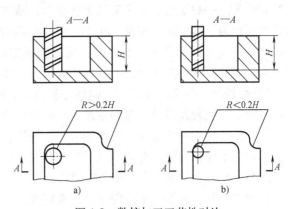

图 4-2　数控加工工艺性对比

高，工艺性较好。一般来说，当 $R < 0.2H$ 时，可以判定零件的该部位工艺性不好。

3）槽底圆角半径不应过大。铣削底平面时，零件槽底的圆角半径 r 不应过大。如图 4-3 所示，圆角半径 r 越大，铣刀端刃铣削平面的能力越差，效率也越低，当 r 大到一定程度时，甚至必须用球头刀（圆头铣刀）加工，这是应该尽量避免的。平头铣刀与铣削平面接触的最大直径 $d = D - 2r$（D 为铣刀直径），当 D 越大而 r 越小时，铣刀端刃铣削平面的面积越大，加工平面的能力越强，工艺性也就越好。

4）槽形不应过深。基于数控铣削刀具长度的限制和刀具受力变形等方面的考虑，一些较深的型腔也不能采用数控加工。

5）型腔尺寸不应过于细小。一些型腔的尺寸过于细小时，数控加工刀具无法进入，故

过于细小的型腔尺寸也不能采用数控加工。

6）加工零件不要有过高的硬度。对于热处理后的零件（如淬火热处理），由于零件具有较高的硬度，使得切削加工变得很困难，原则上不能进行数控加工。但是在使用硬质合金刀具时，可以进行余量不大的加工。随着数控技术的发展，现在出现了高速铣数控机床，这种机床可以对热处理后的零件进行加工，但是被加工零件的硬度不能过高。

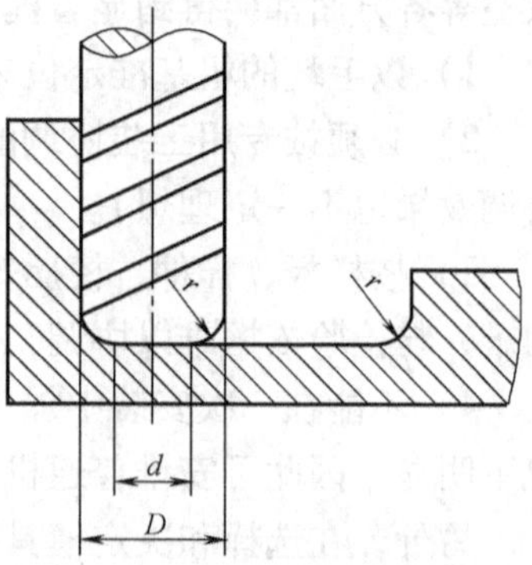

图 4-3　零件底面圆弧对工艺的影响

另外，对模具零件的精度及技术要求进行分析，也是模具零件数控加工工艺性分析的重要内容。只有在分析零件尺寸精度和表面粗糙度的基础上，才能对加工方法、装夹方式、刀具及切削用量进行正确而合理的选择。

（3）数控机床的选择与使用　数控机床不同于普通机床，它不需要制造、更换许多工具、夹具和检具，也不需要重新调整机床，只需要重新编制加工程序就可以快速地从一种零件的加工转变为另一种零件的加工。数控机床以其高精度、高效率、高度自动化和对加工对象改型的高度适应性，在具有小批量生产特性的模具制造中获得了广泛的应用。数控机床（尤其是加工中心）是计算机技术与机械制造技术完美结合的高精设备，要让其在模具制造中发挥最佳效果，获取最好的经济效益，就要根据模具零件的形状与尺寸、精度等级、表面粗糙度要求、表面加工方法、所需机床坐标轴数和加工成本等因素正确选用数控机床。

在为模具制造选用数控设备时，不能一味地追求高档，选择加工精度和加工效率都很高的数控机床。一般说来，为了降低生产成本，通常都是按照主要追求目标来配置加工设备；如果主要是为了满足加工精度的要求，就应选择结构刚性好、散热效果好（热变形小）和冷却效果好（工件升温小）的数控机床；如果主要是为了提高加工效率，则应选择自动化程度高、能够实现装夹自动化和实施长时间无人操作的数控机床。

1）数控加工与普通加工工序的划分和衔接。能用普通机床加工的零件，用数控机床也都可以加工，但就经济性、合理性及生产条件而言，特别是在企业数控化率较低的情况下，并非所有的零件或一个零件的所有加工部分都用数控加工为好。在模具数控加工中插入必要的普通加工工序，可更加有效地发挥现有数控机床的效能，延长数控机床的使用寿命，降低加工成本，是一种经济、合理的工艺路线方案。

数控加工与普通加工工序需在保证高精度、高效率的前提下，根据数控机床与通用设备的各自特长，综合考虑数控加工和普通机床加工的经济合理性、生产过程中生产节拍和生产能力的平衡后进行划分。通常，对于大型、复杂零件中的简单表面（如有着复杂型腔的模具型腔体的外平面）的加工、精化铸件和锻件毛坯的预加工、粗定位基准的预加工、数控加工难以完成的个别或次要部位的加工等常采用普通方法加工。

零件的加工由数控机床和普通机床共同完成时，数控加工工序常常穿插在零件加工的整个工艺过程中，因此，在设计数控工艺路线时要解决好数控加工工序与普通加工工序的衔接问题。如对毛坯热处理的要求是什么，定位基准孔和面的精度要求是多少，是否为后道工序留加工余量及留多大余量等问题都应该衔接好，其目的是满足加工需要，且质量目标及技术要求明确，交接验收有依据。

2）数控机床的选用原则。目前，我国生产的数控机床有高档、中档及经济型三个档次，经济型数控机床的性能现已有了质的提高，而价格却只有中档数控机床的几分之一至十几分之一，应尽可能选用。一般来说，机床功能越多，其价格就越贵，维修也越困难，当工件只需钻或铣时，就不需选用加工中心；可用数控车床加工的工件就不需选用车削中心；能用三轴联动机床加工的工件就不需选用四轴或五轴联动的数控机床。总之，选择数控机床应在满足零件加工精度和效率的前提下，尽可能选用加工成本低的数控设备。

（4）数控刀具的选择与使用

1）数控加工对刀具的要求。刀具的选择是数控加工工艺的重要内容之一。刀具选择的合理与否不仅影响数控机床的加工效率，而且还直接影响加工质量。选择刀具通常要考虑机床的加工能力、工序内容和工件材料等因素。数控机床的主轴转速一般要比普通机床的主轴转速高 1~2 倍，同时，其主轴功率也较普通机床的大，因此，不仅要求刀具的强度、刚度、可靠性、寿命、精度都要高，而且还要求其尺寸稳定、安装调整方便。数控加工对刀具的要求主要体现为：①高强度与高刚度；②高可靠性与高耐磨性；③较高的精度；④可靠的断屑。

2）刀柄。加工中心的刀具由刀具和刀柄两部分组成，刀具和通用刀具一样，有钻头、铰刀、铣刀、丝锥等。刀柄是加工中心必备的辅助工具，用以将刀具与机床主轴连接起来。由于加工中心有自动换刀的功能，所以刀柄必须满足机床主轴自动松开和拉紧定位的要求，且能在机械手的夹持与搬运下，准确地安装各种切削刀具。

刀柄已是系列化、标准化的产品，但是由于世界各地的标准不尽相同，我国现阶段也有两种标准都在执行，因此有时刀柄的锥柄号一样，其尺寸却略有差异。在选用刀柄时，一定要清楚所用机床主轴的标准，以使刀柄与机床主轴孔相适应。在我国的标准中，刀柄有直柄和锥柄两种形式。

刀柄根据其结构形式分为整体式结构和模块式结构两大类。整体式结构是将夹持刀具的工作部分与刀柄的柄部做成一体，使用时将相对应的刀具装入所选用的不同规格和品种的刀柄就可以使用，其特点是结构牢固可靠，使用方便。模块式结构如图 4-4 所示，它是把工具的柄部和工作部分分开，制作成各种系列化的模块，然后通过模块的组合形成所需要的刀柄形式。模块式刀柄可以有效地减少刀柄的规格和品种，减小使用厂家的工具储备，方便工具的使用和管理，在零件形状复杂多变的模具加工中获得了广泛的应用。

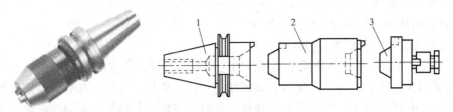

图 4-4　模块式结构刀柄的组成
1—主柄模块　2—中间模块　3—工作模块

另外，还有一些特殊用途的刀柄，如增速头刀柄、多轴加工动力头刀柄、高速磨头刀柄、万能铣头刀柄、内冷却刀柄等可供选用。

数控机床所用刀柄已经标准化，其刀柄一般具有高精度的锥角，可与机床主轴高精度的锥孔配合，利用空气压缩机抽真空，将刀柄及装配在刀柄上的刀具吸紧在机床主轴锥孔里。

（5）数控加工的对刀　零件机械加工的形状与尺寸是由加工过程中刀具与工件的相对

位置所决定的。数控加工以标准刀具的刀尖位置进行编程,通过对实际刀具与标准刀具的偏差进行补偿来实现数控刀具的正确定位。为保证数控加工的加工精度,必须进行数控加工刀具的对刀,以测出其相对标准刀具的精确偏差量。数控加工对刀的方法有如下两种方式:

1) 机上对刀。机上对刀是把刀具装在数控机床的主轴上,通过测头附件或利用数控装置的数显功能,测出每把刀具的长度和半径相对于标准刀具的实际偏差量,并把这些偏差量设置在偏置存储器中。由于机上对刀是将刀具直接装夹在数控机床上进行测量,对刀与加工时刀具的装夹情况完全相同,所以能够较好地保证加工零件的精度,但是该法占用了数控机床的工作时间,降低了数控机床的利用率。

2) 机外对刀。在数控机床上加工形状复杂的零件时,往往需要使用较多的刀具,这些刀具如果都采用机上对刀,势必造成数控机床的辅助时间成倍增加,严重影响数控机床的利用率。为有效缩短辅助时间,实现数控机床的快速自动换刀,一般使用刀具预调仪来进行机外对刀。常用的刀具预调仪测量装置有光学式、光栅数显式、容栅数显式及刻度尺配千分表测量式等多种样式,它们的测量精度取决于测量元器件的制造精度及预调仪本身的制造精度。一般来说,刻度尺配千分表和容栅数显式的测量精度为 0.01mm,而光学式和光栅数显式的测量精度为 0.001mm。目前,许多数显装置带有计算机数据存储和处理功能,可以把测量的数据储存起来并组成刀具数据文件,通过 RS-232 串行接口经电缆直接输入到机床数控装置中去。

(6) 数控加工走刀路线与加工参数

1) 走刀路线。走刀路线是刀具在整个加工工序中相对于工件的运动轨迹,它泛指刀具从对刀点或机床固定原点开始,到返回该点并结束加工程序所经过的所有路径(切削加工路径及刀具切入、切出等非切削空行程路径)。走刀路线不仅包括了工步的内容,也反映出了工步的顺序。

数控加工走刀路线的确定不仅影响加工零件的尺寸精度、位置精度与表面粗糙度,而且还影响数控机床与刀具的寿命,影响数控编程的数学计算。一般来说,在确定走刀路线时,主要应考虑如下几点:

① 保证加工零件的精度与表面粗糙度。

② 力求走刀路线最短。

③ 合理选择铣削内轮廓的走刀路线。

④ 注意刀具切入、切出点的距离。

2) 切入点和切出点。当铣削平面零件的轮廓时,一般采用立铣刀侧刃切削。在刀具切入、切出零件时,不允许刀具沿零件轮廓的法向切入、切出,以避免在切入、切出处产生刀具的刻痕。如图 4-5 所示,铣削平面零件外轮廓时,应沿切削起始点延伸线或轮廓曲线延长线的切向逐渐切入工件,以保证零件曲线的平滑过渡;同样,在切离工件时,也应避免在切削终点处直接抬刀,而要沿着切削终点延长线或切线方向逐渐切离工件。如图 4-6 所示,铣削封闭的内轮廓表面时,同铣削外轮廓一样,刀具同样不能沿轮廓曲线的法向切入和切出,由于内轮廓曲线无法外延,此时刀具可以沿一过渡圆弧切入和切出工件轮廓。如图 4-7 所示,用圆弧插补方式铣削外整圆时,在整圆加工完毕后不得在切点处直接退刀,而应沿切线方向让刀具多行一段距离,以免取消刀具补偿时,刀具与工件表面发生碰撞,造成工件报废。

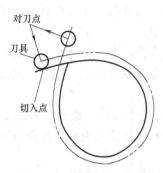

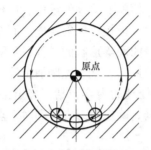

图 4-5 刀具的切入和切出过渡　　图 4-6 铣削内圆的进给路线　　图 4-7 铣削外圆的进给路线

为保证加工出的零件轮廓形状光滑平整，要合理地安排数控加工时刀具的切入点和切出点，尽量不要在连续的轮廓中安排刀具的切入和切出，通常将切入点和切出点选在零件轮廓两几何元素的交点处。在数控加工过程中，刀具、夹具、工件及数控机床系统处于弹性变形的平衡状态，当进给停顿时，切削力突然减小，将打破系统的平衡，刀具将会在进给停顿处零件的表面留下划痕，因此，零件轮廓的最终加工应尽量保证一次连续完成，避免在进给中途停顿。

3）切削用量的选择。切削用量包括主轴转速（切削速度）、进给量及背吃刀量（切削深度）。在编制每一道零件加工工序的数控程序时，都会遇到切削用量的选择问题。切削用量的正确选择，将有利于发挥数控机床的特点，提高切削效率，保证刀具的寿命和加工质量，降低加工成本。

数控加工中切削用量的选择原则与普通机床加工时相同，都是在机床说明书给定的允许值范围内，根据刀具的情况或按机床切削原理中规定的方法计算后来选取。由于数控机床的动力参数较高、速度许可范围较大、热稳定性较好、床身结构刚性强，并且常常使用高性能的切削刀具，所以数控加工时可采用大切削用量的强力切削，并可实现高速切削。数控切削用量的具体选用可参考国内外有关数控加工切削用量的手册或表格，并结合实际生产经验来确定。

7. 数控加工程序的编制

（1）数控编程的基本概念

1）数控编程的内容和基本步骤。数控加工程序编制的过程，就是把零件加工所需的全部数据和信息（如零件的加工路线、切削用量、刀具参数、零件的尺寸数据等）按数控系统规定的格式和代码，编写成加工程序并记录在控制介质（如磁盘等）上，然后将控制介质的数据和信息输入到数控系统中，由数控系统控制数控机床进行加工。在现代数控机床上，还可以通过控制面板或计算机直接通信的方式将零件加工程序输入数控系统。理想的加工程序不仅应保证加工出符合图样要求的合格工件，同时应能使数控机床的功能得到合理的应用和充分的发挥，以使数控机床能安全可靠及高效地工作。在编制程序之前，应充分了解数控加工工艺的特点，熟悉数控机床的规格、性能及数控系统所具备的功能和编程指令代码等。

手工数控编程的具体内容和步骤如下：

① 分析零件图样。通过对零件的材料、尺寸、形状、精度及毛坯的形状和热处理的分析，确定零件在数控机床上进行加工的可行性。根据数控机床加工精度高、适应性强、效率高的特点，对于批量小、形状复杂、精度要求高的零件，选择在数控机床上加工，既可以满足零件加工精度的要求，又能充分发挥数控机床的功能。而有些零件，在普通机床上加工困难甚至无法加工，如自由曲面、列表曲面等形状的零件，只能选择在数控机床上加工。同时还要考虑数控机床的类型，如选择数控车、铣、镗床加工等。

② 加工零件的工艺处理。工艺处理的内容包括：确定工件的进给路线，选择工件的定位基准，选用和设计夹具，选择刀具、确定对刀方式和对刀点，确定加工余量和选择合理的切削用量等。

③ 数值计算。根据零件图及确定的进给路线和切削用量，计算出数控机床所需的输入数据。数值计算主要包括计算零件轮廓的基点和节点坐标等。所谓基点，是指零件轮廓几何元素间的连接点，如两直线的交点、直线与圆弧的交点或切点、圆弧与圆弧之间的交点或切点等。对于零件轮廓为非圆曲线时，用直线段或圆弧段逼近非圆曲线，从而取代非圆曲线，逼近直线或圆弧与曲线的交点或切点就称为节点。

④ 编写加工程序单。即根据计算出的刀具轨迹数据和确定的运动顺序、切削参数及辅助动作，按照数控系统规定使用的功能指令代码和程序段格式，逐段编写加工程序单。

⑤ 制作控制介质并输入到数控系统中。即将编写好的加工程序单记录在数控系统可识别的控制介质上，或者使用数控系统的控制面板将程序输入到数控系统中。现代数控机床可采用串行通信或网络方式进行数据传输。

⑥ 程序校验。编制的数控加工程序必须经过校验才能用于实际加工。校验的方法可以采用机床空运转、以笔代刀、以纸代替工件，模拟实际加工画出加工轨迹；或利用数控系统的图形仿真功能，在显示屏幕上模拟显示加工轨迹，以及时修正可能存在的问题。

⑦ 首件试切。加工程序校验合格，只能证明轨迹运动的正确性，不能检查出被加工零件的精度。因此，需要对工件进行首件试切，当发现有加工误差时，应分析加工误差产生的原因，并予以修正。

2）数控编程的方法

① 手工编程。手工编程是指编程步骤都是由手工来完成，即从零件的图样分析、工艺过程的制订、数值计算到编写加工程序单、制作程序介质等，都是由手工完成的一种编程方法。

手工编程的过程实质上是将加工零件图样、数控加工工艺和数控机床指令综合应用的过程。对于一些形状简单的零件，特别是刀具在一次切削加工过程中始终在某一坐标平面内运动（即二维运动轨迹），如箱体类零件表面上的孔系加工或轮廓加工，由于轨迹坐标不需经过复杂的计算，编写的程序段也不是很长，适于采用手工编程来完成，既经济又及时。但对于一些形状复杂的零件，如非圆曲线、三维空间曲面、列表曲面等，编程时需经过复杂的坐标计算，采用手工编程非常繁琐，甚至无法编程，在这种情况下，需采用自动编程，甚至由CAD/CAM软件来完成。

② CAD/CAM图形自动编程系统。这是一种以通过计算机辅助设计（CAD）建立的几何模型为基础，再以计算机辅助制造（CAM）为手段，以图形交互方式生成数控加工程序的自动编程方法。零件CAD模型的描述方法多种多样，其中以表面模型在数控编程中的应

用较为广泛。以表面模型为基础的 CAD/CAM 集成数控编程系统，习惯上被称为图形自动编程系统。

CAD/CAM 图形自动编程系统的主要特点是：零件的几何形状可在零件设计阶段采用系统的 CAD 功能，在图形交互方式下进行定义、显示和编辑，最终得到零件的几何模型；采用 CAM 功能定义刀具，确定刀具相对于零件表面的运动方式，确定加工参数，并生成进给轨迹；经过后置处理，生成数控加工程序。整个过程一般都是在屏幕菜单及命令驱动等图形交互下完成的，具有形象、直观和高效等优点。

以表面模型为基础的数控编程方法，其零件的设计功能（或几何造型功能）是专为数控编程服务的，针对性很强，使用简便，典型的软件系统有 UG、MasterCAM、Cimatron 等数控编程系统。

（2）数控编程中的代码标准　在机床数字控制技术发展历程中，产生了多种性能不同的数控系统，致使各系统在信息输入代码、程序段格式、坐标系统及加工指令等方面均有自己的标准和规定。为了满足设计、制造、维修和普及的需要，逐步形成了两种国际通用标准，即国际标准化组织 ISO 标准和美国电子工业协会 EIA 标准。目前各个数控系统采用的代码、指令、程序段格式尚未完全统一。因此，在编制程序时必须严格按所使用的数控机床说明书中规定的格式、代码进行编写。

典型数控加工程序段的格式为：

N_　G_　X_　Y_　Z_　F_　S_　T_　M_

N 为程序号字，用以识别程序段的编号，用 N 和后面的若干位数字来表示。例如 N20 表示该语句的语句号为 20。

G 为准备功能字，用来规定数控机床的大部分操作种类，用 G 和两位数字来表示，从 G00 ~ G99，共 100 种。

坐标值字由地址码、正负符号（+、-）及绝对值（或增量）的数值构成。坐标值的地址码有 X、Y、Z、U、V、W、P、Q、R、A、B、C、I、J、K、D、H 等。

F 为进给功能字，表示刀具中心运动时的进给速度，由地址码 F 和后面若干位数字构成。这个数字的单位取决于每个数控系统所采用的进给速度的指定方法。例如，若设定数控系统的默认单位为米制，则 F100 表示进给速度为 100 mm/min。具体内容可参见所用数控机床的编程说明书。

S 为主轴转速字，由地址码 S 和后面的若干位数字组成，单位为转速单位（r/min）。例如 S800 表示主轴转速为 800 r/min。

T 为刀具字，由地址码 T 和若干位数字组成。刀具功能字的数字是指定的刀号。数字的位数由所用系统决定。例如 T08 表示第 8 号刀。

M 为辅助功能字，表示一些机床辅助动作的指令，用地址码 M 和后面两位数字表示，范围从 M00 ~ M99，共 100 种。

1）G 指令。G 指令也称准备功能指令，使机床或数控系统建立起某种加工方式。例如，刀具在哪个坐标平面加工、加工轨迹是直线还是圆弧等都需用 G 指令来指定。G 指令由字母 G 和其后两位数字组成，标准 JB/T 3208—1999《数控机床　穿孔带程序段格式中的准备功能 G 和辅助功能 M 的代码》中规定了 G 指令的功能。

2）M 指令。M 指令也称辅助功能指令，作用是控制机床或系统的辅助功能动作，如冷却泵的开、关；主轴的正、反转；程序结束等。M 指令由字母 M 和其后两位数字组成。同样，在标准 JB/T 3208—1999 中规定了 M 指令的功能。

由于不同的数控机床生产厂家所用的数控系统不同，所以各种机床所使用的 G 指令、M 指令与标准中规定的也不完全相同。因此，必须根据所使用的数控机床说明书中的规定进行编程。

（3）数控编程的后置处理　模具数控加工的手工编程，是根据零件的加工要求与所选数控机床的数控指令集直接编写数控程序，然后直接输入数控机床的数控系统。手工编程一般不需要特殊的数学计算和数据处理，适合于简单二维零件的数控加工。模具数控加工的自动编程则不同，经过刀位计算产生的是刀位文件，而不是数控程序，因此，需要把刀位文件转换成数控机床能执行的数控程序，并输入机床，才能进行零件的数控加工。

把刀位文件转换成指定数控机床能执行的数控程序的过程称为后置处理。后置处理程序的复杂程度与机床的复杂性和性能成正比。点位机床需要简单的后置处理程序，而多坐标的加工中心或数控机床则需要较复杂的程序。典型的后置处理程序包括输入转换部分和运动处理部分。输入转换部分从刀位数据文件中读出刀具位置数据和其他后置处理信息，并将这些数据转换为适合后置处理程序识别的形式。运动处理部分根据读入的刀具位置数据及几何轮廓数据进行如下处理：

1）坐标变换。实现从零件坐标系到机床坐标系的交换。

2）插补处理。根据机床所具有的插补功能和加工对象选择合适的插补方法，如直线插补、圆弧插补、抛物线插补等。

3）限位及误差校验。要保证机床的实际使用行程不超出机床的软限位或硬限位，并保证刀具不会切入机床本体的任何部分。另外，要保证刀具加工轨迹误差在零件设计要求的公差范围之内。

4）速度控制。若选用的数控机床不具备转角处的自动加减速功能，要计算其最佳的加减速距离，以保证刀具在尽可能大的距离内以规定的进给速度运功。

由于目前的 CAM 软件种类较多，而且数控系统也各不相同，所以后置处理过程必须结合实际的数控机床进行。对于四坐标、五坐标数控加工，刀位文件中刀位的输出形式为刀具中心坐标和刀轴矢量，在后置处理过程中，需要将它们转换为机床的运动坐标。对于不同类型运动关系的数控机床，转换算法是不同的。

二、数控车削加工

1. 数控车床概述

数控车床用于加工回转类表面，按结构形式可分为卧式数控车床和立式数控车床两大类，卧式数控车床又分为水平导轨和倾斜导轨。倾斜导轨使机床具有更大的刚性，易于排屑，一般用于高档次数控车床。另外，还有两根主轴的数控车床，称为双轴卧式数控车床或双轴立式数控车床。数控车床的机床本体和普通车床相似，即由床身、主轴箱、刀架、进给系统、液压系统、冷却和润滑等部分组成，所不同的是，普通车床的进给系统是通过进给箱的齿轮转换来控制进给速度，而数控车床直接用伺服电动机通过滚珠丝杠驱动溜板和刀架实现进给运动，因而进给系统大为简化，并可实现无级变速。一种卧式数控车床如图 4-8 所示。

2. 数控车床的主要功能

不同的数控车床，其功能不尽相同，但都具有以下几项主要功能：

① 直线插补功能。控制刀具沿直线进行切削，利用该功能可加工圆柱面、圆锥面和倒角。

② 圆弧插补功能。控制刀具沿圆弧进行切削，利用该功能可加工圆弧面和曲面。

③ 固定循环功能。对于加工余量大，需多次进给加工的零件，为减少程序段的数量，缩短编程时间，减少程序所占内存，将一些常用的加工进行固化，如粗加工、切槽、钻孔等，使用时可用一个指令进行调用。

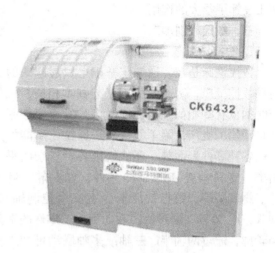

图4-8　卧式数控车床

④恒线速切削功能。通过控制主轴转速保持切削点的切削速度恒定，以获得一致的加工表面质量。

⑤刀具半径自动补偿功能。可对刀具运动轨迹进行半径补偿，具备该功能的机床在编程时可不考虑刀具半径，直接按零件轮廓进行编程，使编程方便、简单。

3. 数控车床的加工对象

数控车床具备刀具运动轨迹的自动控制和恒转速等功能，使数控车床的加工范围比普通车床宽，加工精度比普通车床高。但数控车床的加工成本比较高，因此采用数控加工时，要合理选择加工对象。与普通车床相比，适合于数控车床加工的零件有如下几种：

① 精度要求高的回转体零件。数控车床刚度好，制造和对刀精度高，运动和定位精度高，并有刀具补偿、主轴恒转速等功能，尺寸精度可达0.001mm，表面粗糙度Ra值可小于$0.02\mu m$，而且可以实现等精度加工，甚至在有些场合可以以车代磨。

② 轮廓形状复杂的零件。数控车床具有直线和圆弧插补功能，可以加工由任意直线和平面曲线组成轮廓的回转体零件，包括公式曲线和列表曲线。

③ 带特殊螺纹的回转体零件。普通车床所能切削的螺纹相当有限，只能切削直、锥面的米制、英制螺纹，而且只能加工若干种螺距的螺纹。数控车床不但能加工普通车床能加工的螺纹，而且能加工增螺距、减螺距等各种螺距变化的螺纹。数控车床还配有精密螺纹切削功能，再加上一般采用硬质合金成形刀片，以及可以使用较高的转速，所以车削出来的螺纹精度高、表面粗糙度值低。

4. 模具零件的数控车削加工

数控车削加工与普通车削加工的不同之处在于：①加工精度的区别，数控车削加工精度高；②对于回转类零件的二维曲面轮廓的加工，普通车削加工需要磨成形刀才能加工简单的圆弧、圆角等二维曲面；③加工效率不同，由于数控车削加工时两个轴同时连续进给，并且零件的加工、换刀等过程由编写的程序控制，整个加工过程完全自动化，所以效率很高。

通过数控车削与普通车削加工的对比，在高精度、回转类模具零件的加工中，数控车削加工发挥了很大的作用。

三、数控铣削加工

1. 数控铣床概述

数控铣床是在普通铣床基础上发展起来的一种数控机床，两者的加工工艺基本相同，机床结构也有些相似。但数控铣床是靠程序控制的自动加工机床，除了能铣削普通铣床所能加工的各种零件表面外，还能铣削各种复杂的平面类、变斜角类和曲面类零件，如凸轮、叶片、螺旋桨等。数控铣床至少有三个控制轴，即 X、Y、Z 轴，通过两轴联动可加工零件的平面轮廓，通过两轴半、三轴或多轴联动可加工零件的空间曲面。同时，数控铣床还可用作数控钻床或数控镗床，完成镗、钻、扩、铰等工艺内容。数控铣床有立式、卧式、立卧两用和龙门式数控铣床，图 4-9 所示为一种普通的数控铣床。

图 4-9　普通数控铣床

2. 数控铣床的主要功能

不同档次的数控铣床的功能差别很大，但都具有以下几项主要功能：

1）点位控制功能。此功能可以实现对相互位置精度要求很高的孔系加工。

2）连续轮廓控制功能。此功能可以实现直线插补功能、圆弧插补功能及非圆曲线的加工。直线插补功能分为平面直线插补功能、空间直线插补功能和逼近直线插补功能等；圆弧插补功能分为平面圆弧插补、逼近圆弧插补功能等。

3）刀具半径补偿功能。此功能可以根据零件图样的标注尺寸来编程，而不必考虑所用刀具的实际半径尺寸，从而减少编程时的复杂数值计算。

4）刀具长度补偿功能。此功能可以自动补偿刀具的长短，以适应加工中对刀具长度尺寸调整的要求。

5）比例缩放及镜像加工功能。此功能可将编好的加工程序按指定比例改变坐标值来执行。镜像加工又称轴对称加工，如果一个零件的形状关于坐标轴对称，那么只要编出一个或两个象限的程序，其余象限的轮廓就可以通过镜像加工来实现。

6）旋转功能。该功能可将编好的加工程序在加工平面内旋转任意角度来执行。

7）子程序调用功能。有些零件需要在不同的位置上重复加工同样的轮廓形状，将一轮廓形状的加工程序作为子程序，在需要的位置上重复调用，就可以完成对该零件的加工。

8）宏程序功能。该功能可用一个总指令代表实现某一功能的一系列指令，并能对变量进行运算，使程序更具灵活性和方便性。

3. 数控铣床的加工对象

与数控车床相同，采用数控铣削加工时，要选择合适的加工对象，以兼顾加工质量、效率和成本。适合于数控铣削加工的零件有如下几大类：

（1）平面类零件　平面类零件的特点是各个加工表面是平面或可以展开为平面。目前在数控铣床上加工的绝大多数零件属于平面类零件。平面类零件是数控铣削加工对象中最简单的一类，一般只需用三轴数控铣床的两轴联动（即两轴半坐标加工）就可以加工，如图 4-10 所示。

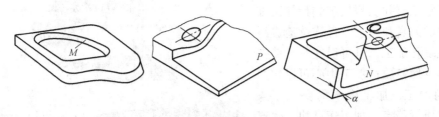

图 4-10　平面类零件

（2）变斜角类零件　变斜角类零件即加工面与水平面的夹角成连续变化的零件。如图 4-11 所示，加工变斜角类零件最好采用四轴或五轴数控铣床进行摆角加工，若没有上述机床，也可在三轴数控铣床上采用两轴半控制的行切法进行近似加工，但精度稍差。

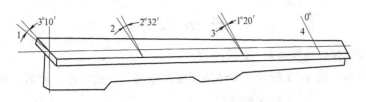

图 4-11　变斜角类零件

（3）曲面类（立体类）零件　曲面类零件即加工面为空间曲面的零件，加工时需采用球头刀，加工面与铣刀始终为点接触，一般采用三轴联动数控铣床加工，常用的加工方法主要有以下两种：

① 采用两轴半联动行切法加工。行切法是在加工时只有两个坐标轴联动，另一个坐标按一定行距周期进给。这种方法常用于不太复杂的空间曲面的加工。

② 采用三轴联动方法加工。所用的铣床必须具有 X、Y、Z 三轴联动加工功能，可进行空间直线插补。这种方法常用于较复杂的空间曲面的加工。

4. 加工中心加工

加工中心是在一般的数控镗、铣床上加装刀库和自动换刀装置，工件在一次装夹后通过自动更换刀具，连续地对其各加工面自动完成铣、镗、钻、锪、铰、攻螺纹等多种工序的加工。加工中心按照主轴所处的方位分为立式加工中心和卧式加工中心两种。加工中心与普通数控铣床的区别在于，加工中心具有刀库和自动换刀系统。在模具加工中，立式加工中心应用较多。

图 4-12 所示为立式加工中心，这是具有自动换刀装置的计算机数控（CNC）镗、铣床，采用了软件固定型计算机控制的数控系统，适用于多种复杂模具零件的加工。机床的刀库可安装多把刀，可根据加工需要通过机械手换用，换刀时间仅为几秒钟。

采用加工中心加工模具零件，具有一般机床或数控机床所不可比拟的优越性。例如，用自动编程装置和 CAD/CAM 提供的三维曲面信息，即可进行三维曲面加工，并从粗加工到精加工都可按预定的刀具和切削条件连续地进行多型面或多孔加工，且可以在一次装夹中自动连续地完成；加工中心可以按照程序自动加工，加工中不需要人工操作，加工质量稳定、加工速度快、生产效率高。

在模具制造中，加工中心逐渐成为机械加工的重要设备，目前我国的许多模具制造企业都采用了这种先进的设备。但目前加工中心的价格昂贵，在实际应用中应充分考虑其经济效果。

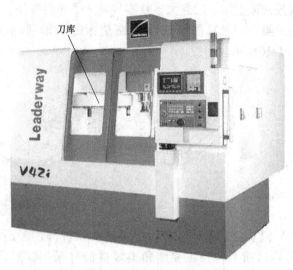

图 4-12　立式加工中心

任 务 实 施

一、成形顶块零件工艺分析

成形顶块零件如图 4-13 所示，零件精度要求较高，周边外形为异形直通式的结构形式，

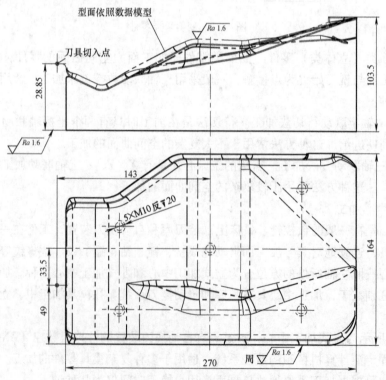

图 4-13　成形顶块零件

需要采用线切割进行加工,既能保证精度又比较经济、快捷;零件型面比较复杂,为三维曲面结构形式,该型面的加工则需要采用数控铣削自动编程进行加工。成形顶块零件的加工需要处理好数控铣削加工与线切割加工之间的关系,同时要考虑线切割的工艺基准。

成形顶块零件的加工工艺过程比较复杂,需要经过多道工序才能达到零件的最终要求,同时也要考虑数控机床的加工特点,配合合适的工件夹具。

成形顶块零件的技术要求:材料为 Cr12MoV;热处理为淬火,58~62HRC;外形与凹模框滑配;其余表面的表面粗糙度 Ra 值为 6.3μm。

二、成形顶块零件工艺过程卡

根据上述分析,成形顶块零件的加工工艺过程卡见表4-1。

表4-1　成形顶块零件加工工艺过程卡 （单位:mm）

加工工艺过程卡		零件名称	成形顶块	材料	Cr12MoV
		零件图号	CXDK-01	数量	1
序号	工序名称	工序(工步)内容		工时	检验
1	备料	备 Cr12MoV 锻料,320×200×118			
2	铣	铣六面,去粗,尺寸为 310×190×108,六面呈90°			
3	平磨	磨上、下两面,光面即可,磨侧面 B 做基准面			
4	加工中心	基准孔 φ16 钻孔、铰孔,按基准孔点螺孔位置,翻转零件后按数据模型加工型面(仍以基准孔 A、基准面 B 为基准),底面留磨削余量0.5			
5	钳工	钻5×M10 的螺纹底孔,攻螺纹5×M10、深20			
6	热处理	淬火,58~62HRC(真空淬火)			
7	平磨	以机床用平口虎钳夹持加工底面达图样要求,基准面放置在固定钳口的一边(底面用百分表校平后进行加工)			
8	线切割	基于 A、B 基准,长度310的方向装夹在线切割机床的垫块上			
9	钳工	修磨型腔面			
编制:		审核:		日期:	

成形顶块零件加工工序图如图4-14所示。

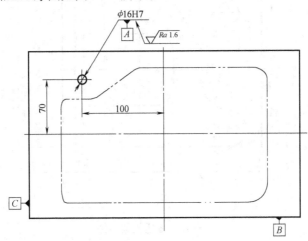

图4-14　成形顶块零件加工工序图

在成形顶块零件的加工过程中需要注意以下两点：

1）由于受加工中心刀具的限制，孔 $\phi16mm$ 的铰削深度只能达到 30～50mm，因此孔的上面部分只能进行扩孔，防止在后续的加工中造成误差，同时，也可以在侧面做一个辅助基准 C。实际加工中，在翻转零件后进行型腔加工时，多以两个基准面 B、C 作为基准进行加工。

2）在平面磨加工时，用机床用平口虎钳夹持零件，常用机床用平口虎钳的最大夹持尺寸一般不大于 200mm。对于过宽的零件，夹持时需要考虑采用工艺垫块、工艺平台等措施。

拓 展 任 务

固定支架零件数控铣削加工编程

1. 固定支架零件工艺分析

固定支架零件如图 4-15 所示，利用 XK6325B 型数控摇臂铣床进行固定支架零件的数控加工及编程。固定支架零件是一个典型的块类零件，其顶块形状由几段圆弧、直线段、斜线段及一段椭圆弧组成。根据零件的精度及结构特点，采用数控铣加工比较合适，数控铣加工的进给路线对零件数控加工工艺有较大的影响。同时对零件加工成本也有较大影响。零件椭圆弧段需要采用宏程序进行编程，在数控加工的手工编程中，宏程序是重点，也是基础。

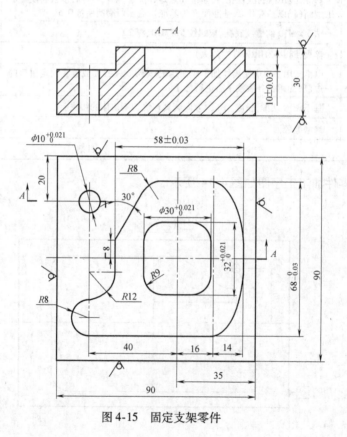

图 4-15　固定支架零件

2. 固定支架零件程序

基于 FANUC（法那科）操作系统的 XK6325B 型数控摇臂铣床的固定支架零件数控加工程序如下：

O1111；（内方，刀具用 φ16mm 的键槽铣刀）

G54G90G40G69G0Z20

M03S500

X15Y0

G1 X0Z-10F50（斜切下刀）

G42G1X-15D01F100

Y16，R9

X15，R9

Y-16，R9

X-15，R9

Y3

G0Z20

G40X0Y0

M05

M30

O2222；（一次切削，刀具用 φ23mm 的立铣刀）

G54G90G40G69G17G0Z20

M03S400

X-43.5Y50

G1Z-10F50

G1Y-18

X-40

G03X-40Y-34R8

G1X16

#100=180

#101=0

N80#104=14*SIN［#100］+16

#105=34*COS［#100］

G1G64G42X#104Y#105D1F100

#100=#100-1

IF［#100LE#101］GOTO80

G1X-12.989Y34，R8

X-28Y8

Y-6

G02X-40Y-18R12

G1X-50

G40G1X-80Y-50

G0Z20

M05

M30

O3333；（二次切削，刀具用 ϕ6mm、ϕ9.8mm 的麻花钻）

G54G90G49G80G40G0Z0

M03S900

G0X0Y0

G0Z5

G98G83X-40Y25Z-35R3Q5F50

G80G0Z20

M05

M30

O4444；（一次切削，刀具用 ϕ10H7 的铰刀）

G54G90G49G80G40G0Z0

M03S200

G0X0Y0

G0Z5

G98G85 X-40Y25Z-35R5F80

G80

G0Z20

M05

M30

拓 展 练 习

1. 简述数控加工机床的坐标设置。
2. 简述数控加工与普通机械加工的区别。
3. 简述数控车削加工的特点。
4. 简述数控车削加工在模具零件加工中的应用。
5. 简述模具零件数控铣加工的特点。
6. 简述普通数控铣床与加工中心的区别及其应用。
7. 编制图 4-16 所示零件的加工工艺卡。

　　零件名称：成形凸模；材料：SKD11；热处理：淬火，58～62HRC；四周外形与凹模框滑配。

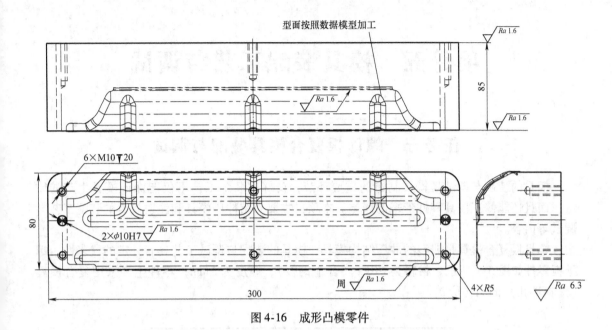

图 4-16　成形凸模零件

项目五　模具装配工艺与调试

任务一　螺母板复合模具装配与调试

模具的装配与调试是模具制造的重要环节，良好的装配工艺不仅能保证模具生产的质量，而且还能修正模具零件带来的误差。本项目主要介绍冲压模具和注射模具的装配工艺与调试等内容。

螺母板复合模具是典型的冲压结构模具，模具的装配与调试工艺具有一定的代表性。螺母板零件如图 5-1 所示，材料为 SCP1（合金钢板），厚度为 1mm；零件生产采用复合模具（落料冲孔）的结构形式。

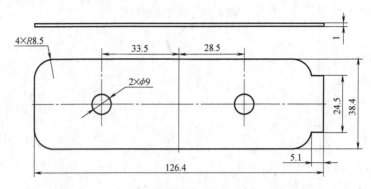

图 5-1　螺母板零件

螺母板复合模具结构的装配图如图 5-2 所示。模具采用两中间导柱非标准滑动模架，闭合高度为 186mm，选用设备为冲床 JG23-80A。

【任务目标】

1. 了解模具装配的基础知识。

2. 了解模具中各相关零件的配合关系与装配要求。

3. 了解模具钳工在模具装配与调试工作过程中的作用。

4. 能读懂冲孔模具、落料模具、复合模具等简单模具结构的装配图。

5. 能读懂 5 工位左右的级进模的装配图。

6. 能分析复合模具等简单模具的装配工艺及调试过程。

7. 能编制复合模具等简单结构模具的装配工艺卡。

理 论 知 识

一、模具钳工

1. 模具钳工的特点及技能要求

（1）模具钳工的特点　钳工是采用以手工操作为主的方法进行工件加工、产品装

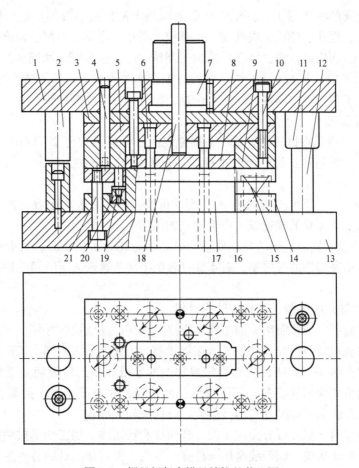

图 5-2 螺母板复合模具结构的装配图

1—上模板 2—限位柱 3—上垫板 4—销钉 5—凸模固定板 6—凸模 7—模柄 8—上卸料板
9—凹模 10—螺钉 11—导套 12—导柱 13—下模板 14—凸凹模固定板 15—矩形弹簧
16—下卸料板 17—凸凹模 18—打杆 19—活动挡料钉 20—弹簧 21—卸料螺钉

配及零件（或机器）修理的一个工种。钳工在模具制造及修理工作中起着十分重要的作用。

1）完成加工前的准备工作，如毛坯表面的清理、在工件上划线等。

2）某些精密零件的加工，如制作样板及工具、模具用的有关零件，刮配研磨有关表面。

3）模具的组装、调整、试模及维修。

4）模具在装配前进行的钻孔、铰孔、攻螺纹、套螺纹及装配时对零件的修理等。

钳工的主要工艺特点是：加工灵活、方便，工具简单，能完成机加工不方便或难以完成的工作，但劳动强度大、生产率低，对工人的技术水平要求较高。

（2）模具钳工应具备的操作技能 钳工大多是在钳工台上以手工工具为主对工件进行加工的。手工操作的特点是技艺性强，加工质量好坏主要取决于操作者技能水平的高低。因此，凡是采用机械加工方法不太适宜或难以进行机械加工的场合，通常可由钳工来完成；尤其是模具与机械产品的装配、调试、安装和维修等更需要钳工操作。钳工主要分为普通钳工和工具钳工。模具钳工是工具钳工的一种。

作为一名优秀的模具钳工，首先应具备各项基本操作技能，如划线、錾削、锉削、锯削、钻孔、扩孔、锪孔、铰孔、攻螺纹、套螺纹、矫正、弯形、刮削、研磨、技术测量和简单的热处理等；进而应掌握模具零部件的加工制作方法，模具修理和调试的技能。

（3）模具钳工应具备的专业知识　模具钳工应掌握所加工模具的结构与构造，模具零、部件加工工艺和工艺过程，模具材料及其性能，模具的标准化等知识。

2. 划线及孔加工

（1）划线　划线是根据图样要求，在零件表面（毛坯面或已加工表面）准确地划出加工界线的操作。划线是钳工的一项基本操作，是零件在成形加工前的一道重要工序。其作用是：

1）指导加工。通过划线确定零件加工面的位置，明确地表示出表面的加工余量；确定孔的位置或划出加工位置的找正线，作为加工的依据。

2）通过划线及时发现毛坯的各种质量问题。当毛坯余量较小时，可通过划线代借料予以补救，从而可提高坯件的合格率；对不能补救的毛坯不再转入下一道工序，以避免不必要的加工浪费。

3）在型材上按划线下料，可合理使用材料。

划线是一种复杂、细致而重要的工作，直接关系到产品质量的好坏。大部分的模具零件在加工过程中都要经过一次或多次划线。在划线前，首先要分析图样，了解零件的作用，分析零件的加工程序和加工方法，从而确定要加工的余量和在工件表面上需划出的线。划线时，不但要划出清晰均匀的线条，还要保证尺寸正确，一般误差要求控制在 0.1~0.25mm 之间。划线之后要认真核对尺寸和划线位置，以保证划线准确。

按加工中的作用，划线可分为加工线、证明线和找正线。加工线是按图样要求划在零件表面上作为加工界线的线。证明线是用来检查、发现工件在加工后的各种差错，甚至在出现废品时作为分析原因用的线。找正线是用来找正零件加工或装配位置时所用的线。一般证明线离加工线 5~10mm，当证明线容易与其他线混淆时，可省略不划。

划线作业按复杂程度不同，可分为平面划线和立体划线两种类型。平面划线是在毛坯或工件的一个表面上划线；立体划线是在毛坯或工件两个以上平面上划线。

（2）配钻及特殊孔的加工　模具零件上许多孔，如螺纹孔、螺栓穿孔、销孔、顶杆孔、型芯固定孔等，都需要经钻、铰加工，达到孔径、孔距精度及表面粗糙度的要求，这些孔大部分都在划线后加工。常用的加工方法有三种：

1）单个零件直接按划线位置钻孔。

2）配钻——通过已钻、铰的孔对另一零件进行钻孔、铰孔。

3）同钻铰——将有关零件夹紧成一体后，同时钻孔、铰孔。

随着模具制造技术水平的提高，配钻加工等钻床操作，在模具制造中日益减少，但钻孔是钳工的基本操作内容之一，熟练地掌握这些基本作业仍然是必要的。

1）配钻加工。模具零件上有许多孔，在模具组装时，各零件之间对孔位都要求有不同程度的一致性。这些孔，除孔位精度要求较高的采用坐标镗床、立铣等机床来钻孔、镗孔外，当孔距本身公差要求不高，而只要求两个或三个零件组装时孔位一致时，常采用配钻和同钻铰的方法来加工。

所谓配钻，就是在钻削某一零件时，其孔位不是按照图样中的尺寸和公差来加工，而是通过另一零件上已钻铰好的实际孔位来配钻。

配钻的加工方法，特别适用于孔较多的场合，比划线后再钻孔的方法精度要高，且能保证良好的装配关系。

2）特殊孔的钻削加工。在模具加工中，常遇到各种不同形状和类型孔的加工，例如圆形、方形、多边形或不规则形状孔的加工；在硬质合金或橡胶上钻孔；缺乏专用铰刀时的精钻孔；加工排气或通气孔时钻小而深的孔等。加工这些特殊孔时，由于工件的结构、材料、质量要求和钻孔部位等的不同，其加工工艺和所采取的措施也应随之改变。

二、模具装配概述

1. 模具装配的概念

模具是由若干个具有不同几何形状和结构功能的零件或部件组成的，模具的装配，就是按照模具设计装配图给定的装配关系及技术要求，通过配合、定位、连接、固定、调整、修研和检测等操作，将加工、检验合格的零、部件及标准件组合在一起的工艺过程。模具装配是模具制造工艺全过程的最后与关键阶段，是对模具结构设计和零件加工精度与质量的总检验。通过装配可以发现模具设计和制造中存在的问题或缺陷，以便在模具正式投产前予以改正。模具的最终质量需由装配工艺和技术来保证，只有加工精度高的零件，而没有高质量的装配工艺，也难以获得高质量的模具。但零件的加工质量仍是保证模具整体质量的重要基础。高质量的装配工艺与调试，可以实现在经济加工精度的零件、部件基础上装配出高质量的模具。因此，模具装配工艺是保证模具质量的关键环节。

模具属于结构较为复杂的单件生产的工艺装备，其制造与装配质量直接影响成形产品的质量。为保证模具的装配质量和效率，需要根据不同类型模具的结构特点，从装配工艺角度将模具分解为不同的装配单元。零件是组成模具基本结构的最小单元，几个相关零件按照相互关系装配在一起，可以形成一个组件，而组件和零件又可组合成具有某种功能的部件。模具的总体结构就是由若干个零件或部件组成的。模具装配就是要将若干个零件、部件或组件按照结构关系与功能要求组合在一起，实现成形合格制件的目的。

2. 模具装配的精度与技术要求

（1）模具装配的精度要求　　模具的质量是以模具的工作性能、使用寿命及模具成形制件的尺寸精度等综合指标来评定的。为保证模具的装配质量，模具装配时应有相应的精度要求。模具的装配精度是指装配后的模具，其各部分的实际尺寸、几何形状、运动参数和工作性能等与其理想值的符合程度。模具的装配精度越高，成形制件的质量就越好，但模具零件的制造要求也就越高。模具的装配精度不仅影响模具的质量及模具制造的成本，而且还影响成形制件的精度与质量。为保证模具及其成形制件的质量，对模具装配有以下几方面的精度要求：

① 模具各零、部件间应满足一定的相互位置精度要求，如垂直度、平行度、同轴度等。

② 活动零件应有相对运动精度要求，如各类机构的传动精度、回转运动精度及直线运动精度等。

③ 导向、定位精度，如动模与定模或上模与下模的运动导向、型腔（凹模）与型芯（凸模）的安装定位、滑块运动的导向与定位精度等。

④ 配合精度与接触精度。配合精度主要指相互配合的零件表面之间应达到的配合间隙或过盈、过渡程度；如型腔或型芯、镶块与模板孔的配合，导柱、导套的配合及与模板的配

合等。接触精度是指两配合与连接表面达到规定的接触面积大小与实际接触点的分布程度，如分型面上接触点的均匀程度、锁紧楔斜面的接触面积大小等。

⑤ 其他方面的精度要求，如模具装配时的紧固力、变形量、润滑与密封；以及模具工作时的振动、噪声、温度与摩擦控制等，都应满足模具的工作要求。

（2）模具装配的技术要求

1）模具的外观技术要求。

① 装配后的模具各模板及外露零件的棱边均应倒角，不得有毛刺和尖角；各外观表面不得有严重划痕、磕伤或黏附污物；也不应有锈迹或局部未加工的毛坯面。

② 根据模具的工作状态，在模具适当平衡的位置应装有吊环或起吊孔；多分型面模具应用锁紧板将各模板锁紧，以防运输过程中活动模板受震动而打开造成损伤。

③ 模具的外形尺寸、闭合高度、安装固定及定位尺寸、顶出方式、开模行程等均应符合设计图样的要求，并与所使用设备的参数合理匹配。

④ 模具应有标记号或铭牌，各模板应打印顺序编号及加工与装配基准角的印记。

⑤ 模具动、定模的连接螺钉要紧固牢靠，其头部不得高出模板平面。

⑥ 模具外观上的各种辅助机构，如限制开模顺序的拉钩、摆杆、锁扣及冷却水嘴、液压与电气元件等，应安装齐全、规范、可靠。

2）模具的装配技术条件。不同种类的模具，其装配的工作内容和精度要求不同。为保证模具的装配精度，国家标准规定了冲压模具、塑料注射模具和金属压铸模具的装配技术条件。模具装配时应严格按标准规定的装配要求进行总体装配、检验与调整。其他类型模具的装配要求也可参照这些技术条件进行。

① 冲压模具的装配要求（GB/T 14662—2006）见表 5-1。

表 5-1　冲压模具的装配要求

标准条目编号	条 目 内 容		
4.1	装配时应保证凸、凹模之间的间隙均匀一致		
4.2	推料、卸料机构必须灵活，卸料板或推件器在冲模开启状态时，一般应突出凸、凹模表面 0.5 ~ 1mm		
4.3	冲模所有活动部分的移动应平稳灵活，无阻滞现象，滑块、斜楔在固定滑动面上移动时，其最小接触面积大于其面积的 75%		
4.4	紧固用的螺钉、销钉不得松动，并保证螺钉和销钉的端面不突出上、下模座的安装平面		
4.5	凸模装配后的垂直度符合以下要求：		
	间隙值/mm	垂直度公差等级（GB/T 1184—1996）	
		单凸模	多凸模
	≤0.02	5	6
	>0.02 ~ 0.06	6	7
	>0.06	7	8
4.6	凸模、凸凹模等与固定板的配合一般按 GB/T 1800.4—1999 中的 H7/n6 或 H7/m6 选取		
4.7	质量超过 20kg 的模具应设吊环螺钉或起吊孔，确保安全吊装。起吊时模具应平稳，便于装模。吊环螺钉应符合 GB/T 25—1988 的规定		

项目五　模具装配工艺与调试　　　　　　　　　　　　　·189·

② 注射模具的装配要求（GB/T 12554—2006）见表5-2。

表5-2　注射模具的装配要求

标准条目编号	条目内容			
4.1	定模座板与动模座板安装平面的平行度应符合 GB/T 12556—2006 的规定			
4.2	导柱、导套对模板的垂直度应符合 GB/T 12556—2006 的规定			
4.3	在合模位置，复位杆端面应与其接触面贴合，允许有不大于 0.05mm 的间隙			
4.4	模具所有活动部分应保证位置准确，动作可靠，不得有歪斜和卡滞现象。要求固定的零件，不得相对窜动			
4.5	塑件的嵌件或机外脱模的成形零件在模具上安放位置应定位准确、安放可靠，应有防错位措施			
4.6	流道转接处圆弧连接应平滑，镶拼处应密合，未注脱模斜度不小于5°，表面粗糙度 $Ra \leqslant 0.8\mu m$			
4.7	热流道模具，其浇注系统不允许有塑料渗漏现象			
4.8	滑块运动应平稳，合模后滑块与楔紧块应压紧，接触面积不小于设计值的75%，开模后限位应准确可靠			
4.9	合模后分型面应紧密贴合。排气槽除外，成形部位固定镶件的拼合间隙应小于塑料的溢料间隙，详见以下规定			
	塑料流动性	好	一般	较差
	溢料间隙/mm	<0.03	<0.05	<0.08
4.10	通介质的冷却或加热系统应畅通，不应有介质渗漏现象			
4.11	气压或液压系统应畅通，不应有介质渗漏现象			
4.12	电气系统应绝缘可靠，不允许有漏电或短路现象			
4.13	模具应设吊环螺钉，确保安全吊装。起吊时模具应平稳，便于装模。吊环螺钉应符合 GB/T 825—1988 的规定			
4.14	分型面上应尽可能避免有螺钉或销钉的通孔，以免积存溢料			

3. 模具的装配过程

模具装配是由一系列的装配工序按照合理的工艺顺序进行的，不同类型的模具，其结构组成、复杂程度及精度要求都不同，装配的具体内容和要点也不同，通常包括以下主要内容：

（1）准备阶段

① 研究装配图。装配图是整个模具装配工作的依据，通过对装配图的分析和研究，了解模具产品的结构特点和技术要求，以及有关零件的连接、配合性质等，从而确定合理的装配基准、方法和顺序。

② 清洗零件。全部模具零件装配之前必须进行清洗，以去除零部件内、外表面黏附的油污和各种机械杂质等。常见的清洗方法有清洗液擦洗、浸洗和超声波清洗等。清洗工艺的要素是清洗液的类型（常用的有煤油、汽油和各种化学清洗剂）、工艺参数（如温度、压力、时间）及清洗方法。清洗工艺的选择，要根据零件的材料、油污和机械杂质的性质及黏附情况等因素来确定。清洗后的零件应具有一定的防锈能力。清洗工作对保证模具的装配精度和质量、延长模具的使用寿命具有重要意义；尤其对保证精密模具的装配质量更为重要。

③ 检测零件。模具钳工装配前还应对主要零、部件进行认真检测，了解关键尺寸、配合与成形尺寸、关键部位的配合精度等级及表面质量要求等，以便装配时进行选配，避免将极限尺寸误差较大的零件装配在同一位置而增加修研工作量。对于成形零件、定位与导向零件、滑动零件的配合尺寸，检测非常重要，以防将不合格零件用于装配而损伤其他零件。

④ 准备工具。准备好装配时所需要的工具、夹具、量具及辅助设备等，并清理好装配工作台。

（2）组件、部件装配阶段　模具装配过程中有大量的零件固定与连接工作。一般模具的定模与动模（或上模与下模）各模板之间、成形零件与模板之间、其他零件与模板或零件与零件之间都需要相应的定位与连接，以保证模具整体能准确可靠地工作。

模具零件的安装位置常用销钉、定位块和零件的几何型面等进行定位，而零件之间的固定与连接则多采用一端台阶结构或螺纹联接方式。如模具的镶块和型芯等多用台阶与模板固定，这种方式结构简单，装配方便。螺纹联接是模具零件固定与连接的普遍应用方式。螺纹联接的质量与装配工艺关系很大，应根据被连接件的形状和螺钉位置的分布与受力情况，合理确定各螺钉的紧固力和紧固顺序。模具零件的连接可分为可拆卸连接与不可拆卸连接两种。可拆卸连接在拆卸相互连接的零件时，不应损坏任何零件，拆卸后还可重新装配连接，通常采用螺纹和销钉联接方式。不可拆卸的连接在零件的使用过程中是不可拆卸的，常用的不可拆卸连接方式有焊接、铆接和过盈配合等，应用较多的是过盈配合。如模具的型芯、镶块等与模板的连接。过盈连接多用于轴、孔的配合，常采用压入配合、热胀配合和冷缩配合等方法。

（3）补充加工与抛光阶段　模具零件装配之前，并非所有零件的几何尺寸与形状都完全一次加工到位。尤其在塑料模具和金属压铸模具的装配中，有些零件需留有一定加工余量，待装配过程中与其他相配零件一起加工，才能保证其尺寸与形状的一致性要求。有些则是因材料或热处理及结构复杂程度等因素，要求装配时进行一定的补充加工。如有些镶拼式结构的成形零件或局部的镶块或镶芯就需与主型芯拼装到一起后，再加工其成形表面或相关的尺寸。还有些零件之间的连接、定位或配合，也需在装配时通过修磨加工或配作来完成。冲压模具的装配中也常采用配作的方法进行凸、凹模及卸料板的装配。

零件成形表面的抛光也是模具装配过程中的一项重要内容。形状复杂的成形表面或狭小的窄缝、沟槽、细小的不通孔等局部结构都需钳工通过手工抛光来达到最终要求的表面粗糙度。

（4）研配与总装阶段　模具装配不是简单地将所有零件组合在一起，而需钳工对这些具有一定加工误差的合格零件，按照结构关系和功能要求有序地进行装配。由于零件尺寸与形状误差的存在，装配中需不断地调整与修研。调整就是对零、部件之间相互的位置与尺寸进行适当的调节与选配，使其满足装配要求。如可以通过尺寸的检测与位置找正来保证零、部件安装的相对位置精度；还可调节滑动零件的间隙大小，以保证运动精度。

研配是指对相关零件进行的适当修研、刮配或配钻、配铰、配磨等操作。修研、刮配主要是针对成形零件或其他固定与滑动零件装配中的配合表面或尺寸进行修刮、研磨，使之达到装配精度要求。配钻、配铰和配磨主要用于相关零件的配合或连接装配。

（5）检验与调试阶段　组成模具的所有零件装配完成后，还需根据模具设计的功能要求，对其各部分机构或活动零、部件的动作进行整体联动检验，以检查其动作的灵活性、机构的可靠性和行程与位置的准确性及各部分运动的协调性等是否满足设计要求。如模具的开模行程及开、合模的动作顺序与控制，限位机构的工作状态，侧向抽芯机构及推出、复位机构的动作灵活性、稳定性和行程大小，以及传动机构的运动特性与精度等。边检验边调整边修改，直至将模具调整到最佳工作状态。小型模具一般在钳工平台上由人工拉动检验，大型模具需在专门的模具装配试模机上进行检验。

除上述主要内容外，模具现场试模及试模后的装卸与调整、修改等，也属于模具装配内容的一部分。

4. 模具的装配工艺与方法

（1）模具装配的工艺规程　模具装配的工艺规程是用于指导模具装配工艺过程和操作方法的技术文件，也是制订模具生产计划、进行生产技术准备的依据。模具装配工艺规程需根据模具种类和结构复杂程度，各企业的生产组织形式、管理方法和习惯做法等具体情况来制订。制订的原始依据是模具的总装配图、部件装配图、关键零件的结构图及其技术要求。

模具装配工艺规程的主要内容应包括：模具零件、组件和部件的装配顺序；装配基准的确定；装配方法和技术要求；标准件或结构件的补充加工；装配工序的划分及工序内容；关键工序的详细说明及图示；必备的装配工具或装配机；测量工具或仪器；相关加工设备及工艺装备；检验方法和验收条件等。

模具装配工艺规程的制订，需根据企业现有的技术条件和实际生产水平，在保证装配质量和生产工期的前提下，力求经济、合理、有效并适合企业的特点，同时也应尽量采用先进技术和精密设备。

（2）模具的装配方法　模具是由多个零件或部件组成的。零、部件的加工，由于受机床精度、工艺水平及材料性能等多种因素的影响，都存在一定的加工误差，这种误差的积累将会严重影响模具的装配精度。模具的装配精度越高，这种误差的影响就越大。因此，零件的加工精度是保证模具的装配质量的重要前提。但模具生产实践表明，采用合理的装配方法，也能够在零件的经济加工精度条件下，装配出较高精度的模具。即要提高模具的装配精度，不仅仅是靠提高零件的加工精度，正确选择模具装配方法也是提高装配精度的有效措施之一。模具的装配方法，应根据不同模具的结构特点、复杂程度、加工条件、制件的质量要求等合理确定。实际生产中常用的模具装配方法有以下几种：

1）互换装配法。互换装配法是指在装配过程中，零件互换后仍能达到规定的装配精度要求的装配方法。采用互换装配法装配，装配精度主要取决于零件的制造精度，因此要有先进的模具精密制造设备及测量装置才能保证模具的质量。根据模具零件能够达到的互换程度，互换装配法可分为完全互换装配法和不完全互换装配法。

① 完全互换装配法。完全互换装配法是指被装配的每一个零件不需要作任何挑选、修配和调整就能达到规定的装配精度要求。完全互换装配法的实质是通过控制零件的尺寸公差来保证模具的装配精度要求，即所有装配零件的尺寸公差之和不大于装配公差。用公式表示为

$$T_{\sum} = T_1 + T_2 + \cdots + T_n \leqslant \sum_{i=1}^{n} T_i$$

式中　$T_{\sum}$——装配精度所允许的公差范围，即装配公差（μm）；
　　　T_i——影响装配精度的零件尺寸公差（μm）。

完全互换装配法的优点是装配过程简单，对工人的技术水平要求不高，装配质量稳定可靠，易于流水作业，装配效率高，产品维修方便。缺点是当装配精度要求较高、装配零件的数量又较多时，允许各装配零件的尺寸公差就很小，会造成零件制造困难，加工成本高。完全互换装配法主要适用于在成批、大量生产中，零件数较少、装配精度要求不高的场合。

② 不完全互换装配法。不完全互换装配法是指在确定相关零件的尺寸公差时，采用概率法将零件的尺寸公差适当放大，使零件容易加工，这样制造出来的零件绝大部分能够保证装配精度，只有极少数零件装配后的精度会超出规定要求，但这种情况的概率只有 0.27%，很少发生。当产品批量较大时，从总的经济效果分析，不完全互换装配法仍然是经济可行的。

不完全互换装配法的优点是扩大了相关零件的尺寸公差，零件制造成本低，装配过程简单，生产效率高，适用于成批和大量生产；缺点是装配后有极少数产品达不到规定的装配精度要求，必须采取另外的返修措施。

随着计算机技术和数控加工技术的发展，越来越多的数控加工方法应用到模具制造中，可以对模具进行高精度的加工，零件的制造精度将可以满足互换装配法的要求，所以互换装配法在模具制造业中的应用将会越来越多。

2）选择装配法。选择装配法是将配合副中的各零件的尺寸公差放大到经济精度，然后选择合适的零件进行装配，以保证装配精度要求的装配方法。常用的选择装配法有以下 3 种：

① 直接选配法。直接选配法是在装配时，从许多待装配的零件中直接选择合适的零件进行装配，以保证装配精度要求的装配方法。直接选配法的特点是：装配零件不需要事先分组，装配时凭经验来选择零件；装配精度在很大程度上取决于装配人员的技术水平；装配时间不易准确控制。直接选配法适用于装配零件数较少的模具产品，不适用于节拍要求严格的大批量的流水线的装配。

② 分组选配法。分组选配法是将配合副中的各零件的公差相对完全互换法所要求的数值放大数倍，使其能按经济精度加工，再按实际测量尺寸将零件分组，按对应的组分别进行装配，以达到装配精度要求的装配方法。分组选配法的优点是：零件的制造精度不高，但却可获得很高的装配精度；同组内零件可以互换，装配效率高。缺点是：增加了零件测量、分组、存储、运输的工作量。分组选配法适用于在大批大量生产中装配零件数较少而装配精度要求较高的场合。

③ 复合选配法。复合选配法是以上两种方法的结合，即先将零件预先测量分组，装配时再在各对应组内凭装配人员的经验直接选择装配。这种装配方法的特点是：配合公差可以不等，装配质量高，装配速度快，能满足一定生产节拍的要求。

3）修配装配法。修配装配法是指各相关模具零件按经济精度加工制造，装配时，根据需要再修去指定零件的预留修配量，以保证装配精度的装配方法。如图 5-3 所示的用于大型注射模的浇口套组件，浇口套装入定模板后，要求上表面高出定模板 0.02mm，以便定位圈将其压紧；下表面则与定模板平齐。为了保证零件加工和装配的经济可行性，上表面高出定模板的 0.02mm 由加工精度保证，下表面则选择浇口套为修配零件，预留高出定模板平面的修配余量 h；将浇口套压入模板配合孔后，在平面磨床上将浇口套下表面与定模板平面一起磨平，使之达到装配精度的要求。

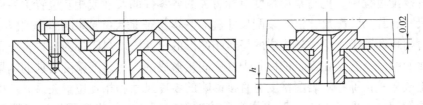

图 5-3 浇口套组件的修配装配

修配装配法的优点是：各零件可以按照经济精度制造，但却可以获得很高的装配精度。缺点是：增加了修配工作量，生产效率低；对装配工人的技术水平要求高。修配装配法适用于单件小批量生产中装配零件数较多而装配精度要求较高的模具结构。

4）调整装配法。调整装配法是指各相关模具零件按经济精度加工制造，在装配时用改变模具中可调整零件的相对位置或选用合适的调整件以达到装配精度的方法。常用的调整装配法有以下两种：

① 可动调整法。可动调整法是指在装配时用改变调整件的位置来达到装配精度的方法。如图 5-4 所示的冲模上出件的弹顶器装置，通过旋转螺母，压缩橡胶，使顶件力增大。

② 固定调整法。固定调整法是指在装配过程中选用合适的调整件以达到装配精度的方法。图 5-5 所示为塑料注射模滑块型芯水平位置的装配调整示意图。根据预装配时对间隙的测量结果，从一套不同厚度的调整垫片中选择一个适当厚度的调整垫片进行装配，从而达到所要求的型芯位置。

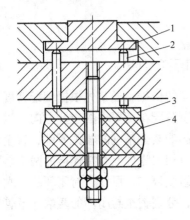

图 5-4 可动调整法装配

1—顶件块 2—顶杆 3—拖板 4—橡胶

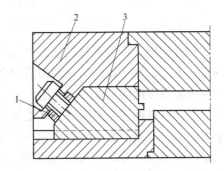

图 5-5 固定调整法装配

1—调整垫片 2—楔紧块 3—滑块型芯

可动调整法适用于小批量生产，固定调整法则主要适用于大批量生产。调整装配法与修配装配法的原理基本相同。调整装配法的优点是：各零件可以按照经济精度制造，但却可获得较高的装配精度，装配效率比修配装配法高。缺点是：要另外增加一套调整装置。

（3）模具装配尺寸链 要保证合理的模具装配精度，必须从模具的总体结构设计、零件的机械加工、装配方法以及检验等整个过程综合考虑，全面分析模具制造的优质、高效和低成本要求。应用装配尺寸链的分析方法，有助于提高装配精度。可在模具设计过程中，结合确定的零件图尺寸公差和技术要求，计算、校验部件、组件的配合尺寸是否协调。

在模具装配过程中，把与某项精度指标有关的各零件的尺寸或相互位置关系所组成的封闭的链形尺寸，称为装配尺寸链。装配尺寸链的基本特征是尺寸或相互位置组合的封闭性，即由一个封闭环和若干个组成环构成的呈封闭图形的尺寸链。封闭环的基本特征是本身不具有独立变化的特性，它是在零、部件装配好后间接形成的，是装配精度要求的结果尺寸或位置关系。组成环是指那些对装配精度有直接影响的零件尺寸和相互位置关系。从模具设计角度来说，装配精度要求是引出和形成装配尺寸链的依据，也是确定零件加工精度要求的依据。装配尺寸链的关系如图 5-6 所示。图中 A_0 是装配后形成的，是技术条件规定的尺寸，因而是封闭环。A_1、A_2、A_3 和 A_4 是组成环。其中 A_1、A_2 为减环，A_3、A_4 为增环。

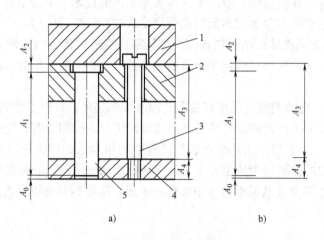

图 5-6　装配尺寸链简图

a）装配关系简图　b）装配尺寸链图

1—垫板　2—固定板　3—限位螺钉　4—卸料板　5—凸模

装配过程中，正确查找尺寸链的组成是进行尺寸链计算的依据。通常先根据装配精度要求确定封闭环，然后以封闭环两端的两个零件为起点，沿着装配精度要求的位置方向，以相邻零件装配基准面间的联系为索引，分别查找装配关系中影响装配精度的相关零件，直至找到同一个基准零件甚至是同一个基准表面为止。由此，所有相关零件上直接连接的两个装配基准面间的尺寸或位置关系，便是构成装配尺寸链的全部组成环。也可以自封闭环的一端开始，依次查找至另一端。或是从共同的基准面或零件开始，分别查至封闭环的两端。不管采取哪种方法，关键是所形成的整个尺寸链要正确封闭。

在装配尺寸链中，封闭环的公差是由各组成环公差累积得到的。当封闭环公差确定后，尺寸链中组成环的数目越少，分配到各组成环零件上的公差就越大。这可降低对组成环零件的加工精度要求，有利于达到模具制造精度。模具设计时，应尽可能简化模具结构，使影响封闭环精度的相关零件的数目最少。若在模具结构已定的情况下组成装配尺寸链，应仔细分析各有关零件装配基准的连接情况，使每个相关零件仅以一个组成环列入尺寸链，即使组成环的数目仅等于相关零件的数目，这就是尺寸链组成中的环数最少原则。

确定了装配尺寸链的组成之后，可对其进行具体的分析计算，以确定封闭环和各组成环的数量关系。求解装配尺寸链的计算方法有极值法和概率法两种。极值法计算简单可靠，但由于各组成环的公差是按极限尺寸来计算的，当封闭环公差较小，且组成环的数目又较多时，各组成环的公差将会更小，从而使零件加工困难，制造成本增加。同时，生产实践证明，一批零件加工时，其合格尺寸处于公差带范围的中间部分是多数，处于两端的极限尺寸是极少数；而且一批零、部件装配时，同一部件的各组成环恰好都处于极限尺寸的情况更为少见。显然，用极值法求解零件的尺寸公差是不甚合理的。概率法主要基于概率论原理和加工误差的统计分析方法，通过各组成环随机变量的均方根偏差及零件加工尺寸误差的正态分布曲线，建立尺寸链间的求解关系，比极值法更趋合理。它可比极值法扩大各组成环零件平均公差约 $\sqrt{n-1}$ 倍（n 为包括封闭环在内的尺寸链总环数），从而使零件加工要求进一步降低。

5. 模具零件的固定方法

模具的各个零件、部件是通过定位、固定连接在一起的。零件的固定方法会对模具的装配工艺路线产生影响，因此必须掌握常用模具零件的固定方法。

（1）机械固定法　在模具装配中采用机械固定法固定凸模和凹模比较普遍，常用的机械固定法有以下几种：

1）紧固件法。紧固件法主要通过定位销钉和螺钉将零件连接起来，如图5-7所示。图5-7a所示紧固件法主要适用于大型截面成形零件的连接，圆柱销的最小配合长度 $H_2 \geqslant 2d_2$；螺钉拧入长度，对于钢件，$H_1 = d_1$ 或稍长，对于铸铁件，$H_1 = 1.5d_1$ 或稍长。图5-7b所示

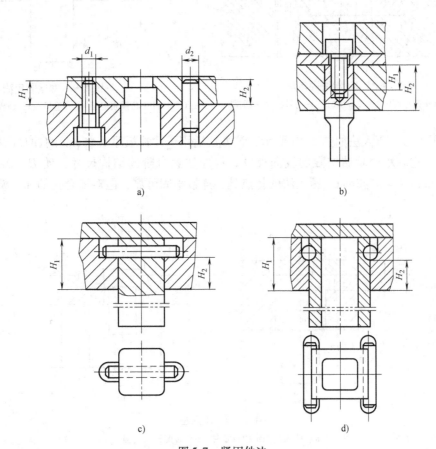

a)　　　　　　　　　　　　　　b)

c)　　　　　　　　　　　　　　d)

图5-7　紧固件法

为螺钉吊装固定方式，凸模定位部分与固定板配合孔采用基孔制过渡配合 H7/m6 和 H7/n6，或采用小间隙配合 H7/h6。螺钉的直径根据卸料力的大小而定。图5-7c、d 所示紧固件法适用于截面形状比较复杂的凸模或壁厚较薄的凸凹模零件，其定位部分配合长度应保持在板厚的 2/3，并用圆柱销卡紧。

2）斜块固定法。斜块固定法适用于不便于在凸、凹模上加工出螺孔的场合。如图5-8 所示为用斜块固定凹模。首先将凹模放入凹模固定板型孔内调好位置，然后压入斜块并用螺钉紧固。应用这种方法固定的凹模、斜块和凹模固定板型孔的斜度均为 10°，而且要准确配合。

3）钢丝固定法。钢丝固定法如图5-9 所示，在凸模固定板上铣出安放钢丝的长槽，再将凸模和钢丝一起从上向下装入凸模固定板。这种方法结构紧凑，适用于在同一固定板上安装多个凸模的场合。

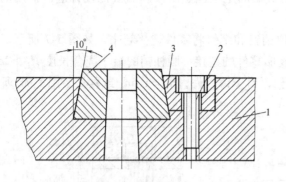

图 5-8　斜块固定法
1—凹模固定板　2—螺钉　3—斜块　4—凹模

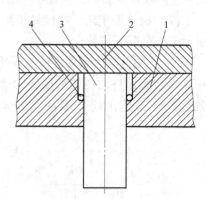

图 5-9　钢丝固定法
1—凸模固定板　2—垫板　3—凸模　4—钢丝

4）压入法。压入法如图5-10 所示，该方法适用于冲裁板厚 $t \leqslant 6mm$ 的冲裁凸模和各类模具零件，它利用台阶结构限制轴向移动，但应注意台阶的结构尺寸，使 $H > \Delta D$，$\Delta D = 1.5 \sim 2.5mm$，$H = 3 \sim 8mm$。压入法的特点是：连接牢固可靠，但对配合孔的加工精度要求

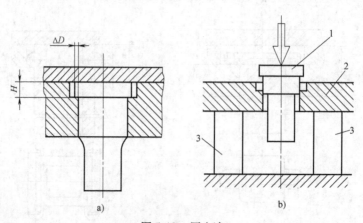

图 5-10　压入法
a）压入法固定模具零件　b）装配压入过程
1—凸模　2—凸模固定板　3—垫块

较高，配合部分一般采用 H7/m6 和 H7/r6。装配压入过程如图 5-10b 所示，将凸模固定板型孔台阶朝上，放在两个等高垫块上；将凸模工作端朝下放入型孔并对正，用压力机或锤子将其慢慢压入，注意不断检查凸模的垂直度，以防倾斜。在固定多个凸模的情况下，应注意各凸模的压入顺序。一般应先压入容易定位且便于作为其他凸模安装基准的凸模，后压入较难定位的凸模。

5）铆接法。铆接法适用于冲裁板厚 $t \leqslant 2mm$ 的冲裁凸模和其他轴向力不大的零件。凸模和型孔的配合部分保持 0.01～0.03mm 的过盈量；凸模铆接端硬度≤30HRC，而凸模工作部分必须淬硬，淬硬长度应为凸模长度的 1/2～1/3；固定板型孔铆接端倒角为 $C0.5 \sim C1$。图 5-11 所示为用铆接法固定凸模，即将凸模固定板放在置于装配平台上的两等高垫块上，使其与工作台面平行，用压力机或锤子将凸模压入到固定板的型孔中，然后用锤子和錾子将凸模尾部铆翻，经检查凸模的垂直度合格后，将铆翻的支持面用平面磨床磨平。

6）焊接法。焊接法如图 5-12 所示，这种方法主要适用于硬质合金模具。焊接前工件要在 700～800℃进行预热，并清理焊接面，再用火焰钎焊或高频钎焊在 1000℃左右焊接，焊缝为 0.2～0.3mm，焊料为黄铜，并加入脱水硼砂。焊接后工件放入木炭中缓冷，最后在 200～300℃保温 4～6h 以去除应力。

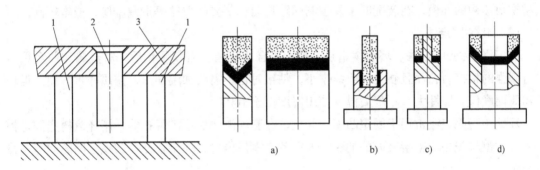

图 5-11 铆接法　　　　　　　　　　　图 5-12 焊接法
1—垫块 2—凸模 3—凸模固定板

（2）物理固定法　物理固定法主要有热套法和低熔点合金固定法两种。

1）热套法。热套法是利用金属热胀冷缩的物理特性对模具零件进行固定的方法，主要适用于镶拼式凸、凹模的固定和硬质合金凹模的加固。对于材料为合金工具钢的凹模镶块，一般不预热，而将模套加热到 300～400℃，保温 1h 后即可进行热套，模套冷却后即可将凹模镶块固定。

用热套法固定硬质合金模块时，为了减少内应力，应将硬质合金模块加热到 200～250℃，将模套加热到 400～450℃，再进行热套。热套法装配的过盈量控制在 (0.001～0.002) D 范围内。如在压铸模具的浇口套的环形冷却槽结构中，模套的固定就可采用热套法，以防止其漏水，其结构如图 5-13 所示。

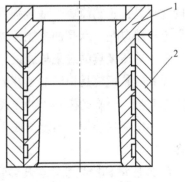

图 5-13 热套法
1—浇口套 2—模套

2）低熔点合金固定法。低熔点合金是指用铋、铅、锡、锑、镉等金属元素配置的一种合金，也称为易熔合金。根据不同的需要，各金属元素在合金中的质量分数也不相同。低熔点合金固定法是利用低熔点合金在冷凝时体积膨胀的特性对模具零件进行固定的方法。这种方法在模具装配中主要用于固定凸模、凹模、导柱和导套，以及浇注成形卸料板等。

采用低熔点合金固定法，首先将凸模和凸模固定板浇注低熔点合金处去除油污并清洗干净，然后将凸模固定板放在平板上，再放上等高垫块；接着放好凹模，以凹模的型孔作定位基准安装凸模，并调整好凸、凹模之间的间隙。浇注低熔点合金时，要先预热浇注部位至 $100 \sim 150℃$，再用金属勺浇入熔融的低熔点合金；经过 24h 充分冷却后，再用平面磨床将浇注处多余的合金磨掉。

低熔点合金固定法的优点是：①低熔点合金熔点低，易熔化，工艺简单，操作方便，可以显著降低配合部位的加工精度，减少加工工时、缩短生产周期；②固定结构有一定强度，可以固定冲裁 2mm 以下钢板的凸模；③低熔点合金回收后可以重复使用，节约了能源，一般可以回收再利用 $2 \sim 3$ 次。

低熔点合金固定法的缺点是：①浇注合金时，模具零件需预热，且易产生热变形，对于大型拼块结构的冲模，在装配时不易控制间隙均匀；②要耗费铋等贵重金属，成本较高。

（3）化学固定法

1）环氧树脂固定法。环氧树脂是一种有机合成树脂，当其硬化后，对金属和非金属材料有很强的粘接力，而且硬化时收缩率小，粘接时也不需要加温加压，使用非常方便。但环氧树脂硬度低，脆性大，不耐高温，使用温度低于 100℃。

环氧树脂固定法常用于固定凸模、导柱、导套和浇注成形卸料孔等。用环氧树脂固定模具零件，也应先去除粘接表面的油污，找准各个零件位置，并调整凸、凹模之间的间隙，最后固定。

2）无机粘结剂固定法。无机粘结剂固定法是将由氢氧化铝、磷酸溶液和氧化铜粉末定量混合而成的粘结剂，填充到待固定的模具零件及固定板的间隙内，经化学反应固化而固定模具零件的方法。用这种方法固定的模具零件的结构形式与采用低熔点合金固定法的相同，但是间隙应小一些，一般取单面间隙为 $0.1 \sim 0.3mm$，粘接处表面应粗糙。无机粘结剂固定法的优点是：工艺简单，粘接强度高，不变形，耐高温（耐热温度可达 600℃ 左右），以及不导电；缺点是：承受冲击能力较差，不耐酸碱腐蚀；一般用于冲裁薄板的冲模。

三、冲压模具的装配与调试

模具的装配就是把已加工好的模具零件按设计装配图的结构关系与技术要求组装、修整成一套完整、合格的模具。冲压模具的装配是冲压模具制造过程中的关键环节，也是最后的工序。冲压模具装配的精度与质量将直接影响到制件的成形质量及冲压模的工作性能和使用寿命。

1. 冲压模具的装配要点及装配顺序选择

（1）冲压模具的装配要点　　冲压模具装配的工艺过程主要根据冲压模具的类型、结构特点和冲压制件的质量要求来确定，装配要点见表 5-3。

表 5-3　冲压模具的装配要点

序号	项　　目	装　配　要　点
1	基准件的选择	冲模装配时,先要选择基准件。其选择的原则按照模具主要零件加工时的依赖关系来确定。可作为装配基准件的零件有凸模、凹模、导向板及固定板等
2	装配	①以导向板作为基准进行装配时,应先通过导向板的导向孔将凸模装入固定板,再装上模板;然后装入下模的凹模及下模板 ②对于固定板具有止口的模具,可以用止口对相关零件进行定位与装配(止口尺寸可按模块配制,已经加工好的可直接作为基准) ③对于连续模,为便于调整准确步距,应先将拼块凹模装入下模板,再以凹模定位反装凸模,并将凸模通过凹模定位装入上凸模固定板中 ④当模具零件装入上、下模板时,应先装作为基准的零件,检查无误后再拧紧螺钉;模具经过试冲无误后,需再进一步拧紧各部件的连接螺钉、打入销钉
3	凸、凹模间隙的调整	冲模装配时,必须严格控制及调整凸、凹模间隙的大小及均匀性。间隙调整好后,才能紧固螺钉及销钉
4	试冲	冲模装好后,都需进行试冲。试冲时,可用切纸(纸厚等于料厚)试冲及上机试冲两种方法。试冲出的试件要仔细检查,如发现凸、凹模间隙不均匀或试件毛刺过大,应进行重新装配及调整,直到试出合格制件为止

　　(2) 冲压模装配顺序的选择　冲压模装配的重点是要保证凸、凹模间隙均匀,因此装配前必须合理地选择上、下模及其零件的装配顺序。冲压模的装配顺序就是以基准件为依据来确定其他零件的组装次序。装配顺序的选择与模具的结构有关,详见表5-4。

表 5-4　冲压模的装配顺序选择

模具结构	装配顺序	工艺说明
无导柱、导套导向装置的冲模	装配时无严格的次序要求	这类冲模的上、下模之间无导柱、导套进行导向,其间隙的调整在压力机上进行。即上、下模分别按图样装配后,将其安装到压力机上边试冲边调整凸、凹模间隙,直到冲出合格制件,再将下模用螺栓、压板紧固在压力机工作台上
凹模安装在下模板上的有导柱冲模	先安装下模,然后依据下模装配上模	①将凹模放在下模板上,找正位置后,将下模板按凹模型孔划出漏料孔的位置及大小,并加工漏料孔 ②将凹模固紧在下模板上 ③将凸模与凸模固定板组合并用等高垫块垫起,使上模导套和凸模刃口部位分别伸进相应的导柱及凹模孔内 ④调整凸、凹模间隙,使之均匀 ⑤把上模板、垫板与凸模固定板组合,用夹具夹紧,然后按凸模固定板配钻销孔及螺孔,并用螺钉紧固,但不要拧紧 ⑥将上模导套与下模导柱轻轻配合,检查凸模是否进入凹模孔中,可用透光法观察间隙均匀性并进行调整 ⑦凸、凹模间隙及导柱、导套配合合适后,再将螺钉紧固并打入销钉 ⑧最后安装其他辅助零件
有导柱的复合冲模	先组装上模,再装配下模	①按设计图样要求,先组装好上模部分 ②借助上模的冲孔凸模及落料凹模,找正下模的凸、凹模位置,并进行间隙调整 ③按冲孔凹模孔,在底板上加工出漏料孔 ④调整好间隙后,装配下模及其他辅助零件
有导柱的连续模	先装配下模,再装配上模	对有导柱的连续模,为便于调整准确步距,一般先装配下模,再以下模的凹模孔为基准通过刮料板导向安装凸模

　　冲压模具的装配顺序也并不是固定不变的，装配时，可根据冲模的结构、装配者的经验与习惯，以及装配条件等，采用灵活、合理的装配顺序进行装配与调整。

2. 冲压模具间隙的控制

　　冲压模具凸、凹模之间的间隙均匀程度及其大小，是直接影响冲压制件质量和冲模使用寿命的重要因素之一。在冲模制造时，必须严格保证凸、凹模零件的加工精度，装配时才能保证间隙的大小及均匀性。

　　为保证凸模和凹模的正确位置及间隙均匀，装配冲模时，一般应依据图样要求先确定其中一件（凸模或凹模）的位置，然后以该零件为基准，用找正间隙的方法确定另一件的准确位置。在实际生产中，控制凸模与凹模间隙的方法很多，需根据冲模的具体结构特点、间隙值的大小和装配条件来确定。目前，最常用的控制间隙的方法主要有以下几种：

　　（1）观察法　有经验的钳工可以根据凸模配合凹模四周边的间隙或红丹涂色的情况判断。

　　（2）切纸片法　纸片试切冲后可发现间隙不均匀处，从而进行调整。

　　（3）透光法　将上、下模合模以后，用灯光从底面照射，用眼睛观察凸、凹模刃口四周的光隙大小，以判断冲裁间隙是否均匀，如图 5-14 所示。如果间隙不均匀，再进行调整、固定，直到间隙均匀为止。透光法虽然简单，便于操作，但是不容易掌握且费工时，常为有经验的工人所采用。这种方法适用于小型冲裁模具装配。

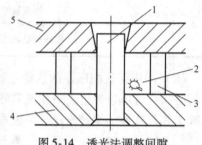

图 5-14　透光法调整间隙
1—凸模　2—光源　3—垫块
4—固定板　5—凹模

　　（4）垫片法　垫片法是根据凸、凹模配合间隙的大小，在凸、凹模的间隙处垫入厚度等于单边间隙值且厚薄均匀的垫片（金属片或纸片）以调整凸、凹模间隙的方法。

　　用垫片法调整凸、凹模配合间隙如图 5-15所示。首先将凹模固定在下模座上，并打入定位销，将凸模与固定板安装在上模座上，初步对准位置，稍用螺栓紧固，不打定位销。将厚薄均匀、厚度等于间隙值的纸片、金属片或成形制件，放在凹模刃口四周的位置，然后慢慢合模；将等高垫块放好，使凸模进入凹模内，观察凸、凹模的配合间隙状况，如果间隙不均匀，敲击固定板进行调整，直到间隙均匀为止；然后拧紧螺栓，使固定板与上模座紧固连接；最后放入纸片试冲，以观察间隙是否均匀，不

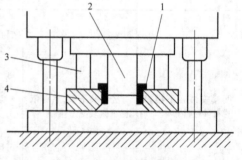

图 5-15　垫片法调整间隙
1—垫片　2—凸模　3—垫块　4—凹模

均匀时再重新调整；试冲合格后，对上模座与固定板同钻、同铰定位销孔，并打入定位销。这种方法工艺复杂，但效果较好，调整后的间隙均匀一致。

　　（5）镀铜法　对于形状复杂、凸模数量较多的小间隙冲裁模，用垫片法调整凸、凹模配合间隙比较困难。这时可以在凸模刃口部分 8～10mm 长度上镀一层铜，镀层厚度等于凸、凹模单边间隙值。镀层厚度用电流及电镀时间来控制，厚度均匀则容易保证模具冲裁间隙均

匀，然后再按照垫片法后续步骤进行调整、固定和定位。镀层会在模具使用过程中自行剥落，在装配后不必去除。镀铜法调整间隙均匀，但增加了镀铜工序。

（6）涂层法　涂层法与镀铜法类似，是在凸模刃口部分表面涂一层薄膜材料，如磁漆或氨基醇酸绝缘漆等，如图5-16所示。通过使用不同粘度的涂料或涂抹不同的次数，使涂层在恒温箱内烘干后的厚度等于凸、凹模的单边配合间隙，装配方法与镀铜法相同。涂层在装配后也不必去除，在使用过程中会自然脱落。涂层法非常简便，对于小间隙模具非常适用。

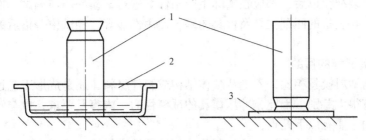

图5-16　涂层法调整间隙
1—凸模　2—漆容器　3—垫板

（7）测量法　测量法是利用塞尺检查凸、凹模之间的间隙大小和均匀程度，并据此来调整凸、凹模之间的位置，以使间隙均匀。用测量法调整间隙时，先将凹模固定在下模座上，然后安装上模，先不必固定上模就与下模合模，用塞尺检测凸、凹模刃口周边间隙，并随时进行调整，直到间隙均匀后再将上模固定。测量法的工艺过程虽然复杂，但是调整结果理想，常用于单边配合间隙大于0.02mm的大间隙模具的调整。

（8）利用工艺定位器调整间隙　利用工艺定位器调整间隙的方法如图5-17所示。装配前先加工一个专用工具，即工艺定位器，其尺寸d_1、d_2、d_3分别按照与冲孔凸模、落料凹模、凸凹模上相应孔的尺寸的零间隙配合来加工，并且d_1、d_2、d_3要一次装夹加工完成，以保证它们同轴。装配时，用工艺定位器来保证各部分的冲裁间隙。这种方法主要用于复合模具的装配，也适用于塑料模型腔壁厚的控制。

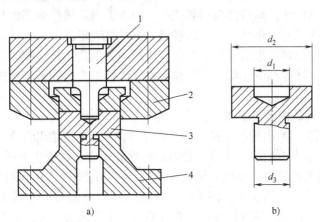

图5-17　利用工艺定位器调整间隙
1—凸模　2—凹模　3—工艺定位器　4—凸凹模

（9）酸腐蚀法　酸腐蚀法是将凸模的尺寸先做成凹模型孔的尺寸并进行装配，从而获得凸、凹模的正确安装位置，在确定凸、凹模位置后再将凸模取出，并将其工作段部分用配制的酸液腐蚀出所需间隙（间隙大小由腐蚀时间的长短控制）的装配方法。酸液的配方（各配制物质的体积分数）有两种，一种为20%硝酸+30%醋酸+50%水；另一种为53%蒸馏水+25%双氧水+20%草酸+2%硫酸。

四、冲压模具的试模与调试

冲压模具的种类较多，不管是简单的冲孔、落料、弯曲或拉深，还是复杂的多工位级进模或复合模具，装配完成后，都应在实际生产条件下进行试模冲压与调试，以检验模具设计与制造的质量、与设备的匹配关系及模具的综合使用性能等，经试模合格后的模具才能交付用户使用。

1. 冲压模具试模的目的

冲压模具与塑料模具相比，不论从整体结构或制件材料，还是成形工艺过程原理及所用机床设备，都有很大差别。因此，冲压模具的试模目的、内容及要求，也与塑料模具有所不同。试模的目的主要有以下几点：

（1）验证制件和模具的质量　冲压制件从初始设计到最终的成形生产，都需经过工艺设计、模具设计与制造及装配等多个工艺过程，每一过程中的任何工作失误，都会引起制件或模具的质量缺陷。因此，冲压模具制造装配后，都应在实际生产条件下进行试冲压，并根据制件的设计图样，对照检查试冲压制件的质量和尺寸精度是否达到设计要求，模具的结构设计与动作是否合理可靠，制造与装配精度是否满足制件成形质量要求。同时，根据试模时出现的制件质量缺陷及模具故障等问题，分析产生原因，并设法进行修整，直至消除缺陷。

（2）确定制件生产的工艺条件　根据制件的试冲压过程，熟悉模具的结构特点，掌握模具的使用性能、合格制件的成形条件与要求，以及模具的调整方法与规律等，为制件批量生产时合理工艺规程的制订提供可靠的依据。

（3）确定成形制件的毛坯形状、尺寸及用料标准　对有些形状复杂或尺寸精度要求较高的以弯曲、拉深、成形、挤压等方法成形的制件，设计时很难精确地计算出变形前的毛坯尺寸和形状。通过试模的反复调整与修改，可以准确地给出合格制件的毛坯尺寸及坯料的用料标准。

（4）确定冲压工艺及模具设计中的某些尺寸　对于一些在工艺设计和模具设计中难以用计算方法确定的工艺尺寸，如拉深模的复杂凸、凹模圆角及某些局部的几何形状和尺寸，需在试模中根据试件的尺寸、形状，边试边修整，再最终确定。

对在试模过程中暴露出来的冲压工艺、制件缺陷、模具设计与制造等问题，以及解决问题的方案、措施与方法等都应详细记录，并整理成试模报告，作为资料保存，以便企业相关部门查阅或参考。

2. 冲压模具试模的内容与要求

（1）试模的内容　冲压模具试模时的主要工作内容，应包括以下几个方面：

① 调整模具与压力机的匹配关系，使模具能顺利地安装在指定的压力机上。

② 使用设计要求的坯料，在压力机上能使模具成功地成形出质量稳定、合格的制件。

③ 按照制件设计图样的要求，仔细检查试模制件的质量及尺寸精度。对试模中出现的制件缺陷及模具或设备故障等进行分析，查找原因，给出解决对策，并彻底消除，以保证制件的成形质量。

④ 确定出模具上某些需经试模后才能最终决定的尺寸和形状，并修整这些尺寸及形状，使其满足制件的质量要求。

⑤ 改换不同工艺参数进行试冲压，找出合理工艺参数的匹配，为制件批量生产时制订工艺规程提供依据。

⑥ 试模过程中，应排除影响制件质量、生产过程及操作安全等的各种不利因素，使模具与压力机匹配协调，并能稳定地进行批量生产。

（2）试模要求　冲压模具制造装配完成后，应按以下要求进行试模与调试：

① 试模人员应首先熟悉所要试模的制件形状、尺寸精度和技术要求；掌握试模工艺流程及各工序要点；熟悉所试模具的结构特点及动作原理，了解模具的安装方法及注意事项。

② 试模前应对模具的外观、内部结构及各部分动作等进行全面检验。凸、凹模结构形状要正确，刃口无损伤，间隙要均匀，符合设计图样要求；模具定位、导向机构应准确、可靠；卸料或推出机构动作要灵活，并应润滑良好；打料杆长度与直径应与压力机的打料机构相匹配；模具的安装固定方式要与压力机相适应。模具的各部位固定螺钉、销钉等要紧固可靠，不得松动。经检查完全达到冲模技术条件要求的模具，才可进行试模冲压。

③ 试模设备必须符合冲压工艺规定，压力机的吨位及精度须满足制件成形要求，模具的闭合高度及滑块的工作行程等须满足模具的设计要求；压力机的进、出料方向应与冲模结构形式相吻合；打料螺钉应调整到合适位置；机器各部分及辅助装置均应调整至良好的运行状态。

④ 试模材料须经相关部门质量检验，规格、牌号及板材厚度等均应符合设计要求，尽量不用替代材料。但冲裁模具允许使用材质相近、厚度相同的材料代替；大型冲压模具试冲时，允许使用小块材料代用。凡需使用代用材料时，需经用户同意。

⑤ 试模时，应根据用户要求确定试冲压件的数量。通常，小型模具的数量应不少于50件；硅钢片模具的数量不少于200件；自动冲压模具连续工作时间应不少于3 min；贵重金属材料的试冲件数量可由用户自定。

⑥ 试模的冲压工艺安排要合理，冲件的质量要符合制件图样给定的形状、尺寸精度及外观要求。冲件断面光亮带分布要均匀，不允许有局部脱落和裂纹。试件表面不允许有划伤、裂纹及皱折等缺陷。试件的毛刺不得超过规定数值。

⑦ 初次试模的模具，试冲时间不宜过长，以把所有存在的问题都能充分暴露出来为原则，以便于修整。试模时，最好通知用户参加，使用户对模具的工作过程及模具与试件的质量有比较全面的了解，便于用户对模具验收的认可。

⑧ 试模后的模具，应达到以下要求才能交付用户使用：能顺利地安装到指定的压力机上；能稳定地冲出合格的制件来；能安全、方便地进行操作使用。

试模达到上述要求后，即可将模具连同附带的试冲合格制件交付用户验收。

3. 冲裁模具的调试

（1）冲裁模具的调试要点　冲孔、落料类模具调试时，应注意以下要点：

① 凸、凹模配合深度的调整。冲裁模具的上、下模要求配合良好，保证凸模与凹模零件相互咬合深度要适中，既不能太深也不能太浅，应以能顺利冲下合格的制件为准。凸、凹模的配合深度，是通过调节压力机连杆长度来实现的。

② 凸、凹模间隙的调整。冲裁模具的凸模、凹模刃口间隙要求均匀。对于有导向零件的冲模，只要保证导向零件运动顺利，不发生紧涩现象，即可保证间隙要求。对于无导向零件的冲模，可以在凹模刃口周围衬以纯铜皮或硬纸板进行调整，或用透光法及塞尺测试方法

在压力机上调整，直至上、下模相互对中，凸、凹间隙均匀为止。然后将冲模固定在压力机上，进行试冲压。试冲过程中，根据试件的毛刺及断面质量情况，还可继续调整间隙，直至满足制件的质量要求。

③ 定位装置的调整。冲裁模的定位零件（如定位销、定位块及定位板等）的尺寸、形状与位置应准确，定位可靠。试冲时，如发现定位不准或定位件形状有误，应进行必要的调整或更换，以确保定位准确。

④ 卸料系统的调整。卸料系统的调整主要包括卸料板或顶件器等机构动作的灵活性及工作的协调性等。如卸料器要运动灵活，行程足够；打料杆及推料杆要能顺利推出制件或废料；卸料弹簧及橡胶垫的弹性要足够；漏料孔要畅通无阻。如有故障或缺陷，应进行调整或更换，以保证制件的卸料要求。

（2）试模时的缺陷及调整方法　冲裁类模具在试模中常发生制件的尺寸和形状不准确、表面不平整、冲切断面光亮带不均、毛刺太大、卸料不顺畅及凸模折断或凹模胀裂等多种缺陷。缺陷的产生大多与凸、凹模的间隙不均匀及定位和卸料机构装配不当等有关。试模时，应根据不同的缺陷形式，仔细分析并查找缺陷原因，再制订可行的调整对策，并设法彻底消除。在未弄清缺陷产生原因及具体部位之前，不可轻易修改模具。修磨调整时，要循序渐进，边修边试。

五、弯曲模和拉深模的装配

弯曲模和拉深模都是通过坯料的塑性变形来获得制件的形状。由于金属在塑性变形过程中，必然伴随弹性变形，而弹性变形的回弹会影响制件的加工精度。

1. 弯曲模的装配特点

① 弯曲模工作部分的形状比较复杂，几何形状和尺寸精度要求较高。制造时，凸、凹模工作表面的曲线和折线应用事先做好的样板或样件来控制。

② 凸模与凹模工作部分的表面精度要求较高，一般应进行抛光，表面粗糙度值 $Ra < 0.63\mu m$。

③ 凸模和凹模的尺寸和形状应在试模合格以后再进行淬火处理。

④ 装配时，可按冲裁模装配方法进行装配，借助样板或样件调整间隙。

⑤ 选用卸料弹簧或橡胶时，一定要保证弹力，一般在试模时确定，也可采用弹力较大的弹顶器或冲压机床本身的液压缸。

⑥ 试模的目的不仅是要找出模具的缺陷并加以修正和调整，而且还是为了最后确定制件的毛坯尺寸。由于这一工作涉及材料的变形问题，所以弯曲模的调整工作比一般冲裁模要复杂得多，通常需要多次修正回弹量，反复调试模具，才能最终验收模具合格。

2. 拉深模的装配特点

① 拉深模凸、凹模的工作部分边缘要求修磨出光滑的过渡圆角。

② 拉深模凸、凹模工作部分的表面质量要求较高，一般表面粗糙度值 $Ra = 0.04 \sim 0.32\mu m$。

③ 装配时，可按冲裁模装配方法进行装配，借助样板或样件调整间隙。

④ 对于拉深模，即使组成零件制造很精确，装配得也很好，但由于材料弹性变形的影响，拉深出的制件不一定合格，常出现的缺陷为起皱和开裂，因此试模后常常要对模具进行修整加工。

任务实施

一、螺母板复合模具装配工艺分析

螺母板复合模具是典型的倒装复合模具，凸凹模零件安装在下模，凹模和凸模（冲头）安装在上模，下模设有卸料板及挡料钉，上模设有上卸料板及打杆。螺母板模具也是典型的冲压模具，其装配的基本顺序遵照冲压模具装配的基本要求进行，模具的装配工艺与调试过程中的重点是控制刃口间隙的均匀性，凸模与凸凹模、凹模与凸凹模需要分别进行间隙调整。

（1）模架的装配

1）模柄的装配。模柄是模具安装到压力机滑块上时的一个连接件，安装在上模座中，作用是保证模具与压力机滑块间的装配精度。常用的模柄装配方式有以下两种：

① 压入式模柄的装配。压入式模柄的装配如图 5-18 所示，模柄与上模座孔采用 H7/m6 过渡配合，装配时，先对上模座孔的配合面进行清洗并涂上机油；而后将上模座翻转搁置在等高垫板上，用手扳压力机或液压机将模柄压

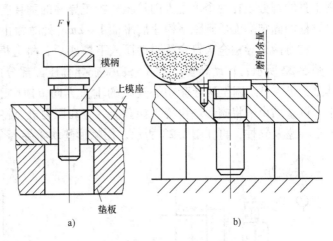

图 5-18　压入式模柄的装配

入上模座孔中，并用直角尺检查模柄圆柱面与上模座上平面的垂直度，其误差不得大于 0.05mm，若有超差，应予以调整，直到模柄垂直度检验合格后再加工骑缝销孔（或骑缝螺孔），打入骑缝销（或拧上骑缝螺钉），最后在平面磨床上将模柄端面与上模座下平面一起磨平。

在模具的使用过程中，模柄通常只受拉力而不受压力，所以模柄的大端面不对其接触的零件产生力的作用；在实际生产中，为减少装配工艺过程，压入式模柄装配到模板后不进行磨平工艺处理，而是在模柄零件加工时使装配的大端面厚度尺寸小于模板台阶孔深度约 0.05mm 即可，这种简易法压入式模柄装配简单实用，装配示意图如图 5-19 所示。

② 凸缘式模柄的装配。凸缘式模柄的装配如图 5-20 所示，模柄由上模座的上平面装入，直接用 3～4 个内六角螺钉将其固定在上模座的沉孔内。

2）导柱、导套的装配。导柱、导套与模座（模板）的装配方法主要是压入法。导柱与导套一般采用 H7/h6 间隙配合，而导柱与下模座和导套与上模座之间采用 H7/r6 过盈配合连接。根据选择的装配基准不同，压入法装配又分为以下两种：

① 以导柱为装配基准的压入装配法。该装配方法需先压入导柱，而后以导柱为基准装配导套。其装配过程如下：首先选配导柱和导套，使其配合间隙符合技术要求，再将选配好的导柱和导套、上模座和下模座的配合表面擦洗干净并涂上机油，然后如图 5-21 所示在压力机上用专用压块顶住导柱中心孔，将导柱慢慢压入下模座。在压入过程中，随时用专用检

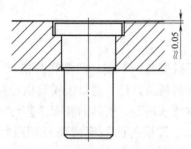

图 5-19　简易法压入式模柄装配

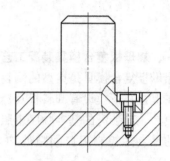

图 5-20　凸缘式模柄的装配

测工具的百分表在两个垂直方向检验和校正导柱的垂直度，边检验校正，边慢慢压入，直至将导柱的固定端面压到距下模座底平面 1～2mm 处时为止。

在将两个导柱全部符合要求地压入下模座后，将上模座反置套在导柱上，并装上导套，如图 5-22 所示；转动导套，用百分表检查导套压配部分内外圆配合面的同轴度误差，并将其最大偏差 Δ_{max} 调至两导套中心连线的垂直方向，使由于同轴度误差引起的中心距变化最小。调整结束，将帽形垫块置于导套上，先在压力机上将导套压入上模座一段长度，然后取走下模座及导柱，再如图 5-23 所示，用帽形垫块将导套全部压入上模座。

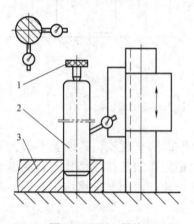

图 5-21　压入导柱
1—专用压块　2—导柱　3—下模座

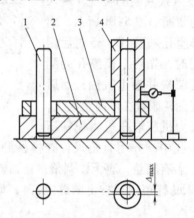

图 5-22　装导套
1—导柱　2—下模座　3—上模座　4—导套

导柱和导套全部装配完毕后，还需将上、下模座对合，并在中间垫上等高球头垫块，放在标准平板上，检验上、下模的平行度精度。

② 以导套为装配基准的压入装配法。该装配方法需先压入导套，而后以导套为基准装配导柱。其装配过程如下：与以导柱为基准的装配过程相同，首先选配导柱和导套，再将选配好的导柱和导套、上模座和下模座配合表面清洗并涂油，然后如图 5-24 所示，将上模座反置平放在专用工具的底板上，该工具底板上装有两个与导柱直径相同且与底板平面垂直的圆柱，将两个导套分别套在圆柱上，其上垫两个等高垫圈，再用压力机同时将两个导套压入上模座。

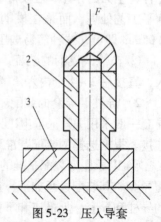

图 5-23　压入导套
1—帽形垫块　2—导套　3—上模座

安装好两导套后,如图 5-25 所示,在上、下模座之间垫入等高垫块,将导柱插入导套,用压力机将导柱压入下模座约 5 ~ 6mm,然后将上模座提升到导套不脱离导柱的最高(图 5-25 中双点画线所示)位置后轻轻放下,检查上模座与等高垫块的接触情况,如果接触松紧不一致,则调整导柱直至接触松紧均匀,最后将导柱压入下模座。

装配完导柱和导套后,也需用以导柱为基准的同样方法检验上、下模的平行度精度。

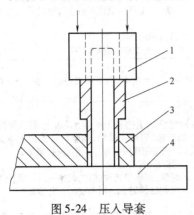

图 5-24 压入导套

1—垫块 2—导套 3—上模座 4—专用工具

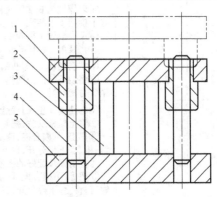

图 5-25 压入导柱

1—上模座 2—导套 3—垫块 4—导柱 5—下模座

(2)凸模、凹模的装配 凸模与凸模固定板的配合经常采用 H7/n6 或 H7/m6。装配时,先在压力机上将凸模压入凸模固定板内,如图 5-26a 所示。检查凸模中心线与固定板支承面的垂直度,然后在平面磨床上将凸模固定板的上平面与凸模尾部一起磨平,如图 5-26b 所示。为了保持凸模刃口的锋利及多凸模时的凸模刃口等高,还应以凸模固定板支承面定位,将凸模的端面磨平,如图 5-26c 所示。

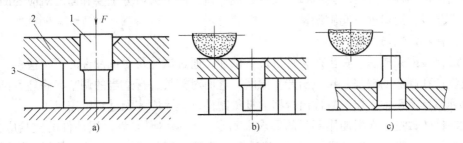

图 5-26 凸模的装配

a)压入凸模 b)磨凸模固定板 c)磨凸模端面

1—凸模 2—凸模固定板 3—垫块

凹模与凹模固定板的配合也经常采用 H7/n6 或 H7/m6。装配时,将凹模压入凹模固定板内,在平面磨床上将上、下平面磨平。

(3)弹压卸料板的装配 弹压卸料板起压料或卸料的作用,所以应保证它与凸模或凹模之间具有适当的间隙。装配时,先将弹压卸料板套在已装入固定板的凸模内或凹模外,在固定板和卸料板之间垫上等高垫块,并用夹板夹紧,然后按照固定板上的螺钉位置在卸料板上钻出锥窝(或点孔),拆开后钻卸料板上的螺纹孔并攻螺纹。

二、螺母板复合模具装配工艺过程卡

螺母板复合模具的装配工艺过程卡见表 5-5。

表5-5　螺母板复合模具的装配工艺过程卡　　　　　　　（单位：mm）

装配工艺过程卡		模具名称	螺母板复合模
		模具图号	LMB—01
序号	工序名称	工序(工步)内容及要求	
1	准备工作	检查模具各零件的加工精度是否达到设计图样的要求，并检查凸、凹模间隙的均匀程度，检查各辅助零件是否齐全，准备工具	
2	装配模架	①以导柱为基准压入装配导柱、导套，先在下模板13上压入装配导柱12，后以导柱为基准在上模板1上装配导套11 ②反向放置上模板1，用压入法装配模柄7，并打入骑缝销钉 ③将装配好的模架合模放置，并在上、下模板中间放置垫块，支撑模架	
3	装配下模	①将凸凹模17与凸凹模固定板14配合装配好 ②将装配好的凸凹模与凸凹模固定板一起放置在下模板上，与下模板进行装配，分别打入销钉、拧紧螺钉	
4	装配上模	①将凸模6压入装配到凸模固定板5的配合孔内 ②将上模板反放，把装配好的凸模6与凸模固定板5、上垫板3放到上模板上，拧入螺钉 ③把上、下模合模，调整凸模6与凸凹模17的间隙，用纸片试切，调整好后拧紧上模的螺钉；将上、下模分开，在上模板1与凸模固定板5上配钻销钉孔，并打入销钉、拧紧螺钉 ④在前面装好的上模部分装配凹模9，拧入螺钉 ⑤把上、下模合模，调整凹模9与凸凹模17的间隙，同样用纸片试切，调整好后拧紧凹模的螺钉；将上、下模分开，在凹模9与凸模固定板5上配钻销钉孔，并打入销钉、拧紧螺钉 ⑥在上模装配限位柱2	
5	装配卸料板	①在上模装配上卸料板8，拧入卸料螺钉，装入打杆18 ②把矩形弹簧15放置在凸凹模固定板的孔中，装配弹簧20和活动挡料钉19与下卸料板孔配合，之后装配下卸料板16与凸凹模配合，并拧入卸料螺钉	
6	试模调整	将装配好的上、下模合模进行试模，检验试件形状、尺寸及毛刺大小，并调整限位柱的高度尺寸，确定合适的模具闭合高度	

编制：　　　　　审核：　　　　　　　　　　　　　　　日期：

　　工序过程中优先选择先装配下模，这也是倒装式复合模具的常用装配方法。因为复合模具中的凸凹模零件上既有凸模刃口，又有凹模刃口，两个刃口分别要和与之对应的凹模零件刃口、凸模零件刃口进行间隙调整。

三、模具调试与试冲

　　冲裁模装配完成后，在生产条件下进行试冲，通过试冲及对试冲件的严格检查，可以发现模具设计和制造的缺陷，再找出产生原因，进而对模具进行适当的调整和修理后再进行试冲，直到模具能正常工作，且冲出合格的批量制件，模具的装配过程就完成了。

　　试冲件的数量应根据使用部门的要求来确定，一般小型冲裁模试冲件的数量应大于50件；硅钢片冲裁模的试冲件数量应大于200件；贵重金属冲裁模的试冲件数量由使用部门自定；自动冲裁模连续试冲的时间应大于3min。

拓 展 任 务

卷收器齿片连续模具装配与调试

1. 连续模的特点

　　连续模又称级进模，是多工序冲压模具。其特点是在送料方向上具有两个或两个以上的工位，可以在不同工位上进行连续冲压并同时完成几道工序。它不仅可完成多道冲裁工序，而且还可同时进行弯曲、拉深、成形等多种工序。因此，连续模具有以下特点：

　　1）连续模的构成零件数量多，结构复杂。

　　2）模具制造与装配难度大，精度要求较高，步距控制精确，且要求刃磨、维修方便。

如有些电动机定、转子连续模,其主要零件的制造精度要求达 0.001mm,步距精度为 0.002～0.003mm,总寿命达 2 亿次以上。

3)对主要模具零件的材料及热处理要求高。

4)成形的制件尺寸精度高,形状一致性好;模具有精确的导向机构,有时还需有辅助导向机构。

5)自动化程度高,有自动送料、安全检测的机构;还可在模具内实现自动叠铆等工作。

6)生产效率高,高速冲压机床的冲程可达 300～400 次/分。

2. 连续模的加工与装配要求

连续模除了加工必须保证工作零件及相关辅助零件的尺寸、形状精度外,还应保证下述要求:

1)凹模各型孔的相对位置及步距,一定要按图样要求加工,并装配准确。

2)凸模的各固定型孔、凹模型孔、卸料板导向孔三者的位置必须一致,即在加工装配后,各对应型孔的中心线应保证同轴度要求。

3)各组凸、凹模在装配后,间隙应保证均匀一致。

3. 连续模的装配要点

(1)装配顺序的选择 连续模的凹模是装配基准件,故应先装配下模,再以下模为基准装配上模。连续模的凹模多数采用镶拼式结构,即由若干块拼块或镶块组成。为了便于调整步距精度和保证间隙均匀,装配时对拼块凹模需先将步距调整准确;再进行各组凸、凹模的试配,并检查间隙均匀程度,待修整合格后再把凹模压入固定板;然后把固定板装入下模板,再以凹模定位装配凸模;凸模装入上模后,待调整间隙、试冲并达到要求后,再用销钉定位,装入其他辅助零件。

(2)装配方法 如果连续模的凹模是整体结构,则凹模型孔的步距是靠加工凹模时保证的。若凹模是拼块结构形式,则各组凸、凹模在装配时,应采取预配合的装配法,这是连续模装配的最关键工序,绝不可忽视。各拼块虽在精加工时保证了尺寸和位置精度要求,但拼合后因累积误差也会影响步距精度。因此在装配时,必须由钳工精心研磨修正和调整。

凸、凹模预配时,应按图样要求拼合镶块,并按基准面排齐、磨平。将凸模逐个插入相对应的凹模型孔内,检查凸模与凹模的配合间隙,目测间隙均匀后再将其压入凹模固定板内。凹模拼块装入固定板后,最好用三坐标测量机、坐标磨床或坐标镗床对其位置精度和步距精度做最后检测,并用凸模复查,以修正间隙,然后磨上、下面,使之平整。

当各凹模镶件有不同精度要求时,应先装入精度要求高的镶件,再压入容易保证精度的镶件。如在冲孔、切槽、弯曲、切断的连续模中,就应先装入冲孔、切槽、切断的拼块,再压入弯曲凹模镶块,这是因为前者的型孔与定位面有尺寸及位置精度要求,而后者只要求位置精度。

4. 卷收器齿片连续模具的装配与调试

卷收器齿片零件如图 5-27 所示,材料为 SPHC-P(热轧钢板),$t = 1.5$mm。零件生产采用连续模具的结构形式。

卷收器齿片连续模具排样图如图 5-28 所示,共设置 6 个工步。

卷收器齿片连续模装配图如图 5-29 所示。模具采用四中间导柱非标准滚动模架,闭合高度为 265.5mm,选用设备为冲床 200T/SH = 380.5mm。

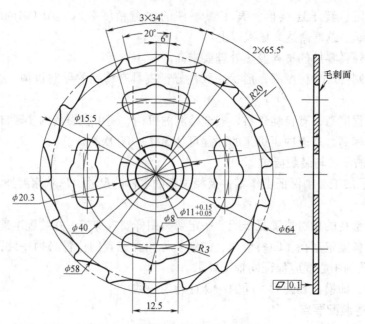

图 5-27　卷收器齿片零件

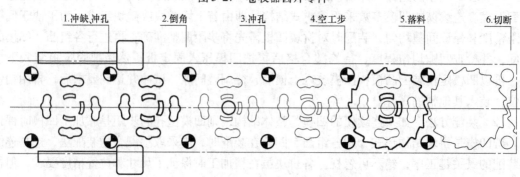

图 5-28　排样图

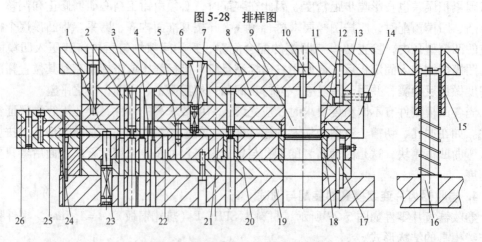

图 5-29　卷收器齿片连续模装配图

1—压料板　2、3—冲头　4、22—倒角冲头　5—导正销　6—卸料板　7—顶销　8—上固定板
9—凸模　10—螺钉　11—上垫板　12—压料镶件　13—上模板　14—费料切刀　15—导套
16—导柱　17—销钉　18—凹模镶件　19—下模板　20—下垫板　21—凹模固定板
23—导料柱　24—导料板　25—挡块　26—盖板

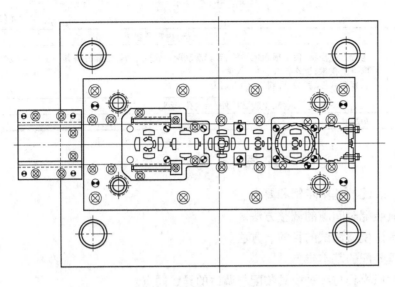

图 5-29 卷收器齿片连续模装配图（续）

5. 卷收器齿片连续模具装配工艺过程卡

根据模具结构，卷收器齿片连续模具的装配工艺过程卡见表 5-6。

表 5-6 卷收器齿片连续模具的装配工艺过程卡 （单位：mm）

装配工艺过程卡		模具名称	卷收器齿片连续模具
		模具图号	ZSQCP-01
序号	工序名称	工序（工步）内容及要求	
1	准备工作	①对照装配图明细表检查零件是否齐全,对照零件图检查零件是否达到图样要求 ②检查凸模形状及型孔是否符合图样要求,将冲头、凸模与对应型孔试配,检查间隙是否均匀,是否达到图样要求 ③检查各板件的贯通孔、让孔、螺孔及螺纹扩孔是否已由加工中心点孔位,销孔是否做好（需配作的销孔不可预加工及点孔位处理） ④可以预做的孔应全部做好	
2	装配凸模冲头	①缓慢压入卸料板小导套,压入上固定板小导柱,检查其垂直度;卸料板套入上固定板后应该滑动顺畅,间隙达到要求 ②在上固定板中装入冲头、凸模,检查卸料板滑动是否正常 ③装上垫板,拧紧螺钉10(注意弹簧孔、卸料螺钉通孔应与上固定板上的型孔基本同轴)	
3	装配模架	①在上模板上压入导套,在下模板上压入导柱 ②将装配好的模架合模后,中间放置垫块支撑	
4	装配下模	①将凹模镶件和小导套分别压入凹模固定板,然后将凹模固定板上、下面磨平,注意刃口应锐利 ②将凹模固定板、下垫板用螺钉联接,注意对准让孔和出料孔 ③将凹模固定板、下垫板用销钉装在下模板上(下模板销孔已由加工中心预做),并用螺钉紧固,导料板、压料板暂不安装	
5	装配上模	①在已装配好的下模上安放等高垫块,其高度比冲头与卸料板的高度略高0.2~0.5 ②将装配好的上模固定板利用小导柱、小导套与下模对合,试切薄纸,若有问题,需要更换冲头或镶件,甚至考虑小导柱、小导套的更换 ③暂时卸下卸料板,在上、下模之间安放垫块,以防冲头进入刃口,重新合模	

（续）

序号	工序名称	工序（工步）内容及要求
5	装配上模	④合上上模板，使上模板依导柱、导套滑动配合轻轻落下，用螺钉将其与上固定板紧固，然后取下上模板，配作销孔，再压入销钉 ⑤装卸料板、弹簧、卸料钉、侧刃切刀
6	试模、调整	装上导料板进行试模，检验试件外形、内孔、毛刺

编制：　　　　审核：　　　　　　　　　　　　　　　　　　　日期：

拓 展 练 习

1. 简述冲压模具装配的基本步骤和要点。

2. 叙述冲压模具装配时间隙的调整方法。

3. 简述冲压模具试模与调试的目的、方法。

4. 简述级进模具装配的基本步骤。

5. 简述单工序冲压模具与级进模具装配与调试的异、同点。

6. 简述冲压模具试模及调试的基本要求和步骤。

7. 编制图 5-30 所示模具的装配工艺过程卡。

模具名称：锚定销锁落料冲孔模具；零件（产品）材料：SHP1，$t=4.5\text{mm}$；全部尺寸公差：±0.3mm。

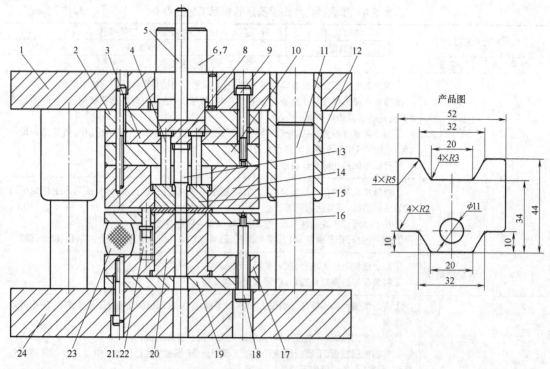

图 5-30　锚定销锁落料冲孔模具图

1—上模板　2—空心垫板　3—上垫板　4—小打杆　5—打杆　6—模柄　7—圆柱销　8—顶板　9—螺钉　10—上固定板
11—导柱　12—导套　13—凸模　14—凹模　15—上卸料板　16—下卸料板　17—下固定板　18—卸料螺钉
19—下垫板　20—凸凹模　21—活动挡料钉　22—弹簧　23—橡胶　24—下模板

任务二　端盖注射模具装配与调试

端盖零件如图 5 – 31 所示，材料为 ABS。端盖零件是一种铝合金型材侧端面的盖板，其零件尺寸精度要求不高，但是零件的功能性要求较高。零件的反面有四个凸出的凸台，这四个凸台用于与铝合金型材固定配合，需要注意零件在模具中的脱模问题。

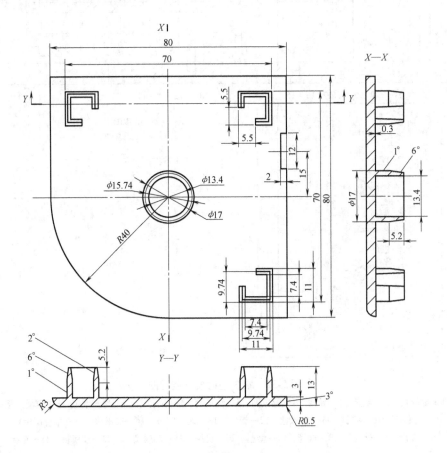

图 5-31　端盖零件图

端盖零件模具采用通用的单分型面一模两腔的模具结构形式。零件凸台的结构形状成形设置在模具的动模一侧，在凸台结构中采用推管脱模机构，同时在凸台周边辅助设置几个推杆进行脱模。端盖注射模具的装配图如图 5-32 所示。

【任务目标】

1. 了解注射模具装配的基础知识。
2. 了解注射模具中各相关零件的配合关系及装配要求。
3. 了解注射模具中模架的基本类型及装配工艺。
4. 能读懂单分型面、双分型面等简单注射模具结构的装配图。
5. 能读懂带侧抽芯结构注射模具的装配图。
6. 能编制简单结构注射模具的装配工艺过程卡。

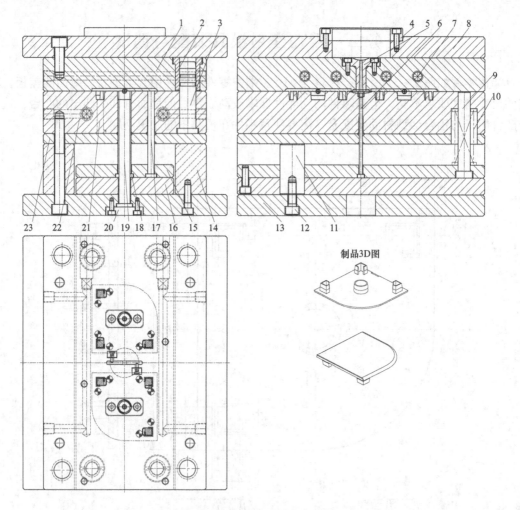

图 5-32　端盖注射模具装配图

1—定模板　2—导套　3—导柱　4—定位圈　5—浇口套　6—拉料杆　7—冷却水道　8—定模座板
9—复位杆　10—弹簧　11—支承柱　12—螺钉　13—动模座板　14—支承块　15—推杆固定板
16—推板　17—推杆　18—推管　19—型芯　20—垫块　21—动模型芯　22—动模板　23—垫板

理 论 知 识

一、注射模具的装配

塑料模具的种类较多，结构差异很大，装配时的具体内容与技术要求各不相同。即使是同一类模具，由于塑料品种、塑件的结构和尺寸精度要求的差异，其装配方法也不尽相同。模具组装前，应根据不同类型模具的工作特点，仔细分析总装图和零件图的结构关系，了解各零件的功能、作用、特点及技术要求，正确建立装配基准。通过合理装配，最终达到成形制品的各项质量指标、模具动作精度和使用过程中的各项技术要求。

1. 注射模具的装配要点

（1）装配基准的选择　注射模具的结构复杂，组成零件的数量多，装配精度要求高。装配时，基准的选择是保证模具装配质量的关键环节。依据零件加工方法、加工设备及工艺技术水平的不同，装配基准的选择一般可分为两种情况。

1）以型腔、型芯为装配基准。型腔、型芯作为注射模具的成形零件，是模具结构中的核心零件，加工精度要求高。以型腔、型芯作为装配基准，称为第一基准。模具其他零件装配的位置关系都要依据成形零件来确定，如导柱、导套孔的位置确定，就要按型腔、型芯的位置来找正。为保证动、定模合模定位准确及塑件壁厚均匀，可在型腔、型芯的四周间隙塞入厚度均匀的纯铜片，找正后再进行孔的加工。采用这种方法时，通常定模和动模的导柱、导套孔先不加工，而先加工好型腔和型芯或镶块，然后装入定模和动模板内。型腔和型芯之间以垫片或工艺定位器保证壁厚均匀，动模和定模对合后用平行夹板或夹钳夹紧、固定，再镗制导柱和导套孔。最后顺序安装模具的其他结构零件。

2）以模具动、定模板两个互相垂直的相邻侧面为基准。以模架上动、定模板两个互相垂直的相邻侧面为装配基准，称为第二基准。型腔、型芯及镶块的安装，侧滑块滑道零件的定位与调整，以及其他结构零件的装配，均以动、定模板相互垂直的两相邻侧面为基准来确定位置与调整尺寸，也可以模架上已有的导柱、导套为基准，进行其他零件的装配与调整。

（2）装配时的修研原则与工艺要点　模具零件加工后都有一定的误差或加工余量，装配时，需进行相应的修整、研配、刮削及抛光等操作。修研时应注意以下几点：

1）脱模斜度的修研。脱模斜度是保证塑件顺利脱模及尺寸精度的重要结构因素。修研脱模斜度的原则是：型腔应保证塑件收缩后其大端尺寸在允许的公差范围之内，型芯应保证塑件收缩后其小端尺寸在公差范围内。脱模斜度的修研不得影响塑件的尺寸精度。

2）圆角与倒角。成形零件上边角处圆角半径的修整，应使型腔零件偏大些、型芯偏小些，以便于塑料制品装配时底、盖配合处留有调整余量。型腔、型芯倒角的修整也应遵循此原则，但若零件图上没有给出圆角半径或倒角尺寸时，不应修成圆角或倒角。

3）垂直分型面和水平分型面的修研。当模具既有水平分型面，又有垂直分型面时，修研时应使垂直分型面完全接触吻合，水平分型面则可留有 0.01 ~ 0.02mm 的间隙。涂红丹检查时，垂直分型面应出现明显的黑亮接触点，而水平分型面稍见均匀分布红点即可。

4）型腔沿口处的研修。模具型腔沿口处分型面的修研，应保证型腔沿口周边 10mm 左右的分型面合模时接触吻合均匀，对合严密；其他部位可比型腔周边低 0.02 ~ 0.04mm，以保证制品轮廓清晰，分型面处不产生飞边或毛刺。

5）浇注系统的修研。浇注系统是塑料熔体进入模具型腔的唯一流动通道。装配时，浇注系统表面的抛光纹路方向应与熔体的流动方向一致，流道表面应平直光滑，拐角处应修磨成圆弧过渡，流道与浇口连接处应修成斜面；浇口尺寸修整时应留有调整余量。

6）侧向抽芯滑道和锁紧楔的修研。侧向抽芯机构一般由滑块、侧型芯、滑道和锁紧楔等零件组成。装配时，通常先研配滑块与滑道的配合尺寸，保证有 H8/f7 或 H7/f7 的配合间隙；然后调整并找正侧型芯中心在滑块上的高度尺寸，修研侧型芯端面及侧型芯与侧孔的配合间隙；最后修研锁紧楔的斜面与滑块斜面，保证足够的接触面积。当侧型芯前端面到达正确位置或与主型芯贴合时，锁紧楔与滑块的斜面也应同时完全接触吻合，并应使滑块上顶面与模板之间保持有 0.2mm 左右的间隙，以保证锁紧楔与滑块之间有足够的锁紧力。侧向抽芯机构工作时，熔体的侧向作用力不应作用于斜导柱上，而应由锁紧楔来承受。为此，须保证斜导柱与滑块斜孔之间有足够的间隙，一般单边间隙不小于 0.5mm。滑块斜孔端部应修成圆角，便于斜导柱插入与滑出。

7) 导柱、导套的装配。导柱、导套作为模具工作时的导向与定位零件，装配精度要求严格，相对位置公差一般在 ±0.01mm 以内。装配后应保证模具开、合模运动灵活，定位准确。装配前，应进行导柱、导套配合间隙的分组选配。装配时，应先安装模板对角线上的两个导柱、导套，并作开、合模运动检验；如有卡滞现象，应予以修整或调换。合格后再装其余两个，每装一个都须进行开、合模动作检验，确保动、定模开合运动轻松灵活，导向准确，定位可靠。

8) 推杆与推件板的装配。推杆与推件板的装配要求是保证塑件脱模时运动平稳、滑动灵活。推杆装配时，应逐一检查每一推杆尾部台肩的厚度尺寸与推杆固定板上沉孔的深度，使装配后两者之间能留有 0.05mm 左右的间隙。推杆固定板和动模垫板上的推杆孔位置，可通过型芯上的推杆孔引钻的方法确定。型芯上的推杆孔与推杆的配合部分应具有 H7/f6 或 H8/f7 的间隙，其余通孔部分可有 0.5mm 的间隙。推杆的端面形状应按型芯的表面形状进行修磨与抛光，且装配后不得低于型芯表面，但允许高出 0.05～0.10mm。曲面或斜面上的推杆装好后，应有防转措施。

推件板装配时，应保证推件板型孔与型芯的配合表面采用 3°～10° 的斜面配合，可采用 H7/f6 间隙配合，表面粗糙度 Ra 值不应高于 0.8μm。要求配合间隙均匀，不得溢料，尤其是异形孔、截面孔处。

9) 限位机构的装配。多分型面模具常用各类限位机构来控制模具的开、合模顺序和模板的运动距离。这类机构一般要求运动灵活，受力均匀、平衡，限位准确、可靠，极限位置不与其他零件干涉。如用拉钩或摆杆机构限制开模顺序时，应保证开模时各拉钩或摆杆能同时打开或卡紧。装配时，应严格控制各拉钩的位置、尺寸和摆杆的摆动角度，确保动作一致，行程准确，安全可靠。

2. 注射模具的装配内容与方法

(1) 导向零件的装配　导柱、导套是注射模具的主要导向零件，除了具有导向功能外，还有定位及承受一定的侧向压力的作用，是保证模具准确合模的关键零件。由于模具的结构和精度要求各不相同，其导柱、导套的装配过程与方法也不一样，实际生产中常用的装配方法可分为以下两种：

1) 先加工导柱、导套孔，然后修正模板上的型腔或型腔镶块固定孔。对于形状复杂、不规则的模具型腔，装配合模时很难找准其正确位置，对此，一般先在各模板上加工导柱、导套孔并装入导柱、导套，再以导柱、导套作为定位基准，加工型腔或型腔镶块固定孔，如图 5-33 所示。装配时，按导柱、导套的位置来修研镶块固定孔。这种方法适用于动、定模板上镶块固定孔的形状与尺寸一致，而且采用动、定模板叠合在一起加工镶块固定孔的模具装配。对于具有侧向抽芯结构的模具，由于装配时需要修研的配合面较多，也需要先安装导柱、导套，并以此为基准修研各配合面。

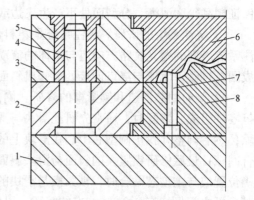

图 5-33　装配找正困难的型腔
1—垫板　2—动模板　3—定模板
4—导柱　5—导套　6—型腔镶块
7—型芯　8—动模镶块

2) 动、定模修研、装配完成后，再加工导柱、
导套孔，并装入导柱、导套。这种方法适用于合模
时，动、定模之间能够正确对准位置的模具。如图 5-
34 所示结构，合模时两个小型芯 7 需插入型腔镶块 6
的孔中，起到了定位作用。因此可先装配动、定模中
的镶块，后加工导柱、导套孔，再装配导柱、导套。

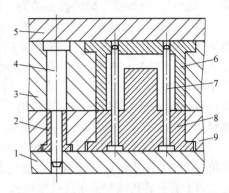

图 5-34 动、定模有正确配合的型腔
1—垫板 2—导套 3—定模板 4—导柱
5—定模固定板 6—型腔镶块 7—小型芯
8—主型芯 9—动模板

导柱、导套压入动、定模板以后，开模和合模
时导柱、导套间应滑动灵活，因此装配时应注意：

① 对导柱、导套进行选配，控制导柱、导套的
配合间隙在 0.02～0.04 mm 以内。

② 导套压入模板时，应随时校正其垂直度，防
止偏斜，或将导套以 0.02～0.03mm 的间隙套在导
向心棒上，用心棒引导导套进入模板安装孔。心棒
与模板孔为间隙配合。同时，应严格控制导套与安
装孔的过盈量，防止导套装入后孔径缩小。

③ 装配导柱时，根据导柱长短可采取不同的方法。装配短导柱时，如图 5-35 所示，先将动
模板底面朝上放在两等高垫块上，然后把导柱与导套的配合部分先插入导柱安装孔内，在压力机
上进行预压配合。然后检查导柱与模板的垂直度，符合要求后再继续往下压，直至导柱固定部位

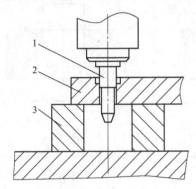

图 5-35 短导柱的装配
1—导柱 2—动模板 3—垫块

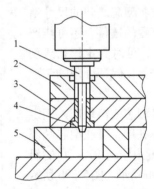

图 5-36 长导柱的装配
1—导柱 2—动模板 3—定模板 4—导套 5—垫块

全部压入为止。装配长导柱时，如图 5-36 所示，借助定模
板上已安装的导套作导向，便可顺利压入导柱并保证其垂
直度要求。

④ 为使导柱、导套装配后，模具开、合运动灵活，
导柱装配时，一般先安装模板对角线上的两个，然后进
行开、合模检查，看动、定模板的开、合运动是否灵
活。如有卡滞现象，应分析原因，并将导柱退出再重新
装入。当对角线上两导柱装配合格后，再装入其余两个
导柱。每装入一个导柱，均应重复上述检验。

（2）成形零件与模板的装配　成形零件的结构复杂
多样、形状各异，其与模板的固定连接方式也各不相

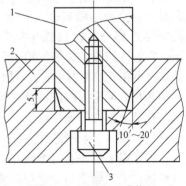

图 5-37 型芯埋入式装配
1—型芯 2—固定板 3—螺钉

同。装配时，应根据不同的模具结构，选用合理的装配方法。

　　1）型芯埋入式装配。图5-37所示为埋入式型芯结构，固定板2沉孔与型芯1尾部为过渡配合。固定板上的沉孔一般采用立铣加工。当沉孔较深时，加工时其侧面会产生斜度，且修正困难，此时可按固定板沉孔的实际斜度修弯型芯配合段表面，使其与沉孔的斜度一致，保证配合要求。型芯埋入固定板较深时，可将型芯尾部四周略修斜度。埋入深度在5mm以内时，则不应修斜度，否则将影响固定强度，型芯的悬伸部分也不可太长。

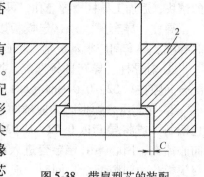

图5-38　带肩型芯的装配
1—型芯　2—固定板

　　2）带肩（定位台阶）型芯或镶块与固定板的装配。带有定位台阶的型芯或镶块与模板孔的固定方式如图5-38所示。固定板上的安装孔通常采用通孔加沉孔，但由于型芯在其配合段与定位台阶连接处往往呈圆角（磨削时砂轮的损耗形成），因此装配前应将固定板上通孔与沉孔底平面拐角处的尖角修成圆角，否则将影响装配。同样，型芯台阶上平面边缘也应倒角，特别是当间隙C很小时。型芯台阶上平面与型芯轴线应保持垂直，否则装配后会因受力不均而在型芯台阶处产生断裂。装配时，还应检查型芯与固定板孔的配合是否合适，如配合过紧，则型芯压入后将使固定板产生弯曲，对于多型腔模具，还会影响各型芯之间的尺寸精度；而对于淬硬的镶件，还可能产生碎裂。为此，可对固定板孔或型芯表面进行修磨，保证合理的装配间隙。

　　为便于将型芯或镶块压入固定板并防止切坏孔壁，可在型芯端部四周5mm高度内修出10′~20′的斜度，如图5-39a所示。图5-39b所示的型芯端部已具有导入作用，因此不需修出斜度。

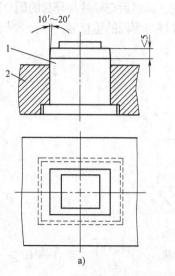

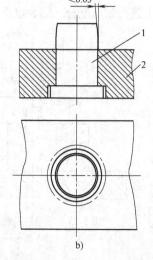

a)　　　　　　　　　　　b)

图5-39　型芯端部斜度
1—型芯　2—固定板

　　对于方截面的型芯与固定板孔配合时，为使型芯顺利进入孔中，其四周尖角部分可以修成半径为0.5mm左右的圆角，如图5-40a所示。当型芯不允许修成圆角时，可在固定板安装孔的四个拐角处钻出小孔或加工出小的沉割槽，以便于装配，如图5-40b所示。

　　型芯装入固定板时应保持平稳，装入前可在型芯表面均匀地涂上润滑油，装配时应将固定板沉孔朝上放在等高垫块上，待型芯导入部分进入固定板孔后，应检测并校正其垂直度，然后缓慢地压入。当型芯压入一半左右时，可再次对其垂直度进行测量与校正。型芯全部装入后，再作最后的垂直度检测。

　　整体式型腔镶块与固定板的装配如图5-41所示，其装配方法与型芯相同。整体型芯或型腔镶块装入固定板时，关键是型芯或型腔的形状与模板相对位置的调整及其最终定位。常用的调整方法有以下两种：

① 部分压入调整。型芯或型
腔镶块压入模板型孔很小一部分
时，用百分表校正其直边与模板
平面的垂直度。当调至正确位置
时，再将其全部压入模板，并作
最终检测。

② 全部压入调整。将型芯或
型腔镶块全部压入模板后，再调
整其位置。用这种方法装配时，
不能采用过盈配合，一般采用过
渡配合，或有 $0.01 \sim 0.02$ mm 的间
隙。位置调整正确后，对有些需
定向装配的，应用定位元件将型
芯或型腔镶块定位，防止其转动。

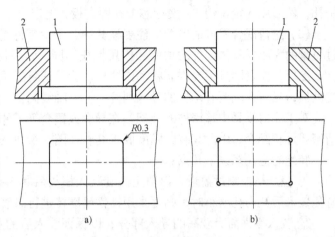

图 5-40　型芯尖角部位装配时的处理
1—型芯　2—固定板

3) 型芯与固定板用螺钉固定式装配。对成形部分截面积较大而高度较低的型芯，常用
螺钉、销钉与固定板连接固定，如图 5-42 所示，装配时可按如下顺序进行：

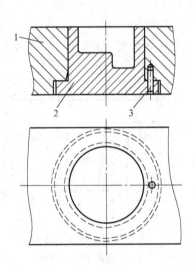

图 5-41　整体式型腔镶块与固定板的装配
1—固定板　2—整体型腔镶块　3—定位销

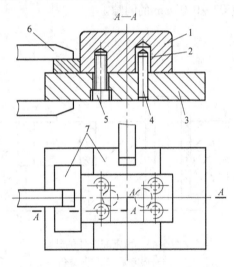

图 5-42　大型芯固定结构
1—型芯　2—圆柱形堵块　3—固定板　4—定位销
5—螺钉　6—平行夹头　7—定位块

① 在加工好的淬硬型芯 1 中压入未经淬火的圆柱形堵块 2，其端面应与型芯 1 的底面
修平。

② 根据型芯在固定板上的位置要求，将定位块 7 用平行夹头 6 固定在固定板 3 上。

③ 用划线或涂红粉的方式确定型芯 1 的螺钉孔位置。然后，在固定板 3 上钻螺钉通孔
及锪沉孔，并用螺钉初步固定型芯 1。

④ 在固定板 3 背面与圆柱形堵块 2 对应位置划出定位销孔位置，并与型芯一起钻、铰

销孔，然后压入定位销4，使型芯1在固定板3上定位。

（3）过盈配合零件的装配　注射模具中，不少零件是以过盈配合来保证其装配关系的；过盈量的大小视具体零件的功能和作用性质不同，常采用 H7/m6 或 H7/n6。过盈配合的零件装配后，应紧固且不允许有松动或脱出。为保证装配质量，其配合部分应有较低的表面粗糙度值，且压入端要有均匀的导入斜度，并与轴线同轴。

对于注射模具中精密件的装配，在导套或镶套等零件装入模板后，其内孔还需与另外的精密偶件相配合，因此其装配精度要求高，如图5-43所示。

装配时应注意以下几点：

① 应严格控制过盈量，以防止镶套装入模板后其内孔缩小；但当镶套壁厚较薄而无法避免装入后其内孔缩小时，则可采用铸铁研磨棒进行研磨。

② 装入零件需有较高的导入部分，以保证装入后的垂直度。若增大导入部分的高度而影响固定强度时，则应从设计结构上加以改进。

对直径大而高度较小的零件，在装配时可用百分表测量装入零件端面与模板平面之间的平行度来检查垂直度，但必须保证在零件加工时，就应该使模板平面、装入零件平面和孔有良好的垂直度。装入时，也可利用导向心棒进行引导装配。即先将导向心棒以间隙配合固定在模板孔内，然后将镶套套在心棒上进行加压。由于心棒的导向作用，可使装配后的零件垂直度得到保证。装配件在装入模板孔后会有微量收缩，因此心棒与装配零件孔径间应有 0.02~0.03mm 的间隙。

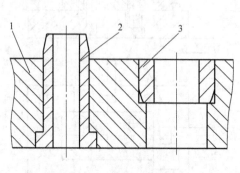

图 5-43　精密配合件的装配
1—固定板　2、3—镶套

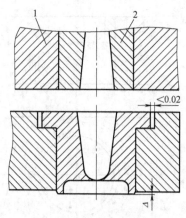

图 5-44　浇口套的装配
1—固定板　2—浇口套

图5-44所示的浇口套，装配时除配合部分要求过盈外，还需保证上部台肩外圆与模板沉孔间不能有过大间隙，否则在注射成型时可能引起溢料，通常此间隙值不大于 0.02mm，因此模板孔与沉孔和装入零件外圆的同轴度公差均应小于 0.01mm。装入零件台肩应倒角，可使零件装入后台肩面与模板沉孔底面贴紧。

过盈配合的零件在装配时，模板孔或装入零件的压入端应有倒角或导入斜度。当装入零件的装入端不允许有斜度但需倒圆角以避免装入时切坏模板孔壁时，可在零件加工时考虑留有适当的圆角修正量 Δ，待装配后修正量 Δ 正好凸出于模板平面，最后再予以磨平。

（4）推杆的装配　推杆是滑动零件，其作用是推出制件。推杆工作时要求动作灵活、可靠，行程准确。推杆与复位杆、推板及推板导柱等零件通常一起装配，这些零件工作时要求同步协调动作。

1）推杆的装配要求。

① 推杆的导向段与型腔镶块或型芯上推杆孔的配合间隙要正确，一般中小型模具常用 H7/f6 或 H7/f8 配合；粘度较低的塑料可用 H7/g6 配合，以防间隙太大而容易溢料。模具温度较高时，因受热膨胀的影响，可用 H8/f8 的配合。

② 推杆在推杆孔中往复运动应平稳，无卡滞现象。

③ 推杆端面应与型芯表面或分型面保持齐平，或是略高于型芯表面，但其高出量不许超过 0.05~0.1mm。

2）推杆的装配过程与方法。为保证制件顺利平稳地脱模，整个推出机构应运动灵活，复位可靠，推杆固定板与推板应有导向装置和复位支承。常用的结构形式有导柱导向的结构及复位杆导向的结构等。图 5-45 所示为导柱导向的推出机构。推杆运动时，通过导柱 2 进行导向与支承，可保证其往复运动平稳。推杆装配时，只与型腔或型芯镶块上的孔有滑动配合要求，在其他模板上均为通孔，其单边间隙一般不小于 0.5mm。

推杆的装配包括安装、调整与修磨，具体过程如下：

① 将推杆孔的入口处和推杆顶端倒成小圆角或斜度。

② 检查、修磨推杆尾部台肩厚度，使台肩厚度比推杆固定板上沉孔的深度小于 0.05mm 左右。

③ 装配推杆时，先将有导套 3 的推杆固定板 8 套在导柱 2 上，然后将推杆 9、复位杆 4 穿入推杆固定板 8、垫板 10 和型腔镶块 11 的推杆孔，而后盖上推板 7，并用螺钉 5 紧固。

④ 将导柱的长度尺寸修磨到正确尺寸，调整推杆和复位杆的极限位置。在修磨推杆端面之前，先将推板复位到极限位置，如果推杆右侧端面低于型面，则应修磨导柱左侧端面；如推杆高出型面，则可修磨推板 7 的底平面。

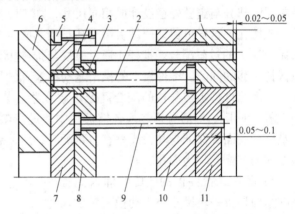

图 5-45　推杆的装配

1—动模板　2—导柱　3—导套　4—复位杆　5—螺钉　6—固定板
7—推板　8—推杆固定板　9—推杆　10—垫板　11—型腔镶块

⑤ 修磨推杆和复位杆的顶端面时，先将推板复位到极限位置，然后分别测量出推杆和复位杆高出型面与分型面的尺寸，确定修磨量。修磨可在平面磨床上用卡盘夹紧进行。修磨后，应使推杆端面与型面平齐或略高出 0.05~0.10mm；复位杆与分型面要求齐平，但允许低于分型面 0.02~0.05mm。

当推杆数量较多时，装配时可对推杆与推杆孔进行选配，防止组装后出现推杆动作不灵活、卡紧等现象；同时必须使各推杆端面与制件形状相吻合，防止推出时偏斜或推出力作用不均，而使制件产生脱模变形。若圆形推杆端面不为平面时，装配后还应防止推杆转动，应加防转销或防转块。

（5）推件板的装配　用推件板推出塑件，具有推出力大、塑件受力均匀等特点，因而是一种常用的结构。根据模具结构形式的不同，推件板的结构也有多种。不同结构的推件板的装配要求也不一样。

1）整体式推件板的装配。整体式推件板的轮廓尺寸与动、定模板的外形尺寸一致。图5-46所示为多型腔模具常用的整体式推件板与局部镶套组合的推出结构。推件板与型芯配合部分采用了淬硬的圆锥镶套，可延长推件板的使用寿命。圆锥镶套10与型芯9配合，要求圆锥镶套上端面与推件板1的平面（即分型面）既要平齐，又要保证锥孔配合面吻合严密。为保证推件板1上镶套孔与型芯固定板2上的型芯固定孔的同轴度要求，可将

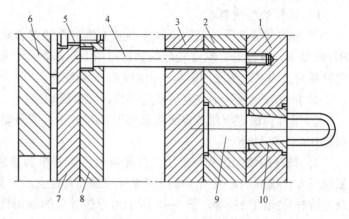

图5-46　带镶套的整体式推件板

1—推件板　2—型芯固定板　3—垫板　4—推杆　5—固定螺钉　6—固定底板　7—推杆垫板　8—推杆固定板　9—型芯　10—圆锥镶套

型芯固定部分与镶套外径设计成相同尺寸，加工时把推件板1与型芯固定板2叠加起来夹紧后一起镗孔，这样可保证推件板镶套孔与型芯固定孔的位置准确一致。圆锥镶套与推件板孔采用H7/r7的过盈配合。推杆4通过螺纹与推件板1连接，因此推杆与各模板的安装孔间均应保持足够的间隙。推件板1的推出运动靠模具的导柱导向，合模时的最终位置靠圆锥镶套保证，因此推件板与导柱的配合间隙可放宽些。装配时，需先配对研合型芯9与圆锥镶套10的配合间隙，然后分别装入各模板孔中，进行整体研合，以保证其位置精度。推杆4螺纹端的台肩面要保证与其轴线垂直，装配时，应使各推杆的长度尺寸保持一致，推杆与各模板之间的装配孔均为通孔。

2）埋入式推件板的装配。埋入式推件板的结构是将一块尺寸小于动模板轮廓尺寸的局部推件板埋入动模板的沉孔内，并与动模板保持一定的配合关系。埋入式推件板可为圆形或矩形结构，如图5-47所示。装配时，既要保证推件板2与型芯3和沉孔的配合要求，又要保证推件板2上的螺孔与动模板1上的导套4安装孔的同轴度要求。导套4与推杆5之间为滑动配合，是推件板2和推杆固定板的导向装置，因此有配合要求，通常采用H7/f7或H7/f8配合。

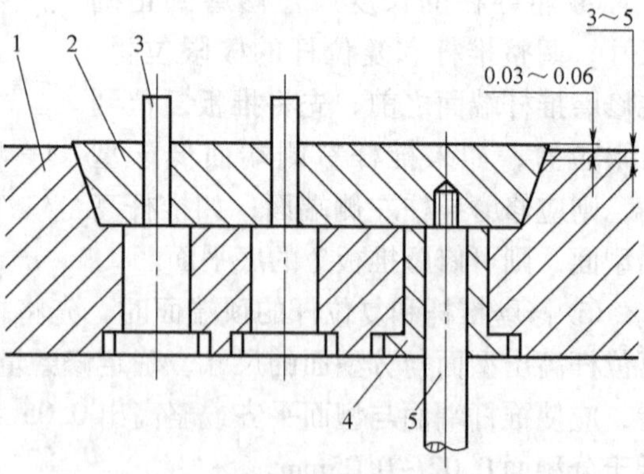

其装配过程如下：

① 修研推件板2与动模板1上沉孔的配

图5-47　埋入式推件板

1—动模板　2—推件板　3—型芯　4—导套　5—推杆

合锥面。先修磨推件板侧面，使推件板底面与沉孔底面保证接触，同时使推件板侧面与沉孔壁面保持图示位置（3～5mm的接触高度），并允许有0.01～0.03mm的配合间隙，而推件板上平面应高出动模板0.03～0.06mm。

②　配钻推件板螺孔。将推件板放入沉孔内，用平行夹头夹紧，在动模板导套4的孔内安装二级工具钻套（其内径等于螺孔底径尺寸），通过二级工具钻套钻孔、攻螺纹。

③　加工推件板2和动模板1上的型芯孔。采用同镗法加工推件板和动模板的型芯孔，然后将动模板型芯孔扩大，使其与型芯的配合达到规定的要求。

（6）斜导柱抽芯机构的装配　斜导柱抽芯机构的作用是在模具分型面打开的同时或之前，将侧向型芯先行抽出，以便制件顺利脱模。要求侧型芯或滑块运动平稳轻便，起止位置正确可靠，锁紧块斜面与滑块斜面应保证有足够的接触面积并压紧，且有一定的预紧力。典型的斜导柱抽芯机构如图5-48所示。

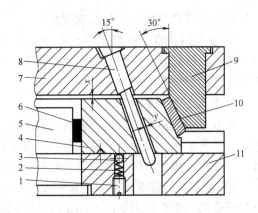

图5-48　斜导柱抽芯机构
1—顶丝　2—弹簧　3—钢球　4—滑块　5—主型芯
6—垫片　7—定模板　8—斜导柱　9—锁紧块
10—垫块　11—动模板

1）装配技术要求

①　闭模后，为保证模具闭合后锁紧块和滑块之间有足够的锁模力，要求滑块的上平面与定模板底平面间必须留有 $x = 0.2 \sim 0.8$mm 的间隙，如图5-48所示。这个间隙在注射机上闭模时被锁模力消除，转移到锁紧块和滑块之间。

②　闭模后，斜导柱外径与滑块斜孔之间应留有 $y = 0.5 \sim 1.0$mm 的间隙（通常斜导柱孔在锁紧以后由卧式镗床一体加工）。分型面合紧后，靠锁紧块把滑块推至最终位置并锁紧，否则斜导柱会受侧向弯曲力作用。

2）装配过程

①　将主型芯装入动模板，成为型芯组件。

②　按设计要求在动模板上的滑道槽内修研滑块和导向块，调整滑块与导向块的安装位置；位置确定后，用夹板将其夹紧，配钻导向块和动模板上的螺孔及攻螺纹，并安装导向块。

③　安装锁紧块。修研锁紧块与滑块斜面，保证两斜面有70%以上的接触面积。当侧型芯与滑块不是整体式时，可在侧型芯位置垫以相当制件壁厚的铝片或钢片，以调整滑块的锁紧位置。

④　合模检查滑块顶面与定模板底面的间隙值是否满足要求。可通过修磨和更换滑块斜面上的垫块来调整 x 值，若不用垫块，则可直接对滑块的斜面进行修磨。既要保证 x 值，又要保证斜面的接触面积。

⑤　镗斜导柱孔。将定模板、滑块和动模板型芯组件一起用夹板夹紧，在卧式镗床上镗斜导柱孔。

⑥　在定模板上安装斜导柱，斜导柱固定段与定模板一般采用过盈配合，通常可取H7/m6或H7/n6。

⑦　调整导向块，使其与滑块间隙合理，松紧度适当。调好间隙后，配钻导向块销孔，装入定位销。

⑧　在滑块上研配侧型芯，使侧型芯前端面与主型芯侧面接触并吻合，同时保证侧型芯

位置精度。修磨滑块斜孔两端成圆角。

⑨ 安装滑块定位装置。图 5-48 所示的斜导柱抽芯机构采用弹簧、钢球定位机构限定滑块的位置。装配时，根据侧型芯抽芯距离，调好钢球定位窝的位置，然后装入钢球和弹簧，再用顶丝调整弹簧的预紧力并锁紧。

3. 装配过程中的修磨

模具是由许多零件通过不同的连接方式组装而成的，尽管各零件在加工与制造过程中都限定了严格的尺寸与形位公差，但在装配中仍很难保证装配后的模具都能满足技术要求。因此，在装配过程中，经常需对零件进行局部的修磨或尺寸调整，以达到装配精度要求。

1）型芯或型腔镶块与固定板装配时的修磨。型芯在与其固定板装配后再与定模或动模套板组合时，常会出现如图 5-49a 所示的间隙 Δ。此时可通过修磨型芯的 A 面来消除间隙，满足装配要求。若出现图 5-49b 所示的间隙 Δ，则应通过在固定板沉孔与型芯台肩之间加入金属垫片来消除间隙。

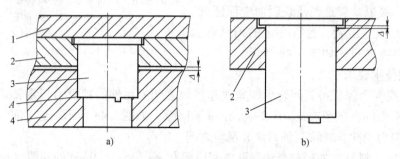

图 5-49　型芯与型芯固定板装配时的修磨
1—底板　2—型芯固定板　3—型芯　4—型腔板

图 5-50 所示为型腔镶块与固定板装配时，在型腔上端出现了间隙 Δ，此时可通过修磨固定板 1 的上平面来消除间隙，既简单，也易保证尺寸精度。也可将固定板上的沉孔先加深一个 Δ 值，再将固定板的底平面磨去一个 Δ 量，也可消除间隙，这样做较麻烦。

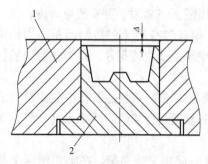

图 5-50　型腔镶块与固定板的装配
1—固定板　2—型腔镶块

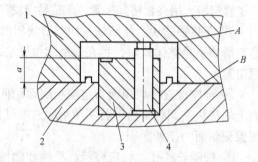

图 5-51　埋入式型芯的装配
1—定模板　2—动模板　3—埋入式型芯　4—型芯

2）埋入式型芯高度尺寸的控制。图 5-51 所示埋入式型芯 3 装配后，当 A、B 面无凹、凸形状时，可通过修磨 A、B 面来控制 a 的大小，使其达到要求。当 A、B 面有凹、凸形状时，可修磨埋入式型芯 3 的底面，使 a 减小。若 a 偏小时，可在埋入式型芯 3 的底部垫薄金属片，使 a 增大。

3）型芯斜面的修磨。如图5-52所示的模具结构，为保证装配的质量要求，小型芯2的斜面须先修磨成形，高度可略加大些。装入动模镶块3后合模时，应使小型芯2与定模镶块1的斜面接触，并测出修磨量$h'-h$，然后将小型芯斜面修磨至要求尺寸与形状。

4）浇口套与固定板装配的修磨。浇口套装入固定板后，一般应使浇口套略高于固定板平面0.02mm，如图5-53所示。装配时，一般先将浇口套装入固定板，再一起磨平 B 面；然后卸去浇口套，将固定板的 A 面磨去0.02mm，这样可保证浇口套的 B 面与模具分型面平齐。

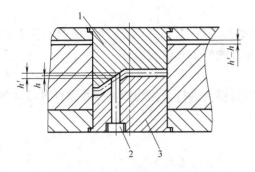

图5-52　型芯斜面的修磨
1—定模镶块　2—小型芯　3—动模镶块

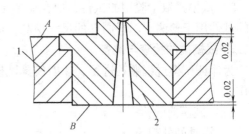

图5-53　浇口套与固定板装配的修磨
1—固定板　2—浇口套

二、注射模具的试模与调试

注射模具作为可成形其他产品或制件的工艺装备，其本身的设计、制造与装配质量，对成形制件的精度及质量至关重要。由于模具的结构设计与制造过程的复杂性及成形制件的高质量要求，模具制造装配完成后，很难一次达到成形制件的质量要求，即使是经过 CAE 分析模拟的模具，通常也需通过试模来验证模具的制造质量。因此，模具初次组装后都要进行试模。通过试模来发现并修整模具设计与制造，甚至是制件设计中的缺陷。试模作为模具制造过程中可对模具的综合质量与工作性能进行现场验证的最后一道工序，对保证成形制件的最终质量具有重要作用。只有经过试模验证并能稳定地成形出合格制品的模具，才能交付用户使用。试模虽是模具制造过程的必要环节，但试模次数应尽量减少，最好是一次试模成功，这就要求模具的设计与制造必须达到高质量的要求。

1. 试模的目的与要求

（1）试模的主要目的

1）验证模具的整体结构设计是否合理、正确，机构动作是否灵活、可靠。

2）验证模具的综合使用性能是否良好、稳定。

3）检验模具的加工制造及装配精度与质量是否达到制件的成形质量要求。

4）找出模具设计、制造中未被发现的缺陷或错误，以便试模后修整。

5）试出模具正常生产时可用的最佳工艺条件，为制件的批量生产制订工艺规程提供依据。

（2）试模的要求

1）试模时，应将模具及试模设备调整至最佳运行状态，模具必须达到要求的工作温度或成形条件，设备应无故障。

2）试模时，应使用制件设计图样所给定的塑料品种或规格，并按实际生产时所使用的设备条件和操作规程进行。生产所使用的塑料原料要先进行烘干处理。

3）应安排对试模设备及工艺过程熟悉、且具有丰富试模或实际生产经验的专门人员，按试模工艺规程进行试模操作。

4）试模中要仔细观察模具各功能结构的工作状况及成形制件的缺陷形式，并对每一故障或缺陷及其工艺参数做详细记录，以便为修模分析提供依据。试模中的小毛病，可在机器上对模具随时进行修整；若属较大问题，则需停机卸模进行修整，修后再试，直到合格为止。

5）试模提取检验用的试件，应在调整工艺参数稳定后进行。一般应连续提取不少于 20件的试件用于检测。塑料制件的尺寸检测，应在制件脱模 24h 以后进行。

2. 试模前的检查与准备

为保证试模过程顺利进行，注射模具试模前须对模具进行全面的检查，并做好各项准备工作。

（1）试模前的检查

1）模具的外观检查

① 模具轮廓尺寸、闭合高度、开模行程、推出形式与距离、安装固定方式等是否符合所选注射机的工作条件与要求。

② 模具定位环、浇口套球面半径及进料口直径等尺寸参数是否与注射机相应尺寸匹配。模具吊环螺钉位置应保证起吊平衡，便于安装与搬运，并满足负荷安全要求。

③ 各种水、电、气、液接头零件及附件与吊环螺钉等均应安装齐备、规范，并处于良好备用状态，不得有松动、泄漏等现象发生。

④ 各部分结构零件是否连接固定、可靠，螺钉是否拧紧。多分型面模具合模状态是否有锁紧板，以防吊装或运输过程中分型面开启。

⑤ 检查导柱、螺钉、销钉及限位拉杆等在合模时头部是否高出固定模板底平面，影响模具安装。

2）模具的内部检查

① 打开模具检查型腔、型芯是否有损伤、毛刺、污物与锈迹，固定的成形零件有无松动。嵌件的安装、定位是否稳固、可靠。

② 模具成形零件的尺寸、形状及表面质量应符合图样要求，强度与刚度足够。细小零件应受力均匀，无变形。推杆端面与型芯表面形状一致，且不得低于型芯表面。活动型芯或嵌件应定位准确，安放可靠。

③ 模具的浇注系统应通畅无阻，流道表面光洁、无划伤，拐角应圆弧过渡。冷却液通道应无堵塞、无滞流、无渗漏、无破损，水嘴接头密封可靠。电加热系统无漏电、无断线，固定连接安全可靠。

④ 模具合模时，检查分型面间隙是否适当，型腔边缘是否有塌陷、碰伤；复位杆是否高出分型面，使合模不严。

3）模具的动作检查

① 模具的开、合模动作及多分型面模具各移动模板的运动要灵活、平稳，定位准确、可靠。不应有紧涩或卡阻现象。取件空间足够。

② 多分型面模具的开、合模顺序及各移动模板的行程应符合设计要求,限制开、合模顺序的弹簧、拉杆、摆杆等机构应与开、合模动作协调一致,准确、可靠,安全可行。

③ 侧向分型与抽芯机构要运动灵活,行程和抽拔力要足够,定位准确,锁紧可靠。气动、液压或电驱动的机构要反应灵敏,工作稳定,无漏气、漏油、漏电等故障。

④ 推出机构要行程足够,运动轻便、灵活、平稳,无倾斜、卡阻,复位准确。

(2) 试模前的准备

1) 塑料材料的准备。应按照塑件图样给定的塑料品种、牌号及技术性能要求等相关数据,提供足量、合格的试模材料,并进行必要的预热、干燥处理。

2) 试模工艺的准备。根据制件的尺寸大小、结构形状、精度与质量要求、材料的成形性能、试模设备的特点及模具的结构类型等因素综合考虑,合理拟订注射温度、模具温度、注射量、注射压力、保压压力、螺杆转速及背压力、冷却时间等试模工艺条件,并全面熟悉了解模具的结构、动作原理与成形工艺条件和成形设备之间的相互匹配关系。

3) 注射机的准备。按照材料的特性、模具的安装及工作尺寸、试模工艺要求等,选择适当规格和型号的注射机,并调整注射机至最佳工作状态。机床的电气与液压控制系统、运动部件、加料、塑化与注射、加热与冷却系统等均应正常、无故障,润滑状况良好。各仪表校正准确,反应灵敏;阀门、开关等工作可靠。工艺参数的设置与调节系统工作正常。对注射机进行加料预热。

4) 试模现场的准备。清理机台及周围环境,保持整洁。备好压板、螺栓、垫块、扳手等装模器件与工具,以及盛装试模制件与浇注系统凝料的容器。车间备好吊装设备或吊具。

5) 工具的准备。试模钳工应准备好必要的整形锉、砂纸、磨石、脱脂棉、铜锤、扳手等现场修模工具与清理用品,以备临时修调排除模具故障时使用。同时,应准备必要的测量工具,如卡尺等。

6) 模具的准备。经检查合格的模具,备齐所有相关附件,清理干净;并对嵌件进行清理、预热,使模具处于待装机状态。

3. 模具的安装与固定

(1) 安装方法及要求　在卧式注射机上试模时,模具的安装方法及要求一般为:

1) 模具安装时一般需要几个人配合完成,统一指挥,协同工作。吊装时,要缓慢平稳地将模具吊起,并移到注射机上方,然后徐徐下降进入注射机拉杆空间,切勿大幅度摆动或快速升降,以免碰伤机器拉杆或模具。

2) 中小型模具一般采用整体安装,当模具进入安装空间并与机床定位孔对准后,应慢慢移动机床动模板进行合模,使模具轻轻靠紧机床固定模板,然后搬动模具调正位置并挤紧,再用螺钉和压板压紧模具。

3) 对大型及特大型模具也可以采用定、动模分体安装的方法。分体安装时,应先吊装定模部分,待定模上的定位环进入注射机定位孔,并调整好模具的水平位置后,可用螺钉或压板压紧模具。然后安装动模部分,动模以导柱、导套与定模进行定位,并保持其与注射机喷嘴中心同轴。

4) 用压板、垫块及螺钉固定模具时,压紧点应分布合理,保证模具固定可靠。紧固螺钉时,应按对角线方向同时拧紧,且用力均匀。压板前端与移动模板或其他活动机构之间要有足够的间隙，以免工作时发生碰撞。紧固螺钉时，应切断机床电源，以防误操作引起意外事故。紧固压板、螺钉时，不可松开吊装设备，以防发生安全事故。

5）中小型模具安装时，动、定模一般各采用四点压紧即可。但大型或超大型模具固定时，应增加压板、螺钉尺寸和压紧点数量，同时需在机床台面上增设辅助支承，以承载模具的重量，确保模具固定可靠，机床运行安全。

6）模具固定好后，应按设计要求连接与紧固冷却水管、液压油管或加热、控温等附属元器件。若用气动顶出，还应连接气管。

7）所有附件安装完毕后，应仔细检查模具紧固的安全可靠性，确认无误后，方可松开并移走吊装设备，清理机台，准备开机试模。

（2）注意事项　为使模具正常合理地工作，塑件脱落顺利，且操作方便，模具安装时应注意以下几点：

1）对带有侧向抽芯结构的模具，安装时应使侧滑块或两型芯呈水平方向运动。对于三面或四面都有侧向抽芯结构的模具，应使侧型芯与滑块重量较大者位于水平运动方向，重量最轻者位于垂直方向的上边。

2）对于矩形或长条形模具，应使最长边呈水平方向安装。

3）具有液压、气动抽芯或热流道结构的模具，应使液压缸、管接头、接线盒等附件位于不影响机床操作的方向或位置。

4）冷却水管路或电加热器导线等软连接件不应位于模具的上方或操作者一侧，而应置于机床操作者的对面，并捆扎规范，以免模具工作时因管、线被分型面夹断而发生故障。

4. 注射机的调整

为使模具与注射机能协调有序地工作，模具安装固定后，应使注射机的相关参数与模具的实际工作要求相匹配，为此应作如下调整：

1）先将注射机控制旋钮调到手动控制挡位，然后以手动方式控制注射机反复进行低压、慢速的空循环运行，以仔细检查模具的开、合模及侧滑块的运动，推出机构与限位机构以及液压或气动系统等各部分的动作过程及运行情况，及时发现和消除不正常因素，确保模具与注射机安全正常地工作。

2）根据塑件的成形要求，确定注射机的加料方式，并调节注射座的位置，保证喷嘴与模具浇口套球面紧密吻合。需注射座往复移动时，应调整定位螺钉的位置，保证每次运动的位置准确。

3）调整注射机移动模板行程开关挡块的位置，确定模具所需的开模行程，保证塑件及浇注系统凝料的脱模要求。

4）调整注射机推出系统的行程，并限定其工作位置。保证注射机推出杆达到最大行程时，模具的推杆固定板与动模垫板之间仍保留有适当的距离（一般不小于5mm），以防推出塑件时撞伤模具。

5）根据模具分型面的合模间隙，调整合模系统的压力大小。既要保证注射时不产生溢料和模板变形，又要能通过分型面顺畅排气。对于液压肘杆式合模机构的注射机，可通过合模压力大小或实际经验进行调节；对于全液压式合模机构的注射机，只要控制锁模力在设定的压力范围内即可。

　　6）按拟订的试模工艺条件，设定注塑机的注射量、注射压力、模具温度及注射速度等各项工艺参数值。

　　7）开始注射时，模具应达到要求的工作温度。为此，模具安装完毕后，应对模具进行预热。通常可用模温机、电加热或直接通入热水等方法加热模具。一般不宜采用直接注射熔体来加热模具的方法。

5. 试模操作与工艺参数调整

　　注射机调整妥当，且模具与机器均已达到要求的工作温度后，即可开机试模。试模时应注意以下要点：

　　1）在向模具注射熔体之前，应将机器料筒中残留的前次使用的材料清理干净。清理时可采用对空注射方法，用新塑化的熔料将料筒中残留的前次余料排挤出去，直至彻底清除干净。当对空注射的熔体全为新材料时，且熔体质量均匀、柔韧光泽、色泽鲜亮，即表明料筒中的残留余料已清理干净，且塑化质量良好，可进行注射试模。

　　2）初始试模时，应在较低注射压力、中等注射速度及较少注射量的条件下进行注射，然后根据成形制件的填充情况，由低到高分别逐渐增加各参数值，并不断修改初始设定的工艺参数。绝对不能用过高的注射压力和过大的注射量，以免发生胀模而损伤模具或设备，造成试模无法进行。

　　3）每注射一次都要仔细观察制件的填充情况和质量变化，并依此进行工艺参数的调整。通常是先保持其他参数不变，针对某一个主要参数进行调整，不可所有参数同时改变。调整参数值时，也应小幅渐进地增减，不可大幅度反复改变。有些材料对注射压力或熔体温度比较敏感，调整时应先调整变化敏感的参数。

　　4）试模过程中，对每一个参数的改变，都应使调整后的参数稳定地工作几个循环，并与其他参数的相互协调作用达到平衡之后，再根据制品质量的变化趋势进行适当改变，不可连续大幅度地交替改变工艺参数值。注塑成形的各工艺参数是相互依存而保持动态平衡的，每个参数的变化，都会引起其他参数的波动与响应。改变某个参数后，其综合作用效果并不能马上显现出来（如改变温度），而是需要一个时间过程，使其与其他参数重新融合与协同。

　　5）每次改变工艺条件进行注射时，都应将工艺参数值详细记录下来，且应对在此条件下注射的制件进行顺序编号排列，以便比较分析制件质量变化的规律与特点，从中找出合理的工艺参数匹配关系。对每次工艺参数的更改，都应保存3~5模的制件留样分析与检测。

　　6）当工艺条件调整至合理参数值，试模制件也达到稳定的最佳质量效果时，应记录下此数据，并在此工艺条件下连续注射一定数量（通常为100件左右）的制件，以备对制件进行全面质量检测分析使用。

　　7）初次试模时，若所有工艺条件均已反复调试过，而制件缺陷仍未有明显改善，则应从模具或塑件的结构上查找原因。试模人员应根据模具的结构及工作情况、制件的质量或缺陷形式及工艺参数调整对制件质量的影响等方面进行全面分析，准确地找出导致制件质量缺陷的因素，并给出有效的修模调整方案。若属模具本身的问题，应修改模具，修好后仍需按上述过程重新试模，直至成形出合格的制件。若为塑件结构设计上的缺陷，应与塑件设计师协商修改，然后再调整模具并重新试模。

　　8）整个试模工作结束后，试模人员应对试模过程中所用设备的规格、型号，材料的品种与性能，工艺参数的调整及制件质量的变化情况，模具或机器故障的排除方法及修模方案等内容进行整理，写出完整、详细的试模过程技术报告，并作为技术文件存档，为以后试模、修模提供参考。

6. 试模过程中的其他注意事项

1）对于新制作的模具，试模前模具设计人员要向试模操作者详细介绍模具的总体结构特点与动作要求，冷却水回路布局或加热方式，塑件及浇注系统凝料脱模结构，多分型面模具的开模行程与位置控制，有无嵌件，塑件的结构与材料性能等相关问题，使操作者充分了解模具的结构特点及塑件要求，有准备地进行试模操作。

2）试模时，应将注射机的工作模式设为手动操作，使机器的全部动作与功能均由试模操作人员手动控制，不宜采用自动或半自动工作模式，以免发生故障，损伤机器或模具。

3）试模时，操作人员每次合模时，都应仔细观察各模腔塑件及浇注系统凝料是否全部脱出干净，以免有破碎塑件的残片或被拉断的流道、浇口凝料等残留物在合模或注射时损伤模具。对于带有嵌件的模具，还应注意查看嵌件是否移位或脱落。

4）试模中，清除粘在模具上的浇注系统凝料、飞边或制件残片等物料时，只允许用竹、木、铜或铝制的器具，严禁用钢制工具清理，以免划伤模具表面。

5）试模中，对于确由模具因素引起的制品缺陷，且能在试模现场短时间解决的，可关闭注射机控制按钮进行机上修整，修后再试。对于现场不便修整或需较长时间处理的问题，则应中止试模，返回模具制造部门修理，并应做好详细记录。

6）试模时，对成形质量较好的制件或有严重缺陷的制件，以及与其对应的工艺条件，都应做好标记与记录，并封装保存，以备分析、检测与制订修模方案时参考。

三、模具的使用、维护与修理

1. 模具的使用与保管

（1）模具的使用　模具使用时必须保证安全，操作要合理，符合模具的设计要求和结构特点，对于制件中含有嵌件的模具，必须精心操作。具体使用时，一般应注意以下几个方面：

1）所有的模具，在使用时均要经过检测。对于新模具，要检查该模具是否经过试模，有无模具制造合格证和试模样件，检查样件的形状尺寸是否符合产品图样要求。

2）已经用过的旧模具再次使用时，应检查用了多长时间，模具的整体性和构件是否完好无损，新旧程度如何，能否继续直接用于生产，是否需要修理或维护。

3）由库房借用模具时，首先要对模具的编号等标记进行检查，看其是否与制件的要求相一致。做好生产前的准备工作，争取开始生产即保持较高的成品率。

4）对于久置不用的模具重新使用时，要认真进行清洗，这对于保护成形零件表面、延长模具使用寿命都是非常有利的。在阶段生产完成之后，亦应对模具进行一定程序的清洗。

5）模具在使用中，有相互接触并作相对运动的金属部件间需要定期加润滑剂进行润滑，这样既可以保证模具使用灵活，又能减少磨损、延长使用寿命。

6）对于芯轴、活动型芯等结构，必须认真操作，不得使其碰伤、跌打、折断，每次组装都要注意位置和方向。起撬模具时应该使用铜制的工具，模具的分型面和型腔各面严禁任何划痕和擦伤。

　　7）模具的成形零件表面若有锈点或胶料斑点，清除时不得使用钢制工具，要用砂布或砂纸进行刮、挫和打磨，或用铜制工具或竹片刀刮除后再精细抛研。

　　8）模具在使用过程中，严禁敲、砸、磕、碰，尤其是在调整过程中，要防止硬物损伤模具工作零件的刃口部分。

　　(2) 模具的保管　无论是新模具或是使用过的模具，在短期或长期不用时，要进行妥善保管，这对于保护模具的精度、模具各个部位的表面粗糙度及延长模具使用寿命都有重要意义。

　　对于各使用单位的成批模具，要按企业管理标准化的规定对所有模具进行统一编号，并刻写在模具外形的指定部位，然后在专用库房里进行存放及保管。模具库房的条件应当是温差小、湿度小，货架上铺设木板或耐油橡胶板，或者塑料板。模具在库房保存时，要求对货位进行编号并与模具编号对应，且要建立库房的模具技术档案，由专人负责验收、借出等事宜。

　　对于新制造的模具交库房保管，或是已使用的模具用后归还库存保管，都要进行必要的库房验收手续，以查验模具有无损伤、清洗是否干净等；然后对完好的模具涂抹防护油或者浇注可剥性塑料予以封存。对于有严重锈蚀、型腔有划痕、定位失效等种种情况而需要进行维修的模具，应按规定手续送交有关部门进行修理。对于修理后的模具，可按质量规定验收入库。

　　严禁将模具与碱性、酸性、盐类物质或化学药剂等存放在一起，严禁将模具放置室外风吹雨淋、日晒雪浸。模具的种类和规格一般比较繁杂，模具库房要做到井井有条、科学管理、多而不乱、便于存取，不能因库房的条件不好而损坏模具。

2. 模具的维护与修理

　　(1) 模具使用期内的检修　模具在使用期内应定期维护及检修，维修人员应仔细观察模具的损坏部位、损坏的特征和损坏的程度，同时应了解该模具的结构、动作原理及制造使用方面的情况，最后分析损坏和修理的原因。

　　模具修理方案的制订是先分析破损原因，再确定修理方法、具体的修理工艺，并根据修理工艺准备必要的专用工具和备件。在对模具进行修理的具体操作过程中，要对模具进行检查，拆卸损坏部件，清洗零件，对于拉毛的部位要修光，配备或修整损坏零件，最后重新装配模具。

　　修理模具的最后一项工作是试模。修理过的模具要采用相应的设备进行试模和调整，再根据试模样件检查和确定修理后的模具的质量状况是否将模具的原有弊病消除了，是否将模具修复到正常的使用要求水平。

　　(2) 冲压模具的维护与修理　冲压模工作时受力大、工作条件恶劣，最容易损坏的部位是冲模的凸模和凹模。常见的凸、凹模损坏现象及维修方法如下：

　　1）凸、凹模之间应保持合理的间隙及良好的润滑，从而降低工作过程中的磨损。

　　2）若凸、凹模之间的间隙变大了，可用更换凸模或凹模的方式修复。若是刃口的局部间隙太大，可采取割去一块后再镶嵌补上的方法修复。

　　3）凸、凹模刃口局部如果崩掉，可采用下述方法修复：将崩刃部分用磨削的方法磨去，堆焊补上崩掉的部分，再按原设计要求加工并恢复原样；若刃口崩掉缺损太大，可更换新的凸、凹模。

4）凸、凹模刃口变钝不太严重时，可不拆开模具，用磨石直接研磨刃口。

5）凸模如果折断了，一般应更换新的。凹模上如果出现裂纹，可用焊接的方法将裂纹焊合，使其不再发展，严重的要更换凹模。

（3）注射模的保养与维修

1）型腔表面要定期进行清洗。注射模具在成形过程中往往会分解出低分子化合物而腐蚀模具型腔，使得光亮的型腔面逐渐变得暗淡无光而降低制件质量，因而需要定期擦洗，擦洗完后要及时吹干。

2）易损件应适时更换。导柱、导套、推杆、复位杆等活动件因长时间使用会有磨损，需定期检查并及时更换（一般在使用3万～4万次左右就应检查更换），以保证滑动配合间隙不致过大而造成模具啃伤，避免塑料流入推杆配合孔内而影响制件质量。

3）保护型腔表面。不同的制件有不同的表面粗糙度要求，但为了制件的脱模需要，模具型面的表面粗糙度 Ra 值一般都要在 $0.4\mu m$ 以下，因此脱模时型腔的表面不允许被钢件碰划，即使需要也只能使用纯铜棒帮助制件脱模。

4）模具型腔表面表面粗糙度的修复。有一些塑料模由于塑料中低分子挥发物的腐蚀作用，使型腔表面变得越来越粗糙，因而导致制件质量下降，这时应及时对型面进行研磨、抛光等处理。

5）型腔表面的局部损伤要及时修复。当型腔的局部有严重损伤时，可采用黄铜与 CO_2 气体保护焊等方法焊接后，再用机械加工或钳工修复抛光，也可以用镶嵌的方法修复。

6）型腔表面要按时进行防锈处理。一般模具在停用24h以上时都要进行防锈处理，涂刷无水黄油；停用时间较长时（一年之内），可以喷涂防锈剂。在涂防锈油或防锈剂之前，应用棉丝把型腔或模具表面擦干，并用压缩空气吹净，否则效果不好。

7）注意模具的疲劳损坏。模具在注射成型过程中将产生较大的应力，而打开模具取出制件后内应力又消失了。模具受到这种周期性变化的内应力作用易产生疲劳损坏，所以，应定期进行消除内应力的处理，尽可能防止出现疲劳裂纹。

（4）模具修理的一些常用方法

1）更换新零件。模具经检查之后，若发现有损坏的零件无法修复或难以修复时，则应更换新零件。对于标准件，可直接购买更换；对于非标准件，则只能重新加工再更换。通常在模具设计和制造时，应考虑方便更换易损件。

2）扩孔修理。当各种杆的配合孔因滑动而磨损时，可采用扩大孔径和相应大的杆径与之配合修理。

3）镶件修理。利用铣床或线切割等加工方法将需修理的部位加工成凹坑或通孔，然后用一个镶件嵌入凹坑或通孔里，以达到修理的目的。这种方法不仅在模具修理中得到应用，更多的是在模具设计时由于结构上的需要（如便于加工，降低零件成本）而被广泛采用。

4）螺孔和销孔的修理。模具中有许多螺孔和销孔，如果出现螺孔中的螺纹滑牙、销孔损坏或位置不合适，应尽量修复，以延长模具寿命。常用的修理方法见表5-7。

表 5-7　螺孔和销孔的修理

修理项目	简　图	修　理　方　法
损坏的螺孔		第一种方法:扩孔维修法 将小螺孔扩改成直径较大的螺孔后,重新选用相应的螺钉 优点:牢固可靠,修理方便 缺点:所有螺钉凹孔、沉孔要重新钻、锪,比较麻烦
		第二种方法:嵌镶拼块,重新攻原规格的螺纹 优点:不需更换新螺钉,其他件也不需扩、锪孔 缺点:比较麻烦
损坏的销孔		第一种方法:更换直径比较大的销钉,此法用于所有零件(同一销钉紧固零件)均同时加大或磨损后采用 优点:精度较高
		第二种方法:加螺纹塞柱后,再加工成原先孔径大小的柱销孔。用于在同一圆柱销紧固的板系,只有一处销孔变大或损坏的情况 优点:方法简单

5) 定位零件的修理。模具中的定位零件对于保证模具的安装精度及加工精度是很重要的,如定位钉、定位销、定位板、导料板、侧刃挡块等, 这类零件如有损坏, 应及时更换或维修。

6) 电镀修理。电镀主要用于要提高表面质量、增加硬度及耐蚀性等要求的凹模或型芯零件上。电镀的方法有许多种, 应用在模具方面主要有电镀铬和化学镀镍。

7) 采用表面渗氮处理。对于容易冲蚀和龟裂较严重的情况, 可以事先对模具表面进行渗氮处理，以提高模具表面的硬度和耐磨性。渗氮基体的硬度应在 35～43HRC 之间。

8）采用焊接方法修补模具的开裂和亏缺部分。焊接修复是一种常用方法。在焊接前，应先了解被焊模具的材质，并用机械加工或磨削的方法去除表面缺陷。焊接时，模具和焊条一起预热，当表面和心部温度一致后，在保护气体（常用氩气）下进行焊接修复，焊后再进行型腔的修整和精加工。模具在焊接后还应进行去应力退火，以消除焊接应力。

3. 模具的故障及其排除

（1）冲裁模的故障及其排除

1）冲裁过程中，模具的工作零件严重磨损。

① 凸、凹模工作部分润滑不良。应适当加润滑油，改善摩擦状况。

② 凸、凹模选材不当或热处理不当。应重新选材或改善热处理。

③ 凸、凹模配合间隙过小、过大或不均匀。应调整或更换凸、凹模，或调整导柱、导套的配合间隙。

④ 所冲材料的性能超过规定范围或表面有锈斑、杂质、表面不平、厚薄不均。应更换材料或清洗材料表面。

⑤ 冲模本身的结构设计不合理。应改进设计，重新制造。

⑥ 压力机的精度较差。应更换压力机或调整压力机，以达到加工条件的要求。

⑦ 模具安装不当或紧固螺钉松动。应重新安装模具或紧固螺钉。

⑧ 避免操作者违章作业，应严格遵守操作规程。

2）模具其他部位的磨损。

① 定位零件长期使用，零件之间相互摩擦而磨损，定位不准确。应重新更换、安装定位零件。

② 连续级进模的挡料块与导板长期使用，受板料在送给过程中的接触而磨损。应调整挡料块的位置。

③ 导柱和导套间、斜锲与滑块间的长期相对运动而产生的磨损。应更换、修整导柱和导套、斜锲与滑块。

3）冲裁过程中，凸、凹模，上、下模模板在使用过程中发生裂纹及碎裂。

① 操作方面造成的裂损。

——制件放偏。应将制件放正。

——制件或废料放至导向部分。应将制件放正，清除废料。

——双料或多料。应清除多余料。

——异物放在工作部分或导向部分。应拿开异物。

——违章作业（如非调整人员调整闭合高度）。应严格规章，由专人调整。

② 模具安装方面造成的磨损。

——闭合高度调整过低，将下模胀裂。应重新调整闭合高度，达到工作要求。

——顶杆螺钉调节过低，将卸料器打断。应重新调整顶杆螺钉。

——压板螺钉紧固不良，生产时模具松动。应重新紧固压板螺钉，以防模具松动。

——上、下底板与滑块或垫板间有废料，造成刃口啃坏，甚至冲头折断。应清除废料。

——安装工具遗忘在模具内，未及时发现而开机，造成工作部分挤裂。开机前，应仔细检查模具内有无遗忘工具。

③ 模具设计、制造、调整、修理方面的问题所造成的裂损。

——凹模废料孔有台阶，排除废料不通畅而胀裂。应更换或修整凹模。

——凹模工作部分有倒锥，造成废料挤压而将凹模胀裂。应修整或更换凹模。

——凹模工作部分太粗糙，又无落料斜度，凹模内积存的料太多，排不出来而将凹模胀裂。应抛光凹模工作表面。

——模柄松动或未装防转螺钉。应重新安装模具或安装防转螺钉。

——连续自动及多工位级进模工作不稳定，造成制件重叠而将凹模胀裂。应调整自动送料装置，使之稳定可靠。

——由于结构上的应力集中或强度不够，受力后自身裂损。应改进结构或提高模具强度。

④ 制件材料引起的模具裂损。

——制件材料的力学性能超过允许值太多。应更换材料。

——制件材料厚度不均，公差太大。应更换材料。

（2）注射模的故障及排除

1）由于前期准备及检验工作不到位，造成模具压坏。

① 凝料未取出就合模。

② 嵌件未安装到位就合模。

③ 模内残余料、飞边未清除干净就合模。

④ 装模螺钉长期使用而松动，模具下垂位移未被发现就合模。

2）遇到了突发事故而压坏模具。

① 模具导向件、顶出件、成形杆等零件有内伤或疲劳折断而掉入模腔，未被发现就合模。

② 机器或模具动作失灵等意外事故造成压模。如侧成形杆下面设推杆顶出，或侧滑块用滚珠弹簧限位，这些都容易产生事故隐患；又如，在动模设置预埋件，因动模合模时振动，预埋件容易被震落，而压坏模具；若大型模具上的预埋件安放位置不合适，则不利于安放操作，不但容易产生模具事故，并且会造成人身事故隐患。

3）模具结构存在着隐患。如凹模和动模垫板过薄，导致模具的刚度不足或强度不够。强度不够会导致模具产生塑性变形，甚至破裂；刚度不足，则会导致模具产生过大的弹性变形，影响成形质量。

任 务 实 施

一、端盖注射模具装配工艺分析

端盖注射模具采用单分型面—模两腔的结构形式；并采用标准模架。零件凸台结构的成形设置在模具的动模一侧；在凸台结构中，采用推管脱模机构，同时在凸台周边辅助设置几个推杆进行脱模。端盖零件的分型面设置于零件的最大投影面上，在模具的动、定模分别设置冷却水道，对模具的成形型腔进行冷却。推出机构部分设置支承柱、导向推出机构，同时可支承模具的动模部分。

二、端盖注射模具装配工艺过程卡

端盖注射模具的装配主要有模架的装配，定模、动模、冷却水道等附件的装配。模具的装配工艺过程卡见表 5-8。

表 5-8　端盖注射模具装配工艺过程卡　　　　　　　　（单位：mm）

装配工艺过程卡		模具名称	端盖注射模具
		模具图号	DG-01
序号	工序名称	工序(工步)内容及要求	
1	装配模架	①采用导向零件装配方法,将导套 2 压入定模板 1,导柱 3 压入动模板 22 ②合模检查导柱、导套的配合间隙,保证滑动平稳 ③将定、动模两平面磨平,注意保证型腔深度	
2	装配定模	①将浇口套 5 装入定模板 1,并拧入螺钉;将浇口套下端与定模板修平,并修磨浇道 ②将定模板 1 与定模座板 8 用螺钉联接,并装入定位圈 4,定位圈与浇口套保持同轴	
3	装配动模	①在推杆固定板 15 上装配拉料杆 6、复位杆 9、推杆 17、推管 18 等零件 ②将装配好的推杆固定板和推板 16 一起与支承柱 11 装配,并拧紧螺钉 ③将动模型芯 21 等压入动模板 22,其端面应保证型腔深度,尾部与动模板孔面磨平 ④支承块 14 在动模板 22 上压印孔位,然后加工通孔,两个支承块 14 应等高 ⑤在动模座板 13 上装入型芯 19,装上垫块 20,垫块 20 的底面应低于动模座板底面 ⑥将动模板 22 翻转,放上推杆固定板 15,打入推管 18 及推杆 17、复位杆 9,支承块 14 放上后,推杆固定板上下滑动应无干扰,检查各零件的孔内的间隙是否正常 ⑦将动模座板 13 通过型芯 19 导入推管 18,动模座板放在两支承块上,通过压印加工动模座板上的螺孔并扩孔 ⑧修磨型芯 19、推杆 17、推管 18、复位杆 9 的长度,其计算根据各板实际装配高度而定(相关的板件是动模板 22、支承块 14、推板 16 及动模垫板 23) ⑨将推杆固定板 15、推板 16 以螺钉联接,注意它们在支承块 14 之间滑动应无干扰 ⑩装入支承柱 11,支承柱 11 与推杆固定板 15 间应有充分的间隙,以不干扰为原则,其高度由装配工艺尺寸决定,动模座板 13 上的相应装配孔位由压印获得 ⑪拧入长螺钉将动模板 22、支承块 14、动模座板 13 联接,支承块 14 与动模座板 13 间的小螺钉配作	
4	装配冷却水嘴等附件	①装配动、定模上的水管接头、闷头,检查是否畅通 ②进行模具开、合检查,对不合适部位进行调整或修研	
5	试模与调试	①模具装配好后进行试模,根据试模结果进行修改与调整,然后再次进行试模与调整,直至检查合格 ②试模合格后,需要对模具的成形表面再抛光,以达到制品的要求	

编制：　　　　　审核：　　　　　　　　　　　　　　　日期：

拓 展 任 务

底壳罩注射模具装配与调试

1. 底壳罩注射模具装配工艺分析

底壳罩注射模具的装配图如图 5-54 所示。

底壳罩注射模具的结构比较复杂。由于底壳罩零件结构复杂,在零件的四周内、外侧面都有复杂的结构形状,所以模具的结构在四周内、外侧面也相应地设置有侧抽芯机构。根据不同的结构形式,模具分别采用斜导柱、滑销抽芯的结构进行抽芯。模具合模时,为了保护型芯的细小零件及不与侧抽芯相干涉,在模具的动模板推出机构中采用弹簧进行推出机构的先复位,同时为了准确复位,又设置了复位杆。

2. 底壳罩注射模具装配工艺过程卡

根据上述分析,底壳罩注射模具的装配主要有模架的装配,定模、动模、侧抽芯机构等结构的装配。模具的装配工艺过程卡见表 5-9。

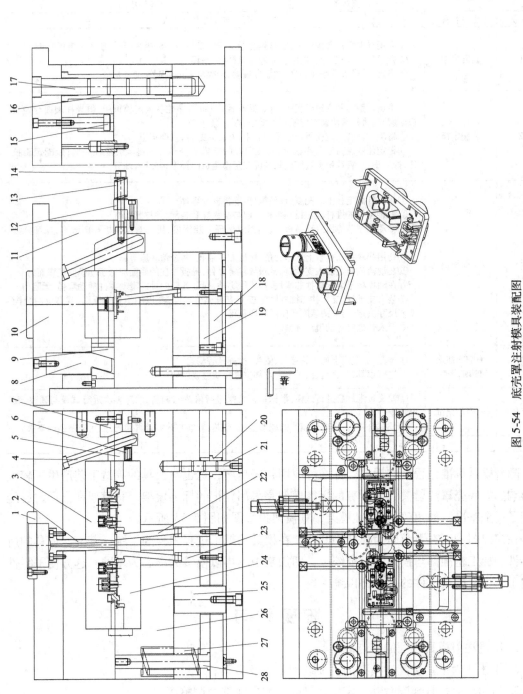

图 5-54　底壳罩注射模具装配图

1—定位圈　2—浇口套　3—定模型芯　4—斜导柱　5—侧抽芯　6、13、27—弹簧　7—楔紧块　8—弯销　9—侧滑块　10—定模座板　11—定模板　12—挡块　14—螺钉　15—定距拉杆　16—导套　17—导柱　18—推板　19—推杆固定板　20—推板导套　21—推板导柱　22—滑销抽芯　23—连接杆　24—动模型芯　25—支承柱　26—动模板　28—复位杆

表 5-9　底壳罩注射模具装配工艺过程卡　　　　　　　　　　　　（单位：mm）

装配工艺过程卡		模具名称	底壳罩注射模具
		模具图号	DKZ-01
序号	工序名称	工序(工步)内容及要求	
1	装配模架	①采用导向零件装配的方法,分别将导套压入定模板和动模板,导柱压入定模板座板 ②合模检查导柱、导套的配合间隙,保证滑动平稳 ③将定、动模板两平面磨平,注意保证动、定模型芯的装配深度	
2	装配定模	①将定模型芯装入定模板中,保证装配深度;将斜导柱装入定模板中,斜导柱端面与定模板面磨平;将楔紧块装在定模板的槽中,拧入螺钉 ②将浇口套装入定模板及定模型芯中,并拧入螺钉,修磨浇道 ③将定位圈装在定模座板上,将装配好的定模部分与定模座板装配在一起;装配定距拉杆,拧入螺钉;将弯销通过定模板装配在定模座板的槽中,并拧入螺钉	
3	装配动模	①在推杆固定板上装配复位杆、推杆、连接杆等零件 ②将装配好的推杆固定板和推板一起与推板导套装配,并拧紧螺钉 ③将动模型芯等压入动模板,其端面应保证型腔深度,尾部与动模板孔面磨平,保证分型面平 ④利用垫块在动模板上压印孔位,然后加工通孔,两个垫块应等高 ⑤在动模座板上装入支承钉、推板导柱等零件,推板导柱的底面应低于动模座板底面 ⑥在动模板上装配侧抽芯滑块、挡块等零件,保证各侧向抽芯滑动零件滑动顺畅,无阻碍 ⑦装入支承柱,支承柱与推杆固定板间应有充分的间隙,以不干扰为原则,其高度由装配工艺尺寸决定,相应的装配孔位由压印获得 ⑧拧入长螺钉将动模部分紧固	
4	装配冷却水嘴等附件	①装配动、定模上的水管接头、闷头,检查是否畅通 ②进行模具开、合检查,对不合适部位进行调整或修研	
5	试模与调试	①模具装配好后进行试模,根据试模结果进行修改与调整,然后再次进行试模与调整,直至检查合格 ②试模合格后,需要对模具的成形型腔、型芯、侧抽芯等零件再抛光,以达到制品的要求	
编制：　　　　　　审核：　　　　　　　　　　　　　　　　　　日期：			

随着模具标准化程度的提高，标准件应用越来越广，这也对模具的制造工艺产生了较大的影响。如底壳罩注射模具中所有的标准模架是采用龙记的标准模架，其模架在出厂时已经具有了一个基准，如 4070 型标准模架，其模架投影图如图 5-55 所示。

在模架图中，右下角即为模架的基准。在模具的加工过程中，为了统一基准，模具的所有零件的加工基准都与模架的基准统一，即加工中不再以模具的中心为基准，这方便了零件的加工，也使模具零件的基准得以统一。

拓 展 练 习

1. 简述注射模具装配的特点。

2. 简述注射模具装配时模架的主要装配要点及步骤。

3. 简述注射模具装配时动、定模及型腔、型芯间隙的调整要点。

4. 简述注射模具的试模与调试的过程及要点。

5. 编制图 5-56 所示垫片注射模具的装配工艺过程卡。

6. 编制图 5-57 所示壳罩注射模具的装配工艺过程卡。

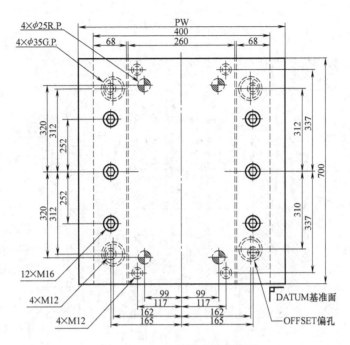

图 5-55 4070 型标准模架视图

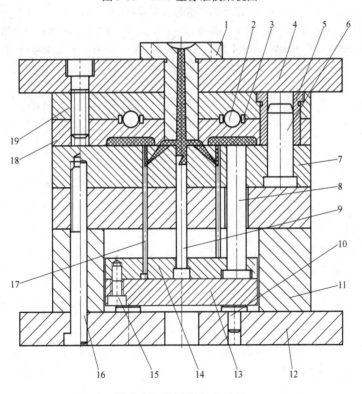

图 5-56 垫片注射模具图

1—浇口套 2—冷却水道 3—密封圈 4—定模座板 5—导套 6—导柱 7—动模板 8—复位杆
9—拉料杆 10—支承钉 11—垫块 12—动模座板 13—推板 14—推杆固定板 15—螺钉
16—圆柱销 17—推杆 18—定模板 19—定模垫板

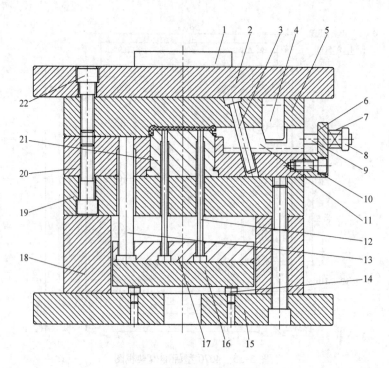

图 5-57　壳罩注射模具图

1—浇口套　2—定模座板　3—斜导柱　4—斜楔　5—定模板　6—限位块　7—弹簧　8—螺母　9—拉杆

10、22—螺钉　11—侧抽芯　12—推杆　13—复位杆　14—支承钉　15—动模座板　16—推板

17—推杆固定板　18—支承块　19—支承板　20—动模板　21—动模型芯

参 考 文 献

[1] 柳舟通，余立刚. 模具制造工艺学 [M]. 北京：科学出版社，2005.
[2] 甄瑞麟. 模具制造技术 [M]. 北京：机械工业出版社，2005.
[3] 张信群，王雁彬. 模具制造技术 [M]. 北京：人民邮电出版社，2009.
[4] 张建华. 精密与特种加工技术 [M]. 北京：机械工业出版社，2003.
[5] 徐茂功. 公差配合与技术测量 [M]. 3 版. 北京：机械工业出版社，2008.
[6] 刘宏军. 模具数控加工技术 [M]. 大连：大连理工大学出版社，2007.
[7] 谭海林. 模具制造技术 [M]. 北京：机械工业出版社，2009.
[8] 顾京. 数控加工编程及操作 [M]. 北京：高等教育出版社，2003.
[9] 王敏杰，于同敏，郭东明. 中国模具工程大典 [M]. 北京：电子工业出版社，2007.
[10] 郭铁良. 模具制造工艺学 [M]. 北京：高等教育出版社，2002.
[11] 周学坤. 模具制造工艺学 [M]. 北京：国防工业出版社，2007.
[12] 徐慧民. 模具制造工艺学 [M]. 北京：北京理工大学出版社，2007.
[13] 潘庆修. 模具制造工艺教程 [M]. 北京：电子工业出版社，2007.
[14] 张荣清. 模具制造工艺 [M]. 北京：高等教育出版社，2006.
[15] 毅宏，李明辉. 模具制造工艺 [M]. 北京：机械工业出版社，2005.
[16] 模具设计与制造技术教育丛书编委会. 模具制造工艺与装备 [M]. 北京：机械工业出版社，2004.
[17] 张祥林. 模具计价手册 [M]. 北京：机械工业出版社，2006.
[18] 翟德梅，段维峰. 模具制造技术 [M]. 北京：化学工业出版社，2005.
[19] 殷铖，王明哲. 模具钳工技术与实训 [M]. 北京：机械工业出版社，2007.
[20] 吴兆祥. 模具材料及表面处理 [M]. 2 版. 北京：机械工业出版社，2008.
[21] 夏致斌. 模具钳工 [M]. 北京：机械工业出版社，2009.
[22] 陈雪芳，孙春华. 逆向工程与快速成型技术应用 [M]. 北京：机械工业出版社，2009.